Allgemeine Energiewirtschaftslehre

Von

L. Musil

108 Abbildungen. XI, 340 Seiten. 1972.
Gebunden S 752,—, DM 109,—

„Für alle Fachleute in der Energiewirtschaft sollte das Buch eine Pflichtlektüre werden, weil es die schwierigen Zusammenhänge dieses Wirtschaftszweiges in meisterhafter Weise transparent macht. Nicht allein der Ingenieur wegen der betriebswirtschaftlichen Darstellung, der Betriebswirt wegen der technischen Erörterungen, sondern erst recht die sich im Bereich der Energiewirtschaft engagierenden juristischen Fachkräfte könnten durch die Kenntnisnahme der hier im Gesamtzusammenhang geordneten Sachverhalte echte Grundlagen für ihre Tätigkeit schaffen.
Das Buch hat den Rang eines Standardwerkes."

VIK-Mitteilungen

„Dem Autor ist es gelungen, einen allgemein gültigen, großen Aussagewert für einen verhältnismäßig langen Zeitabschnitt sicherzustellen . . . Das Buch ist dank der zahlreichen Beispiele und präzisen Ausdrucksweise leicht lesbar. Ein bestens nicht nur Studenten, sondern auch allen in der Praxis stehenden Energietechnikern, Energiewirtschaftern und Wirtschaftspolitikern zu empfehlender Behelf."

Österreichische Ingenieur-Zeitschrift

Herbert Moditz

Elektrische Raumheizung

Energiewirtschaftliche und technische Grundlagen

Springer-Verlag
Wien New York

Dipl.-Ing. Dr. techn. Herbert Moditz, Graz

106 Abbildungen

Softcover reprint of the hardcover 1st edition 1975

Library of Congress Cataloging in Publication Data

Moditz, Herbert, 1923 –
Elektrische Raumheizung.

1. Electric heating. I. Title.
TH7410.M62 697'.045 75-16164

ISBN 978-3-7091-8388-5 ISBN 978-3-7091-8387-8 (eBook)
DOI 10.1007/978-3-7091-8387-8

Vorwort

Die energiewirtschaftlichen und technischen Probleme der elektrischen Raumheizung haben in den vergangenen Jahren zunehmend an Bedeutung gewonnen. Ausgehend von verschiedenen Anfängen in den fünfziger Jahren entwickelte sich die elektrische Raumheizung auf Basis der Nachtstromspeicherheizung nach Vorliegen verbesserter Gerätekonstruktionen in einer außerordentlich starken Expansion zu einem anfänglich zwar scharf bekämpften, letztlich aber wohl anerkannten, gegenüber konventionellen Raumheizungssystemen voll konkurrenzfähigen Heizsystem. Durch die starken Veränderungen der Wärmepreisrelationen als Folge der 1973 stattgefundenen Heizölpreiserhöhungen, die zwangsläufig zu einer allgemeinen Anhebung der Preise auch für die anderen fossilen Energieträger führten, ergeben sich für die elektrische Raumheizung zusätzliche neue Aspekte. Neben die Speicherheizung tritt in zunehmendem Maß die Möglichkeit des Einsatzes der direkten elektrischen Heizung für die Vollraumheizung.

Andererseits muß sich aber die elektrische Raumheizung in einer Welt, die in zunehmendem Maß energiebewußter wird, immer häufiger mit Fragen auseinandersetzen, welche ihre Rolle innerhalb der Energiewirtschaft betreffen, wobei vielfach sachlich wenig begründete, im wesentlichen auf althergebrachten Vorstellungen beruhende Einwände gegen dieses Heizsystem geltend gemacht werden. Im besonderen ist es die elektrizitätswirtschaftliche Problematik, welche zu den widersprechendsten Meinungen Anlaß gibt, obwohl an sich heute schon reiche einschlägige Erfahrungen vorliegen, die durchwegs positive Ergebnisse zeigen. Ausgehend von dieser Sachlage war der Autor bestrebt, im Rahmen einer umfassenden Darstellung das gesamte Sachgebiet sowohl aus elektrizitätswirtschaftlicher als auch technologischer und allgemein betriebswirtschaftlicher Sicht einer kritischen Betrachtung zu unterziehen und gestützt auf das erwähnte umfangreiche Erfahrungsmaterial sowie auf eigene Messungen und Erfahrungen auf Grund seiner langjährigen Tätigkeit in der Elektrizitätswirtschaft zu allgemeinen Aussagen zu gelangen, die ein Hilfsmittel für künftige Entscheidungen bilden können.

Ausgehend von einem allgemeinen Überblick über die energiewirtschaftliche Bedeutung der Raumheizung und dem damit verbundenen Primär- bzw. Sekundärenergieeinsatz werden die Gestehungskosten der Energiebereitstellung sowohl für die Speicherheizung als auch für die direkte elektrische Raumheizung eingehend untersucht. Weiters werden die vielfältigen technologischen Möglichkeiten der elektrischen Raumheizung einschließlich der neueren technischen Entwicklungen, wie Wärmepumpen und Wärmerückgewinnung, und die allgemeine Konkurrenzsituation gegenüber anderen Heizsystemen behandelt. Die spezielle Verknüpfung von elektrizitätswirtschaftlichen und technologischen Belangen werden einer eingehenden Betrachtung unterzogen und die Möglichkeiten bzw. Grenzen der elektrischen Raumheizungssysteme aus der Sicht der künftigen Energieaufbringung sowie der Kosten und der Gestaltung von Übertragungs- und Verteilnetzen für die allelektrische Versorgung größerer Siedlungsgebiete analysiert, wobei ein gesamtwirtschaftlicher Vergleich mit der Fernheizung auf Heißwasserbasis angestellt wird. Die auf Grund einer sorgfältigen Erfassung und Bewertung aller Einflußfaktoren erhaltenen Ergebnisse zeigen, daß die elektrische Raumheizung eine energiewirtschaftlich zweckmäßige Alternative unter den verschiedenen Raumheizungssystemen darstellt, welche langfristig zunehmend an Bedeutung gewinnen wird.

Graz, im Mai 1975 H. Moditz

Inhaltsverzeichnis

1. Grundsätzliches zur Verwendung elektrischer Energie für die Deckung des Wärmebedarfes

1.1 Bedeutung der Energiebereitstellung zur Deckung des Wärmebedarfes

Das weltweite Wachstum des Energiebedarfes als Folge der Industrialisierung und der damit verbundenen Erhöhung des Lebensstandards einerseits und die immer deutlicher sich abzeichnende Notwendigkeit, die Grenzen dieses Wachstums in Betracht zu ziehen, vor allem in Hinblick auf die in der Vergangenheit wenig beachteten Fragen der Rückwirkungen des Energieeinsatzes auf die Umwelt, gibt Anlaß, die Rolle, welche die elektrische Energie als Sekundärenergieträger bei der künftigen Deckung des Energiebedarfes, vor allem aber des Wärmebedarfes, zu spielen haben wird, zu untersuchen.

Dabei ist von der Frage auszugehen, inwieweit auf lange Sicht Primärenergieträger zur Verfügung stehen werden, die ohne vorherige Umwandlung in elektrische Energie für die Deckung des Wärmebedarfes eingesetzt werden können. Berücksichtigt man die verschiedenen langfristigen Prognosen [1], die eine Erschöpfung der Vorräte an Erdöl und Erdgas in verhältnismäßig kurzer Zeit erwarten lassen, dann stehen langfristig nur Stein- und Braunkohle, Wasserkraft und Kernenergie zur Verfügung, d. h. Energieträger, die schon heute im wesentlichen nur über elektrische Energie nutzbar gemacht werden, soweit nicht die gemeinsame Erzeugung von Wärme und elektrischer Energie im Wege der Heizkraftkupplung erfolgt, die in Zukunft durch direkte Prozeßwärmeerzeugung in Hochtemperatur-Reaktoren ergänzt werden wird. Auf europäische Verhältnisse bezogen, d. h. ohne Berücksichtigung der Möglichkeiten der Sonnenenergie kann man grundsätzlich folgern, daß diese Primärenergieträger und genannten Verfahren langfristig die Basis für die Wärmebedarfsdeckung der Zukunft bilden werden. Betrachtet man das Verhältnis zwischen Wärmeerzeugung und elektrischer Energieerzeugung bei den gegenständlichen gekoppelten Prozessen, so ist dieses Verhältnis durch grundsätzliche physikalische und letztlich wirtschaftliche Gegebenheiten festgelegt; d. h., daß eine Orientierung dieses Verhältnisses an der Relation, die zwischen Wärmebedarf und anderem Energiebedarf besteht, nicht möglich ist. Wenn man nun in Betracht zieht, daß in den hochindustrialisierten Staaten Europas sowie Amerikas der Wärmebedarf, sei es für Raumheizung oder für

Prozeßwärme, den Energiebedarf für Licht und Kraft weit überwiegt, so daß 70—80% des gesamten Energiebedarfes auf Wärme entfallen, so ist mit Sicherheit zu erwarten, daß angesichts der dargelegten Gegebenheiten der Energieaufbringung es immer mehr zu einer Substitution von klassischen Wärmeenergieträgern durch elektrische Energie kommen muß.

Die Dominanz des Wärmebedarfes innerhalb des gesamten Wärmebedarfes stellt an sich eine vielfach zuwenig beachtete energiewirtschaftliche Tatsache dar. Als Beispiel möge die aus Tab. 1 ersichtliche Aufgliederung des Sekundärenergiebedarfes der Bundesrepublik Deutschland [2], Österreich [3, 4] und der Schweiz [5] sowie dessen Entwicklung in der Vergangenheit dienen. Unter Sekundärenergiebedarf ist hierbei die den Verbrauchern zugeordnete Energie zu verstehen, d. h. nach Abzug der Verluste bei der Bereitstellung, für die Umwandlung und Übertragung, dagegen nicht die in den Abnehmeranlagen ausgenützte Energie (Nutzenergie).

Tabelle 1. *Entwicklung und Aufteilung der in der Bundesrepublik Deutschland, in Österreich bzw. in der Schweiz benötigten Sekundärenergie nach Verwendungszwecken*

	1960 10^6 Gcal	Anteil in %	1970 10^6 Gcal	Anteil in %	mittlere jährliche Zuwachsrate 1960—1970 in %
a) Bundesrepublik Deutschland [2]					
Beleuchtung	16,1	1,5	28,7	1,7	5,9
Stationäre Antriebe	50,9	4,9	104,0	6,4	7,4
Verkehr	150,0	14,8	255,0	15,6	5,45
Prozeßwärme und Raumheizung	834,0	78,8	1253,0	76,2	4,05
	1050,6	100,0	1640,7	100,0	4,56

Rückgerechnet aus den für den Endenergieverbrauch benötigten Energieträgern.

	1951 10^6 Gcal	Anteil in %	1967 10^6 Gcal	Anteil in %	mittlere jährliche Zuwachsrate 1951—1967 in %
b) Österreich [3, 4]					
Beleuchtung	0,701	1,2	2,230	1,9	7,40
Stationäre Antriebe	4,800	8,5	9,200	7,7	4,15
Verkehr	9,430	16,8	24,100	20,3	6,60
Wärme für chemische Zwecke	2,009	3,6	3,300	2,8	3,30
Sonstige Prozeßwärme und Raumheizung	39,231	69,9	79,700	67,3	4,55
	56,171	100,0	118,530	100,0	4,78

Tabelle 1 (Fortsetzung)

	1950 10^6 Gcal	Anteil in %	1967 10^6 Gcal	Anteil in %	mittlere jährliche Zuwachsrate 1950—1967 in %
c) Schweiz [5]					
Beleuchtung	1,160	2,3	2,370	1,8	4,2
Stationäre Antriebe	2,770	5,9	5,900	4,6	4,7
Verkehr	6,500	14,1	26,500	20,6	8,5
Wärme für chemische Zwecke	1,340	2,9	2,620	2,1	4,0
Sonstige Prozeßwärme und Raumheizung	34,500	74,8	91,000	70,9	6,0
	46,270	100,0	128,390	100,0	6,2

Hinsichtlich der Relation zwischen Wärmebedarf und sonstigem Energiebedarf besteht somit in den betrachteten Ländern weitgehende Ähnlichkeit. Trotz dieser mengenmäßigen Bedeutung der zur Deckung des Wärmebedarfes benötigten Energie spielt jedoch in der Wertschätzung der Verbraucher seit jeher die Deckung des Licht- und Kraftbedarfes eine wesentlich größere Rolle, wobei auf dem Sektor der produktiven Energieanwendung zweifellos die Frage der möglichen Wertschöpfung als Folge des Energieeinsatzes mit zu dieser Einstellung beiträgt. Zwangsläufig hat die mechanische Krafterzeugung für die gesamte gewerbliche und industrielle Produktion zusammen mit der künstlichen Beleuchtung die entscheidenden Entwicklungsmöglichkeiten geschaffen, woraus letztlich die besondere Position in der Öffentlichkeit, die die Elektrizitätswirtschaft innerhalb der gesamten Energiewirtschaft einnimmt, resultiert.

1.2 Anteil der elektrischen Energie bei der Deckung des Wärmebedarfes; Substitutionsvorgänge und Rückwirkungen auf die Entwicklung der Elektrizitätswirtschaft

Als Folge dieser Betrachtungsweise wird die elektrische Energie im wesentlichen mit den Nutzenergieformen „Licht" und „Kraft" identifiziert. Dabei wird übersehen, daß zum Teil schon sehr weit zurückreichende erfolgreiche Bemühungen der E-Wirtschaft um gewisse Teile des Wärmeenergiemarktes, vor allem auf dem Sektor des konsumtiven Bedarfs (Kochen und Warmwasserbereitung), aber auch auf dem Sektor der industriellen Wärmebedarfsdeckung vorliegen. Diese zunächst von prinzipieller Bedeutung scheinende Feststellung gewinnt jedoch bei näherer Betrachtung der Größenordnung des auf Elektrowärmeanwendung entfallenden Bedarfes an elektrischer Energie entscheidende Bedeutung für die hohen Zuwachsraten des Bedarfes an elektrischer Energie, die die Zuwachsraten des gesamten Energiebedarfes, von Sonderfällen abgesehen, weit übersteigen.

Am Beispiel einer auf Grund vorhandener genauer statistischer Unterlagen [4, 6] durchgeführten Analyse der einschlägigen Stromverbrauchsentwicklung in Österreich, die übrigens auch weitgehend z. B. mit der Entwicklung in der Bundesrepublik Deutschland korrespondiert, lassen sich diese Zusammenhänge deutlich zeigen (Abb. 1).

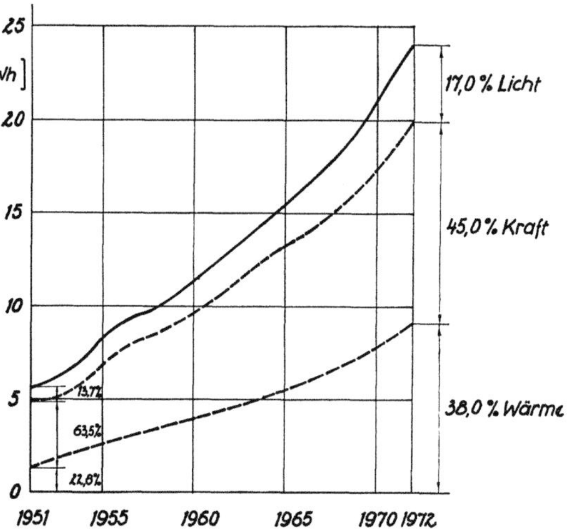

Abb. 1. Entwicklung der gesamten Abgabe von elektrischer Energie in Österreich (gesamte Elektrizitätsversorgung) nach Verwendung zur Deckung des Licht-, Kraft- und Wärmebedarfes [4, 6]

Untersucht man die durch Abb. 1 skizzierte Entwicklung des Stromverbrauches nach seiner Verwendung für Licht, Kraft und Wärme auf ihre durchschnittlichen jährlichen Zuwachsraten und stellt diese den Zuwachsraten der loko Verbraucher bereitgestellten gesamten Energiemenge sowie des Bruttosozialproduktes gegenüber, so erhält man folgende Werte (Tab. 2):

Tabelle 2. *Durchschnittliche jährliche Zuwachsraten des gesamten Sekundärenergiebedarfes, des Bruttosozialproduktes, der Industrieproduktion und des Bedarfes an elektrischer Energie in Österreich nach Verwendungszwecken für den Zeitraum 1951—1972* [7]

	durchschnittlicher Zuwachs p. a.
Gesamte Sekundärenergie	4,5%
davon Anteil für Wärme	4,4%
Bruttosozialprodukt	4,8%
Gesamte elektrische Energie	7,2%
davon Anteil für Licht	7,6%
für Kraft	5,1%
für Wärme	10,4%

Die insgesamt höhere Zuwachsrate der elektrischen Energie ist somit im wesentlichen der Entwicklung der Elektrowärmeanwendungen zuzuschreiben, d. h. letztlich strukturellen Verschiebungen auf dem Wärmeenergiemarkt in Form einer stärkeren Verlagerung der Nachfrage der Verbraucher zur elektrischen Energie. Die Substitution von anderen Wärmeenergieträgern durch elektrische Energie bzw. der Einsatz von elektrischer Energie zur Deckung neu auftretenden Wärmebedarfes wird demnach im wesentlichen zum entscheidenden Faktor für die überdurchschnittliche Expansion der Elektrizitätswirtschaft. Besonders deutlich wird dieser Vorgang im Bereich des Haushaltungsstromverbrauches, wie z. B. die entsprechende Entwicklung in der BRD [8] und in Österreich [7] deutlich zeigt (Abb. 2).

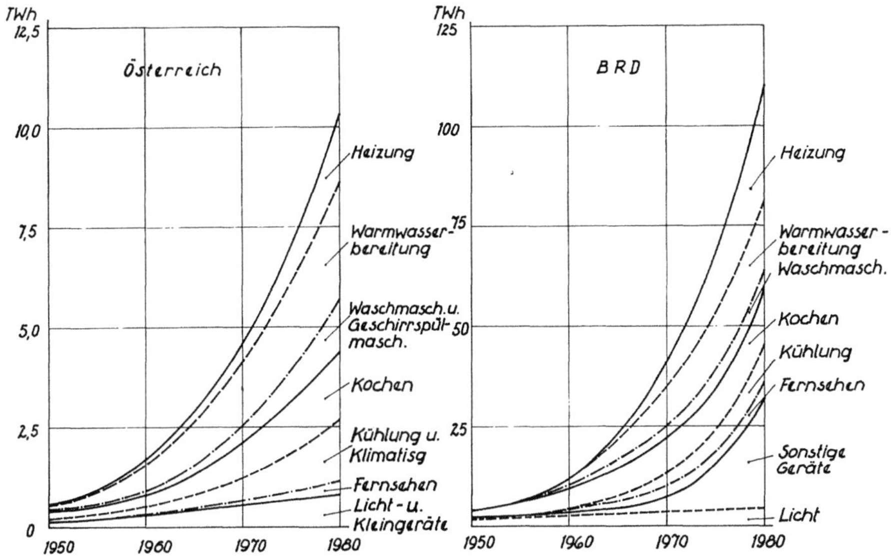

Abb. 2. Entwicklung des Elektrowärmeanteiles (Heizung, Warmwasser, Kochen, Waschen) am Haushaltstromverbrauch in der Bundesrepublik Deutschland (BRD) und in Österreich nach den wichtigsten Anwendungsgruppen [7, 8]

In dieser Entwicklung des Haushaltsstromverbrauches kommt das allgemeine Streben nach weitgehender Mechanisierung der Haushaltsarbeit zum Ausdruck, womit letztlich volkswirtschaftlich gesehen, eine wichtige Voraussetzung für die starke Berufstätigkeit der Frau in den modernen Industriestaaten geschaffen wurde. Bei dem Umstand, daß es in erster Linie der Wärmeverbrauch ist, der den starken Anstieg bewirkt hat, ist zu beachten, daß die Mechanisierung bzw. Automatisierung vieler Arbeitsgänge im Haushalt zwangsläufig zu einem höheren Wärmeeinsatz, vor allem in Form automatischer Warmwasserbereitung führt. Wirtschaftliche Voraussetzung für diese Entwicklung war jedoch die relative und absolute Preisdegression der entsprechenden Elektrogeräte sowie das ständige Zurückbleiben der Strompreise gegenüber dem Realeinkommen. Dabei ist aber festzustellen, daß die letztgenannte Entwicklung nur zum Teil einer echten Kostendegression der elektrischen Energie zuzuschreiben ist, sondern daß in erheblichem Maße staatlicher, volkswirtschaftlich gesehen, nicht sehr zweckmäßiger Preisdirigismus dazu beigetragen hat.

Trotz dieses erheblichen Anteiles elektrischer Energie, die für die Deckung des Wärmebedarfes in vielen Industriestaaten heute bereits verwendet wird, wird damit erst ein geringer Prozentsatz des gesamten Wärmebedarfes erfaßt. Daraus wird aber die grundsätzliche Problematik, der sich die Elektrizitätswirtschaft in einer Zeit, die durch einschneidende Preisveränderungen auf dem Primärenergiemarkt gekennzeichnet ist, deutlich. Es handelt sich um die Frage, inwieweit sie langfristig in der Lage sein wird, der zunehmenden Substitution von anderen Wärmeenergieträgern durch elektrische Energie in steigendem Umfang, insbesondere bei der Raumheizung zu entsprechen. Die für die elektrische Raumheizung im besonderen maßgebenden energiewirtschaftlichen bzw. elektrizitätswirtschaftlichen und technologischen Voraussetzungen und Grenzen sowie die technischen Möglichkeiten ihrer Realisierung, sollen im folgenden eingehend untersucht werden. Dabei wird von nachstehenden Annahmen ausgegangen:

freie, durch keine staatlichen Eingriffe beeinflußte Konkurrenz der Energieträger,

freie Marktwirtschaft,

Beachtung aller Notwendigkeiten, die sich aus den Erfordernissen des Umweltschutzes ergeben,

Erfüllung aller Forderungen für eine sichere Energieversorgung.

2. Energiewirtschaftliche Grundprobleme der Raumheizung

2.1 Umfang und Entwicklung des Wärmebedarfes für die Raumheizung

Innerhalb des Wärmebedarfes von Industriestaaten in gemäßigten und nördlichen Breiten stellt der Wärmebedarf für die Raumheizung neben der Warmwasserbereitung einen bedeutenden Anteil der gesamten bereitzustellenden Energie dar. Dem Fortschritt der Wohnkultur und der hygienischen Bedürfnisse entsprechend ist dieser Anteil in stärkerer Zunahme begriffen, als z. B. der Bedarf für industrielle Wärmeprozesse. Er ist somit ein wesentlicher Faktor für die Zunahme der Energienachfrage insgesamt.

Danach beträgt in der Bundesrepublik Deutschland (BRD) der Anteil der Haushalte und sonstigen Kleinverbraucher im Jahre 1960 erst 36% des gesamten Energieendverbrauches (Sekundärenergiebedarf). Dieser Anteil stieg 1970 bereits auf 44% und wird 1980 etwa 50% betragen. Verursacht wird diese Entwicklung durch den Übergang von der Einzelheizung zur Sammelheizung bzw. Fernheizung, verbunden mit dem Trend zu besseren und größeren Wohnungen. Dies kommt deutlich in der Zunahme des spezifischen Wärmebedarfes je Wohnung nach Tab. 3 zum Ausdruck [10].

Tabelle 3. *Zunahme des spezifischen Wärmebedarfes je Wohnung in der BRD* [10]

	1960	1970	1980
Wohnungsanzahl (Millionen)	16,2	20,6	24,0
Spezifischer Heizwärmebedarf je Wohnung (Gcal)	10,3	16,8	23,0

Bemerkenswert ist in diesem Zusammenhang die starke Zunahme des Warmwasserbedarfes, dessen Deckung eng mit der Art des betreffenden Raumheizungssystems verknüpft ist und daher nicht isoliert von der Entwicklung und den energiewirtschaftlichen Konzeptionen der künftigen Raumheizungsmethoden betrachtet werden kann. Nach [10] wird der Energiebedarf für die Warmwasserbereitung im Haushalt in der BRD je Person und Jahr sich wie folgt entwickeln:

	1960	1970	1980
Warmwasserbedarf je Person im Haushalt (kg/d)	58,11	86,3	134,29

Eine durchaus gleichartige Entwicklung des Raumheizungsbedarfes zeigt auch die Entwicklung in Österreich (siehe Abb. 4) sowie in der Schweiz (Tab. 4).

Aus den Abb. 3 und 4 sowie aus Tab. 4 geht die zunehmende Bedeutung des Wärmebedarfes der Haushalte, insbesondere für Zwecke der Raumheizung, hervor. Bemerkenswert ist hierbei aber, daß die Impulse für diese Entwicklung nur zum Teil der steigenden Wohnungsanzahl zugeschrieben werden können. Vielmehr ist hierfür auch, wie die Entwicklung der Vergangenheit zeigt, die Zunahme des spezifischen Wärmebedarfes pro Wohnung von wesentlicher Bedeutung, verursacht durch

a) den Übergang von der Einzelofenheizung auf Sammelheizung bzw. Fernheizung aller Art und damit gleichmäßige Beheizung aller Wohnräume;

b) durch steigende Anforderungen an die Wohnraumtemperaturen überhaupt.

Tabelle 4. *Gesamter Energiebedarf und angenäherter Energiebedarf für die Raumheizung in der Schweiz* [11]

Jahr	Gesamter Energiebedarf Tcal	Energiebedarf für Raumheizung (angenähert) Tcal	% des gesamten Bedarfes	je Wohnung Gcal
1950	42,423	27,800	65	21
1955	55,847	32,670	59	22,5
1960	73,831	37,650	51	24
1965	112,137	52,840	47	29
1970	149,478	68,500	45	33
1975	193,000	86,400	45	39
1980	241,000	108,200	45	43

Bei einem Vergleich der Werte über den spezifischen Heizenergieverbrauch fallen die verhältnismäßig hohen Ziffern der Schweiz auf. Hier ist aber zu berücksichtigen, daß, bezogen auf den gleichen Zeitpunkt, durch den wesentlich größeren Anteil an Sammelheizungen schon früher ein höherer Entwicklungsstand mit entsprechend größerem Heizenergiebedarf erreicht wurde. Weiters spielt die Wohnungsstruktur (höherer Anteil von Ein- und Zweifamilienhäusern mit spezifisch größerem Wärmebedarf) mit herein und letztlich auch die Frage, wieweit zumindest teilweise der Energiebedarf für die Warmwasserbereitung mit eingeschlossen ist. Weiters wäre noch zu bemerken, daß die angegebenen spezifischen Verbrauchswerte je Wohnung sich auf den durchschnittlichen Energieeinsatz bei Sammelheizung bzw. Einzelofenheizung loko Abnehmer auf Basis fester, flüssiger oder gasförmiger Brennstoffe beziehen. Die korrespondierenden Werte für elektrische Heizsysteme loko Abnehmer würden nach Pkt. 3 bei etwa 40—50% liegen.

Vergleicht man die vorliegenden Prognosewerte mit dem nach den üblichen Berechnungsvorschriften ermittelten Heizenergiebedarf für Wohnungen in Ein- bzw. Mehrfamilienhäusern, so ist wohl die Feststellung berechtigt, daß man hier effektiv schon Werte nennt, deren Überschreitung bei einigermaßen vernünftiger Wärmewirtschaft auszuschließen ist. Abgesehen von der zu

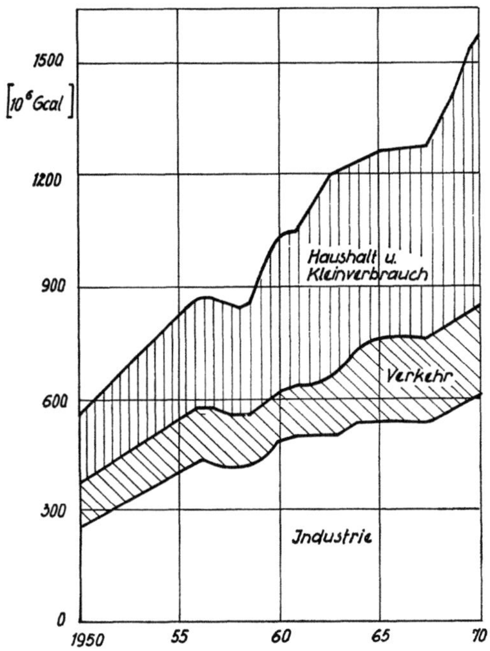

Abb. 3. Entwicklung des gesamten Sekundärenergiebedarfes in der BRD nach den wichtigsten Verbrauchergruppen (abgeleitet aus [2])

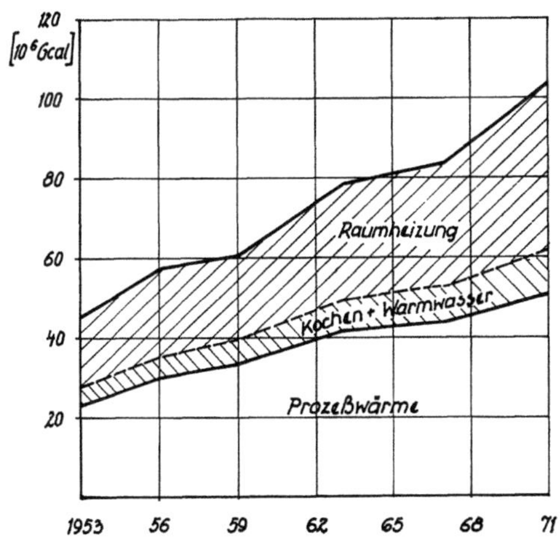

Abb. 4. Entwicklung des Wärmeenergiebedarfes in Österreich (abgeleitet aus [3, 4] und [6])

diskutierenden Frage, welche Möglichkeiten zu einer energiewirtschaftlich sinnvollen Bremsung dieser Entwicklung durch bessere Wärmedämmung bzw. Heizkraftkupplung bestehen, kann man jedenfalls allgemein feststellen:

Bei Annäherung an einen Zustand, in dem die Einzelofenheizung keine Rolle mehr spielt, wie dies z. B. die Prognose für die Schweiz für 1980 zeigt, entfallen die vorhin erwähnten Gründe für eine weitere Zunahme des Energiebedarfes für die Raumheizung mit Ausnahme der Bevölkerungsentwicklung bzw. der Wohnungszunahme. Demnach muß, wie letztlich wieder die Prognose für die Schweiz zeigt, mit sinkenden jährlichen Zuwachsraten gerechnet werden, wobei je nach Entwicklung der Raumheizungssysteme zur Sammel- bzw. Fernheizung die Sättigung etwa zwischen 1980 und 1990 in den betrachteten Fällen erreicht werden dürfte.

2.2 Bereitstellungs- und Transportbedingungen der für die Raumheizung verwendeten Energieträger

Eine grundsätzliche energiewirtschaftliche Betrachtung des Raumheizungsproblemes hat schließlich noch zu berücksichtigen, daß der Energiebedarf für die Raumheizung entsprechend dem Verlauf der Außentemperatur im wesentlichen auf die Winter- und Übergangsmonate beschränkt ist, während der Prozeßwärmebedarf ebenso wie der Wärmebedarf für Kochen und Warmwasserbereitung einen über das Jahr gesehen annähernd gleichmäßigen Verlauf aufweist. Dieser Besonderheit des Raumheizungsbedarfes steht jedoch die jährlich gleichmäßige bzw. angestrebte kontinuierliche Förderung bzw. Bereitstellung der Primärenergieträger Kohle, Heizöl, Erdgas und Uran — abgesehen vom jahreszeitlichen Rückgang der Wasserkraft — gegenüber. Demnach belasten die Anforderungen der Raumheizung je nach dem, ob leitungsgebundene oder nicht leitungsgebundene bzw. leicht oder schwer speicherfähige Energie zur Deckung des Raumheizungsbedarfes herangezogen werden, verschieden stark die Gestehungskostenstruktur der betreffenden Energieträger je nach dem unterschiedlichen Aufwand, welcher auf die dazu nötigen Anlagen für die Erzeugung, Speicherung und Verteilung entfällt.

Es bestehen somit für die einzelnen Energieträger bei der Deckung des Raumheizungsbedarfes folgende zusätzliche Forderungen bzw. Bedingungen für ihre Erzeugungs-, Speicher- und Verteilungseinrichtungen gegenüber einer Deckung des jahreskonstanten Wärmebedarfes (Tab. 5).

Für die leitungsgebundenen Energieträger Gas, Elektrizität und Fernwärme ergeben sich daher gegenüber Kohle und Heizöl bei der Deckung des Energiebedarfes der Raumheizung erhebliche zusätzliche Belastungen für die Erzeugung bzw. Umformung sowie Speicherung und Verteilung der Energie. Ein stärkeres Eindringen der leitungsgebundenen Energieträger in den Markt für die Raumheizung hängt daher entscheidend von der Bewältigung der Gestehungskostenprobleme, die sich aus diesen Belastungen ergeben, ab. Sie sind naturgemäß bei der Elektrizität als nicht unmittelbar speicherfähigem Energieträger am größten.

Tabelle 5. *Zusammenfassung der Bereitstellungs- und Transportbedingungen für verschiedene zur Raumheizung verwendete Energieträger*

Energieträger	Produktion bzw. Förderung	Jahresspeicherung	Fortleitung und Verteilung	
			regional	lokal
Kohle	jahresdurchgängig gleichmäßig	Kohlenhalden, Lager beim Verbraucher	öffentliche Verkehrsmittel	öffentliche Verkehrsmittel
Heizöl	jahresdurchgängig gleichmäßig mit geringen Anpassungsmöglichkeiten	Öltanks bei Raffinerie bzw. bei Verbraucher	öffentliche Verkehrsmittel	öffentliche Verkehrsmittel
Stadtgas	Spitzengaserzeugung; Tagesspeicher	Großspeicher	stärker ausgelegtes Mitteldrucknetz	stärkeres Niederdrucknetz bzw. Erhöhung des Niederdruckes
Erdgas	jahresdurchgängig gleichmäßig	Großspeicher (Untertagesspeicher)	stärker ausgelegte Hoch- und Mitteldruckleitungen	stärkeres Niederdrucknetz bzw. Erhöhung des Niederdruckes
Fernwärme	Auslegung des FHW für Heizspitze	Öltanks, Kohlenhalden	Fernwärmenetz, ausgelegt für Heizspitze	
elektrische Energie	soweit Schwachlastenergie verwendet wird, kein Einfluß auf Produktionsanlagen, sonst Auslegung für Heizspitze	Öltanks, Kohlenhalden, Jahresspeicherwerke	stärkere Auslegung der lokalen Mittelspannungnetze, falls Heizspitze dafür maßgebend	stärkere Auslegung der Niederspannungsnetze und Trafostationen

2.3 Art und Entwicklung der Raumheizungssysteme

Kennzeichnend für die gesamte Entwicklung ist der angestrebte Rückgang von der Einzelofenheizung zur Sammelheizung bzw. Fernheizung. Zur Klarstellung des in der Folge verwendeten Begriffes Fernheizung sei hier gesagt, daß darunter jede Art von Fernheizung mittels leitungsgebundener Energieträger verstanden werden soll und nicht nur die Fernheizung mittels Heißwasser oder Dampf. Die immer wieder anzutreffende Methode, die die Beheizung mit Gas oder elektrischer Energie als Einzelofenheizung deklariert, obwohl hier genauso eine Versorgung über leitungsgebundene Energieträger wie bei der Fernheizung mit Heißwasser vorliegt und damit die beiden genannten Heizsysteme auf die gleiche Stufe stellt, wie die herkömmlichen Einzelöfen mit festen oder flüssigen Brennstoffen, muß als überholte Auffassung abgelehnt werden.

Statistische Erhebungen, welche dieser Überlegung nicht Rechnung tragen, verschleiern den Umfang der schon bestehenden umweltfreundlichen Heizsysteme und geben einen falschen Eindruck hinsichtlich des erreichten Heizkomforts. Für die Ermittlung der in der Tab. 6 enthaltenen Werte, welche Bestand und voraussichtliche Entwicklung der Heizsysteme in den Haushalten der BRD, Österreichs und der Schweiz zeigen, wurde daher versucht, aus vorhandenen statistischen Werten bzw. Untersuchungen [9, 10, 11, 12] den

Tabelle 6. *Entwicklung der Heizsysteme in der BRD, Österreich und in der Schweiz (unter Zuordnung von Gasheizung und elektrischer Heizung zur Fernwärme)*

a) BRD [9, 10]		1960	1970	1980
Wohnungsanzahl (Millionen)		16,0	20,8	25,2
Anteil der Heizsysteme (%)				
Einzelofenheizung		84,3	61,0	35,0
Sammelheizung		13,1	25,5	37,8
Fernwärme		2,6	13,5	27,2
hiervon:				
Gas		1,7	7,2	11,3
Strom		—	3,0	10,5
Heißwasser		0,9	3,3	5,4
b) Österreich [12]		1969	1972	1980
Wohnungsanzahl (Millionen)		2,4	2,5	2,8
Anteil der Heizsysteme (%)				
Einzelheizung		79,6	70,0	50,0
Sammelheizung		12,7	18,2	22,0
Fernwärme		7,7	11,8	28,0
hiervon:				
Gas		4,4	5,8	12,0
Strom		2,2	3,5	10,0
Heißwasser		1,1	2,5	6,0
c) Schweiz [11]	1950	1960	1970	1980
Wohnungsanzahl (Millionen)	1,34	1,65	2,1	2,45
Anteil der Heizsysteme (%)				
Einzelheizung	77,0	48,5	30,0	19,0
Sammelheizung				
1. mit festen Brennstoffen	26,5	15,0	6,0	—
2. mit flüssigen Brennstoffen	—	34,5	65,0	72,0
Fernwärme	—	—	2,9	9,0
hiervon:				
1. Gas und Strom	—	—	1,0	4,0
2. Heißwasser	—	—	1,9	5,0

effektiven Umfang der Fernheizung im allgemeinen Sinn herauszurechnen bzw. darzustellen. Dies bedeutet, daß die Werte für Einzelheizung und Sammelheizung zugunsten des Begriffes Fernheizung entsprechend zu reduzieren wären. Unter Einzelheizung bzw. Sammelheizung sind somit nur Heizsysteme auf Basis von nichtleitungsgebundenen Energieträgern zu verstehen.

Aus Tab. 6 lassen sich zwei grundsätzlich sehr wesentliche Aussagen ableiten:

a) Das Beispiel der Schweiz mit ihrer relativ weit fortgeschrittenen Entwicklung zur Sammelheizung zeigt, welch große Zeitspanne der Übergang von der Einzelheizung zur Sammelheizung bei einigermaßen normaler wirtschaftlicher Entwicklung in Anspruch nimmt. Dabei ist aber diese Entwicklung auch auf längere Sicht noch nicht abgeschlossen, da gegen die mit Öl betriebene Sammelheizung vom Standpunkt des Umweltschutzes beträchtliche Einwände zu erheben sind und somit noch der Übergang zur Fernheizung vorzunehmen ist.

b) Durch die etwas anders verlaufende Entwicklung in der Vergangenheit in der BRD und in Österreich ist der prozentuale Anteil der Sammelheizung zwar kleiner. Parallel dazu hat aber die Fernwärmeversorgung durch die drei Energieträger Gas, Strom und Heißwasser wesentlich größere Fortschritte als in der Schweiz gemacht, so daß für das Jahr 1980 bereits ein beachtlicher Fernwärmeanteil zu erwarten ist.

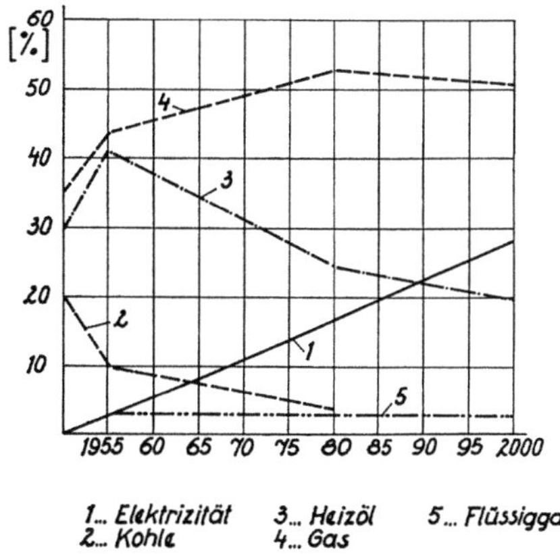

Abb. 5. Entwicklung der Raumheizung in den USA nach Energieträgern (nach [4 a])

Zum Vergleich sei noch die Entwicklung des Heizenergiebedarfes in den USA [4 a] nach Energieträgern angeführt, die vor allem den außerordentlich hohen Anteil an Gasheizung, aber auch einen bedeutenden Prozentsatz an elektrischer Heizung erkennen läßt (Abb. 5).

Die Entwicklung zu umweltfreundlichen Heizsystemen, d. h. von der Einzelheizung zur Sammelheizung und letztlich zur Fernwärmeversorgung stellt somit eine große energiewirtschaftliche Aufgabe dar, die vor allem in Hinblick auf den damit verbundenen Kapitaleinsatz nur langfristig zu lösen ist. Gerade diese langfristige Entwicklung läßt aber die Forderung einer grundsätzlichen Planung für die Art der künftig eingesetzten Heizsysteme als außerordentlich notwendig erscheinen, um Kapitalfehlleitungen, sei es unmittelbar innerhalb der Energiewirtschaft, sei es innerhalb der Abnehmeranlagen, zu vermeiden. Wenn den Forderungen des Umweltschutzes, des Komfortbedürfnisses und einer rationellen Energienutzung optimal Rechnung getragen werden soll, so muß ein koordinierter Ausbau der Raumheizungssysteme erfolgen.

3. Der Nutzungsgrad von Raumheizungen mit konventionellen Energieträgern im Vergleich zu elektrischen Raumheizsystemen

3.1 Definition des Nutzwärmebedarfes und des Nutzungsgrades von Raumheizungsanlagen

Aus Pkt. 1 und 2 ist zu erkennen, daß die Deckung des Energiebedarfes für die Raumheizung ein energiewirtschaftliches Problem darstellt, das immer mehr gesamtwirtschaftlich orientierte optimale Lösungen erfordert. Welche Rolle die einzelnen Heizsysteme hierbei, insbesondere die hier zu betrachtende elektrische Raumheizung, spielen werden, hängt neben anderen energiewirtschaftlichen Faktoren vom Grad der Ausnutzung der dafür eingesetzten Energieträger ab. Gerade im Vergleich zwischen elektrischer Raumheizung und konventionellen Heizsystemen stellt diese Frage ein wesentliches, viel diskutiertes Problem dar. Dementsprechend wird im folgenden dieser Fragenkomplex analysiert.

Ausgangspunkt für alle einschlägigen Untersuchungen bildet der Wärmebedarf zur Beheizung eines Raumes unter Einhaltung eines bestimmten vorgegebenen Temperaturprogrammes. Die Aufgabe eines optimal arbeitenden Heizsystems besteht dann darin, möglichst nur so viel Wärme dem Raum zuzuführen, als zur Aufrechterhaltung der geforderten Raumtemperatur nötig ist, d. h. somit möglichst trägheitslose Anpassung der Wärmezufuhr an die sich ändernden Umwelteinflüsse. Dieser so definierte minimale Wärmebedarf kann als effektiver Nutzwärmebedarf bezeichnet werden. Der theoretisch erforderliche Nutzwärmebedarf liegt zwangsläufig bei allen Heizsystemen noch darunter; er würde dem Idealfall einer vollkommen trägheitslosen Temperaturregelung entsprechen, was angesichts der thermischen Trägheit der zu beheizenden Objekte auszuschließen ist.

Als Nutzungsgrad der eingesetzten Energie kann danach das Verhältnis zwischen dem gesamten Nutzwärmeverbrauch im betrachteten Zeitraum zur gesamten, in diesem Zeitraum der Heizungsanlage zugeführten Energie definiert werden. Im Gegensatz zum Wirkungsgrad, dessen Ermittlung jeweils ein bestimmter angenommener stationärer Betriebszustand zugrunde liegt, enthält der Nutzungsgrad alle im betrachteten Zeitraum vorkommenden Betriebszustände und kann somit als Integral der gesamten, innerhalb eines bestimmten Zeitraumes auftretenden Wirkungsgradänderungen aufgefaßt werden. Damit werden streng genommen nicht mehr Leistungen, sondern Energiemengen miteinander verglichen [13].

3.2 Analyse des Nutzungsgrades nach Teilnutzungsgraden

Analysiert man die den Gesamtnutzungsgrad bestimmenden Einflüsse bzw. auftretenden Wärmeverluste, kann man sie in Teilnutzungsgrade aufgliedern, die den integrierten Einzelwirkungsgraden (feuerungstechnischer Wirkungsgrad, Kesselwirkungsgrad, Verteilungswirkungsgrad und Regelungswirkungsgrad) entsprechen [14, 15].

Danach sind die Teilnutzungsgrade wie folgt zu definieren:

Verwendete Bezeichnungen:

Q_B = Gesamte zugeführte Brennstoffwärme
Q_F = Im Feuerraum nutzbar zur Verfügung stehende Wärme
Q_K = An den Wärmeträger (Wasser bzw. Luft) übertragene Wärme
Q_R = Dem zu beheizenden Raum zugeführte Wärme
Q_N = Zur Aufrechterhaltung der Raumtemperatur erforderliche Nutzwärme

Teilnutzungsgrade:

feuerungstechnischer Nutzungsgrad $= n_F = \frac{Q_F}{Q_B}$

Wärmeaustausch-Nutzungsgrad $= n_K = \frac{Q_K}{Q_F}$

Verteilungsnutzungsgrad $= n_V = \frac{Q_R}{Q_K}$

Regelungsnutzungsgrad $= n_R = \frac{Q_N}{Q_R}$

Der feuerungstechnische Nutzungsgrad berücksichtigt alle latenten und fühlbaren Rauchgasverluste. Der Wärmeaustauschnutzungsgrad berücksichtigt den Umstand, daß von der im Feuerraum nutzbar zur Verfügung stehenden Wärmemenge ein Teil durch die Strahlungs- und Konvektionsverluste des Kessels verlorengeht. Der Verteilungsnutzungsgrad berücksichtigt die Verluste beim Transport der Wärme vom Kessel zum Heizkörper, soweit diese Verluste nicht zur Aufrechterhaltung der Raumtemperatur beitragen.

Mit dem Regelungsnutzungsgrad wird die Differenz erfaßt, die zwischen der den Räumen zugeführten Wärme und der effektiv benötigten Nutzwärme besteht. Diese Differenz ist um so größer, je träger die Raumtemperaturregelung ist. Zu ergänzen ist der Raumregelungsnutzungsgrad noch im Falle träger Kesselregelungen, die nur mit Verzögerung dem jeweiligen angeforderten Wärmebedarf sich anpassen können, wie dies bei Sammelheizungen mit festen Brennstoffen der Fall ist.

Eine Abschätzung dieser Teilnutzungsgrade auf Basis von zum Teil vorliegenden Erfahrungswerten führt in Anlehnung an eine Untersuchung nach Rudolph [15] ergänzt um Angaben für die elektrische Warmwasserzentralheizung zu folgenden Werten:

Tabelle 7. *Mittlere Teilnutzungsgrade und Abschätzung der Jahresnutzungsgrade von Raumheizungsanlagen über die Abschreibungszeit* [15]

Energieträger	Heizsystem	Teilnutzungsgrade				Gesamtnutzungsgrad n_G
		n_F	n_K	n_V	n_R	
Braunkohle, Briketts bzw. Koks	Einzelheizung	0,70	0,85	—	0,60	0,36
Koks	Sammelheizung *)	0,75	0,85	0,95	0,70	0,42
Heizöl	Einzelheizung *)	0,75	0,95	—	0,60	0,46
Heizöl	Sammelheizung *)	0,80	0,85	0,95	0,80	0,52
Gas	Einzelheizung	0,80	0,95	—	0,80	0,61
Strom	Sammelheizung *) (E-Kessel)	—	0,95	0,95	0,80	0,71
Strom	Speicherheizung (Bauart III)	—	—	—	0,95	0,95
Strom	Direktheizung	—	—	—	0,97	0,97

*) Gilt für neue Anlagen, außentemperaturgeregelt mit einem Raumthermostat.

3.3 Die Teilnutzungsgrade von Warmwasserzentralheizungen im Vergleich zu elektrischen Heizsystemen bestimmende Einflußgrößen

Die sich aus Pkt. 3.2 ergebenden relativ niedrig erscheinenden Werte für den Nutzungsgrad von Sammelheizungen sind bei näherer Betrachtung der verschiedenen Einflüsse, die den Energieverbrauch solcher Raumheizungssysteme bestimmen, durchaus logisch zu begründen. Vor allem ist auch zu berücksichtigen, daß es sich bei diesen Nutzungsgraden um Mittelwerte handelt, die während der gesamten Abschreibungszeit einer Heizungsanlage gelten sollen.

3.31 Feuerungstechnischer und Wärmeaustauschnutzungsgrad

Zunächst ist auf den grundsätzlichen physikalischen Unterschied hinzuweisen, der zwischen der Wärmeerzeugung aus Brennstoffen gegenüber der Umwandlung elektrischer Energie in Wärme besteht. Jeder Verbrennungsvorgang ist ein chemischer Prozeß, der unter Zusammenwirken einer Reihe von Einflußfaktoren vor sich geht. Nur durch das optimale Zusammenwirken aller dieser Einflußgrößen läßt sich das angestrebte Ergebnis, nämlich eine möglichst hohe Energieausnützung, erreichen. Dies bedeutet die vollkommene Verbrennung der im Brennstoff vorhandenen Energie mit einer Luftmenge, die möglichst nahe der stöchiometrisch erforderlichen theoretischen Menge liegt, einen möglichst verlustlosen Transport dieser Wärme zu den zu beheizenden

Räumen und möglichst rasche Anpassung der Wärmezufuhr an geforderte Temperaturänderungen.

Es steht außer Zweifel, daß es möglich ist am Prüfstand optimale Ergebnisse, z. B. für den feuerungstechnischen Wirkungsgrad, zu erzielen. Die Praxis zeigt jedoch, daß die dazu nötigen laufende Kontrollen erfordernden Betriebsverhältnisse nicht dauernd aufrechterhalten werden können. Dazu kommt, daß der Verschleiß der verschiedenen, zu einer Feuerung gehörenden Einrichtungen durch die hohe thermische Beanspruchung auch zu einem Absinken des Kesselwirkungsgrades während seiner durchschnittlichen Lebensdauer führen muß, ganz abgesehen vom Einfluß der wechselnden Betriebs-

Tabelle 7 a. *Ergebnisse eines Tests an 675 Ölfeuerungsanlagen in Zürich*

Abgastemperatur in °C	Rußzahl nach Bacharach 1 ... 3	4 ... 5	über 5	stark ölhaltig	total	schlecht %
Unter 150	41	7	11	0	59	30
150 bis 200	154	32	41	0	227	32
200 bis 250	139	36	55	4	234	41
250 bis 300	67	9	32	2	110	39
über 300	18	5	21	1	45	60
	419	89	160	7	675	—

zustände. Nach [28] haben Dauermessungen über mehrere Jahre an elf Großobjekten mit 2071 Wohnungen ergeben, daß bei Einkesselanlagen mit thermostatischer Steuerung des Brenners unter Berücksichtigung der Anteile für die Ölerwärmung mit mittleren Jahresnutzungsgraden von 61% bis maximal 67% gerechnet werden kann. Dabei ist dieser Nutzungsgrad so definiert, daß die loko Kessel abgegebene Wärme (also ohne Berücksichtigung des Verteilungs- und Regelungsnutzungsgrades) in Relation zum gesamten jährlichen Ölverbrauch gesetzt ist. Gegenübergestellt dem Produkt aus feuerungstechnischen und Wärmeaustauschnutzungsgrad nach Tab. 7 sowie verglichen mit den diesbezüglichen Meßergebnissen nach Pkt. 3.52 ergibt sich gute Übereinstimmung.

Ferner ist in diesem Zusammenhang auch auf die Auswirkungen der Art der Kesseldimensionierung hinzuweisen, wonach die größte errechnete Heizlast einschließlich verschiedener Berechnungszuschläge zugrunde gelegt wird, ein Wert der auf Grund der vorhandenen klimatischen Gegebenheiten nur relativ selten während der Heizperiode auftritt, wodurch vor allem Einkesselanlagen vorwiegend nur im Teillastbereich arbeiten.

Schließlich ist noch zu berücksichtigen, daß für einen guten Nutzungsgrad eine laufende Überwachung der Brennereinstellung sowie des Verschmutzungsgrades der Wärmeübergangsflächen usw. wichtige Voraussetzung ist. Praktisch ist jedoch bei kleinen und mittleren Anlagen nur mit geringer regelmäßiger Überwachung zu rechnen, so daß sich sehr bald die Abgastemperaturen, der CO_2-Gehalt der Abgase und damit der feuerungstechnische Nutzungsgrad zum Beispiel durch unkontrollierte Veränderungen der Brennereinstellung, durch Rußbelag usw. sich ändern. Als Beispiel sei das in Tab. 7 a dargestellte Ergebnis eines von der Gesundheitsbehörde der Stadt Zürich [16] durchgeführten Tests an 675 Ölfeuerungen in Wohnhäusern verwiesen.

Es konnte dabei festgestellt werden, daß bei über 50% der Anlagen die zulässige Rußzahl nach Bacharach weit überschritten wurde. Aus den Gegebenheiten des praktischen Betriebes resultieren daher Nutzungsgrade die wesentlich unter jenen liegen, die bei Bestlast und optimaler Einstellung aller für die Verbrennung maßgebender Faktoren zu erreichen sind.

Betrachtet man demgegenüber die Umwandlung von elektrischer Energie in Wärme, so ist dieser Vorgang durch ein einfaches physikalisches Gesetz eindeutig definiert, das zusammen mit dem Umstand, daß die Umwandlung in Wärme unmittelbar am gewünschten Ort vor sich geht, zu einer nahezu 100prozentigen Umsetzung der elektrischen Energie in Nutzwärme führt. Dazu kommt noch die praktisch verlustlose Zuführung und Verteilung der elektrischen Energie innerhalb eines Objektes ohne Zwischenschaltung eines besonderen Wärmeträgers.

3.32 Regelungsnutzungsgrad

Neben diesem durch grundsätzliche physikalische Gegebenheiten bestimmten, zwangsläufig höheren Nutzungsgrad der elektrischen Heizsysteme spielen die wesentlich günstigeren regeltechnischen Möglichkeiten der elektrischen Heizung bei der Anpassung an ein bestimmtes Raumtemperaturprogramm (mit Ausnahme von elektrisch betriebenen Warmwasserzentralheizungen nach Pkt. 7.4) eine maßgebliche Rolle. Dadurch ergeben sich Wärmeeinsparungen, die konventionellen Warmwasserzentralheizungen mit üblicher Regelungsausstattung zwangsläufig verwehrt bleiben.

Bei den üblichen Sammelheizungen dient zur Raumtemperaturregelung — ganz abgesehen von älteren Anlagen mit im wesentlichen händischer Regelung — eine außentemperaturabhängige Regelung der Vorlauftemperatur, die sich zwangsläufig nach dem Wärmebedarf des kältesten Raumes richten muß, sofern nicht eine Einzelraumtemperaturregelung vorgesehen wird, eine Lösung, die praktisch bisher kaum verwirklicht wurde. Wird die Verteilung auf mehrere Heizstränge mit getrennten Vorlaufregelungen aufgeteilt — eine Lösung, die jedoch aus kostenmäßigen Gründen auf Großanlagen beschränkt bleibt —, so gilt diese Feststellung sinngemäß für die einzelnen getrennt versorgten Gebäudeteile. Damit wird der Masse der Räume ohne Rücksicht auf individuelle Temperaturverhältnisse ein Temperaturverhalten aufgezwungen, das oft in Widerspruch mit dem tatsächlich erforderlichen Wärmebedarf steht (Überheizung). Die mitunter sehr bedeutenden Einflüsse der sogenannten „Freien Wärme" (siehe Pkt. 3.4) können mit einer derartigen Regelung nicht erfaßt werden.

Im Gegensatz dazu ist eine elektrische Raumheizung mit Ventilator-Speicheröfen (Bauart III) und in noch etwas besserer Form eine direkte elektrische Heizung durch die thermostatische Steuerung jedes einzelnen Heizgerätes in der Lage, diese Einflüsse im Sinne einer weitgehenden Annäherung an einen vorgegebenen idealen Temperaturverlauf auszuregeln. Die folgende

Abb. 6 zeigt am Temperaturverlauf eines Büroraumes in prinzipieller Form [18] den Einfluß auf die Wärmebilanz durch bessere Regelung, in Form einer Anpassung an die Sonneneinstrahlung.

Es wird angenommen, daß während der Bürozeit eine Raumtemperatur von + 20 °C und in der übrigen Zeit von + 12 °C herrschen soll (Kurve a). Die Trägheit der Regel- und Steuereinrichtungen des Heizsystems und des Gebäudes bedingen, daß die tatsächliche Raumtemperatur vom ideellen Temperaturverlauf abweicht, wobei die unterschiedliche Ausregelung durch die beiden betrachteten Heizsysteme zutage tritt (Kurve b für Warmwasserheizung, Kurve c für elektrische Direktheizung). Da der Verlauf der Innentemperatur proportional dem Wärmebedarf ist, entsprechen die Flächen unter

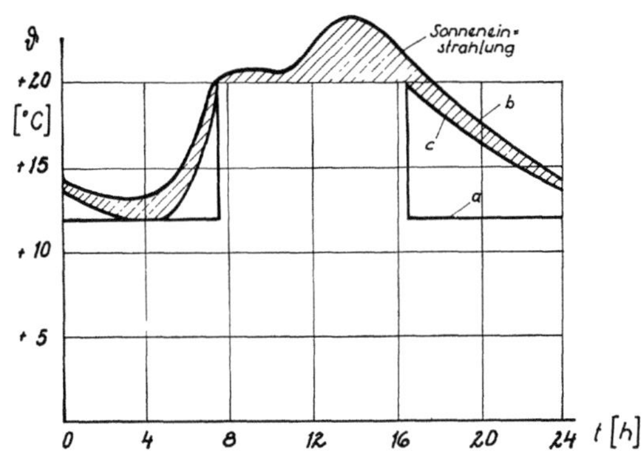

Abb. 6. Idealer und tatsächlicher Temperaturverlauf während 24 Stunden in einem Büroraum

den Kurven dem täglichen Wärmebedarf, wobei als jeweilige Basis die entsprechende Außentemperatur gilt. Das Verhältnis der Flächen unter b bzw. c zu der Fläche unter a ergibt den effektiven Regelungswirkungsgrad des betreffenden Heizsystems, bezogen auf die jeweilige Außentemperatur. Die Flächendifferenz zwischen den Flächen unter den Kurven b und c entspricht der Energieeinsparung, die durch die bessere Regelmöglichkeit der elektrischen Raumheizung realisiert werden kann.

Diese auf den Einfluß der sogenannten „Freien Wärme" (siehe Pkt. 3.4) basierenden Einsparungen können vor allem bei Gebäuden mit großen Fensterflächen einen bedeutenden Beitrag zur gesamten Nutzwärmeaufbringung leisten und somit insgesamt eine Verringerung der zuzuführenden Wärmemengen ermöglichen.

Aus diesem Grund ist auch der von Wärmemengenmessern in Zentralheizungsanlagen ermittelte Wärmeverbrauch als Vergleichsbasis für die erforderliche elektrische Energie nicht verwendbar, da sich hieraus rechnerisch ein höherer Verbrauch an elektrischer Energie als benötigt ergibt. Es handelt sich hierbei um einen der grundsätzlichen Streitpunkte zwischen den Vertretern der beiden Heizsysteme, da bei Heizkostenvergleichen immer von den gleichen vom betreffenden Heizsystem dem Raum zuzuführenden Wärmemengen ausgegangen wird. Sind diese Wärmemengen nicht gleich, so wird dieser Umstand mit einer niedrigeren mittleren Raumtemperatur erklärt, obwohl auch bei Warmwasserzentralheizungen, deren Heizkörper mit thermostatisch geregelten Heizkörperventilen — eine allerdings kostspielige und daher wenig verwendete Maßnahme — ausgestattet werden, Energieeinsparungen von 10 bis 15% möglich sind.

Bedingungen	Kesselwirkungsgrad in Abhängigkeit von den verschiedenen Einflußgrößen						durchschnittlicher Wirkungsgrad während einer Heizsaison				
relative Unterschiede Dimensionen Instandhaltung, Verbrennung, Regelung, etc.	Wirkungsgrad des Kessels nach Angabe des Erzeugers	Kesselwirkungsgrad abhängig von der mittleren Belastung Wirkungsgrad während einer Lebensdauer von 22 Jahren Lager, Hilfsenergie, Verbrennungsregelung etc.	Gesamter mittlerer Wirkungsgrad des Kessels während einer Heizsaison abhängig von Aus-Einbetrieb und von der angegebenen Überdimensionierung Kesselgröße im Verhältnis zum errechneten Wärmebedarf				Verteilungssystem Luft Warmwasser Dampf				
	ideale Bedingungen	praktische Betriebsbedingungen	25 %	50 %	75 %	100 %	90%	85%	80%	70%	60%
klein bis mittel, durchschnittliche Instandhaltung, mittelmäßige Regelung	73 %	64 %	50 %				45,2	42,7			
				47 %			42,3	40,5			
Mittel bis groß, durchschnittliche Instandhaltung, annehmbare Regelung	77 %	69 %		51,3				43,6	41,0	35,9	
					49,5			42,1	39,6	34,6	
						47,2		40,1	37,3	33,0	
Groß Gute Instandhaltung Gute Regelung	80 %	73 %		54,3				46,2	43,4	38,0	32,6
					52,4			44,5	41,9	36,7	31,4
						49,9		42,4	39,3	34,9	29,9

Abb. 7. Für den gesamten Nutzungsgrad einer Sammelheizungsanlage maßgebende Einflußgrößen und ihre quantitative Auswirkung [17]

Der Einfluß einer genauen Temperaturhaltung kommt vor allem dort besonders zur Wirkung, wo einerseits große Fensterflächen vorhanden sind und andererseits, wie bei einschichtigen Schulen, eine relativ lange Zeit mit abgesenkter Temperatur gefahren wird. In diesen Fällen treten die unterschiedlichen Regelungswirkungsgrade noch stärker in Erscheinung und führen zu Ergebnissen, die zwar mit den herkömmlichen Vorstellungen nicht in Einklang stehen, aber physikalisch sowohl qualitativ als auch quantitativ durchaus begründbar sind.

Energieeinsparungen in der Höhe von 10 bis 20% durch diesen Effekt sind durchaus realisierbar, so daß dementsprechende Unterschiede in den Regelungswirkungsgraden auftreten müssen. Dementsprechend gelangt man bei einem Regelungsnutzungsgrad von etwa 0,95 für die elektrische Heizung (eine ideale Temperaturausregelung ist schon mit Rücksicht auf die thermische Trägheit der Gebäude nicht möglich) zu einem Regelungsnutzungsgrad von etwa 0,80 für eine Warmwasserzentralheizung mit normaler Regelausstattung im Sinne von Pkt. 3.2.

Eine Übersicht sowie eine allgemeine Zusammenfassung der für den Nutzungsgrad einer Sammelheizungsanlage im praktischen Betrieb maßgebenden Einflußgrößen zeigt nach [17] die Abb. 7. Daraus ist ersichtlich, daß bei Erfassung aller für den Betrieb einer Sammelheizung maßgeblichen Einflußgrößen realistische Aussagen über den tatsächlichen Nutzungsgrad möglich sind, die mit den Werten der Tab. 7 sowie mit effektiven Meßwerten (siehe Pkt. 3.5) gut übereinstimmen.

3.4 Einfluß der „Freien Wärme" auf die Wärmebilanz bzw. auf den Nutzungsgrad eines Heizsystems

Wie bereits im Pkt. 3.3 erwähnt spielt für den Regelnutzungsgrad die Frage, inwieweit die gesamte für die Erwärmung eines Raumes effektiv erforderliche Nutzwärme vom betreffenden Heizungssystem aufgebracht werden muß, oder ob andere Einflüsse zur gesamten Wärmedarbietung beitragen, in zunehmendem Maße dort eine Rolle, wo die regeltechnischen Voraussetzungen es gestatten, auf derartige Einflüsse zu reagieren. Sie sind daher vor allem für Heizungssysteme interessant, die diese regeltechnischen Möglichkeiten in sich bergen.

Das Wärmegleichgewicht auf Basis einer bestimmten Innenraumtemperatur kann durch folgende Beziehung dargestellt werden:

$$Q_h = Q_V - Q_A - Q_F$$

Q_h = dem Raum von der Heizanlage zugeführte Energie
Q_F = die im Raum erzeugte Energie (z. B. Abwärme von Beleuchtung, Maschinen, Küchen, Warmwasserbereitung etc.) („Freie Wärme")
Q_V = die nach außen abgegebene Energie
Q_A = die von außen zugeführte Energie („Freie Wärme")

Dieser für die Klimatechnik selbstverständlichen Beziehung wird bisher von der Heiztechnik wenig Rechnung getragen, da es dort in erster Linie auf die Größe Q_h ankommt und eine Ausregelung dieses Wertes nach Maßgabe der von Q_F und Q_A herrührenden „Freien Wärme" bei den herkömmlichen Heizsystemen praktisch nicht erfolgt, es sei denn, es handelt sich um vollklimatisierte Luftheizungsanlagen mit Einzelraumtemperatursteuerung. Gerade diese Einzelraumtemperatursteuerung spielt bei der elektrischen Raumheizung jedoch eine große Rolle und setzt sie instand, sich der Änderung der erwähnten Größen entsprechend anzupassen. Betrachtet man die für die „Freie Wärme" maßgebenden Einflüsse im einzelnen, handelt es sich im wesentlichen um folgende Erscheinungen:

a) Wärmegewinne durch Sonnenstrahlung

Es ist hiebei zu unterscheiden zwischen der direkten Sonneneinstrahlung durch Fenster und der gesamten auf das Gebäude auftreffenden Strahlung.

Hier ist zunächst auf folgenden Umstand hinzuweisen:

Nach den üblichen Festlegungen ist die sogenannte Heizgrenze erreicht, wenn die Tagesmitteltemperatur an drei aufeinanderfolgenden Tagen + 12 °C unterschreitet. Dabei bleibt aber die Frage offen, wodurch vor Heizbeginn der Temperaturunterschied zwischen Innen- und Außentemperatur gedeckt wurde. Ausgehend von einer Innenraumtemperatur von 20 °C müssen zu ihrer Aufrechterhaltung bei sinkender Außentemperatur Einflüsse wirksam werden, die es gestatten, im Bereich über + 12 °C ohne Heizung auszukommen. Des weiteren kann nicht angenommen werden, daß nach Heizbeginn diese Einflüsse völlig verschwinden, da letztlich auch bei einem späteren Heizbeginn eine, wenn auch verringerte, Temperaturdifferenz zwischen Innenraumtemperatur und Außenlufttemperatur aufrecht erhalten werden kann.

Es ist somit je nach Wirksamkeit dieser Einflüsse von der Heizungsanlage nicht wie anzunehmen wäre eine der errechneten Differenz zwischen Außenluft- und Raumtemperatur entsprechende Wärmemenge aufzubringen, sondern eine verringerte Wärmemenge [19]. Dieser Umstand ist eine wesentliche Ursache für die besonders bei relativ hohen Außentemperaturen bei Warmwasserheizungsanlagen anzutreffende Überheizung der Räume, da auch bei witterungsabhängiger Vorlauftemperaturregelung diese Regelung von einer durch die mittlere Außenlufttemperatur bestimmten Differenz gegenüber der Raumsolltemperatur ausgeht.

Durch zahlreiche meteorologische Untersuchungen konnte festgestellt werden, daß die gesamte eingestrahle Sonnenenergie, die als Globalstrahlung bezeichnet wird — bezogen auf eine ebene Fläche —, beträchtliche Werte annehmen kann. Durch verbesserte Methoden konnte die von einer Kugelfläche erfaßte Strahlungsmenge — als Zirkumglobalstrahlung bezeichnet — gemessen werden [19]. Sie schwankt mit der Jahreszeit und mit der Sonnenscheindauer. Versuchsmessungen haben ergeben, daß von der gesamten auf ein Gebäude eingestrahlten Energie nur etwa 6—10% im Rauminneren wirksam werden. Bezogen auf die gesamten Transmissionswärmeverluste eines Gebäudes wird damit jedoch ein erheblicher Beitrag — im Durchschnitt 9% aller Tage —, der bis auf 36% an extrem sonnigen Tagen steigen kann, geleistet.

Naturgemäß ergeben sich bei derartigen Energiegewinn große Streuungen; sie sind dort um so höher, wo die Anteile der unmittelbaren Sonneneinstrahlung durch Fensterflächen stärker zum Tragen kommen.

Als Beispiel diene die Außenwand eines Klassenzimmers einer Schule, die mit Ausnahme einer Brüstung von 80 cm völlig verglast ist. Das Klassenzimmer habe ein Volumen von 250 m^3, die Fensterfläche beträgt 17 m^2. Nach Recknagel-Sprenger [20] (Abb. 8) kann mit einem wirksamen Wärmeeinfall durch Sonneneinstrahlung von ca. 300 kcal/h m^2 im Winterdurchschnitt gerechnet werden. Somit ergibt sich eine gesamte Einstrahlung von 5100 kcal/h gegenüber einem mittleren stündlichen Wärmebedarf dieser Klasse während der Heizperiode von 6500 kcal/h. Je nach Gesamtdauer der Sonneneinstrahlung ergeben sich somit über die Heizperiode sehr beachtliche Wärmegewinne, die in der Übergangszeit den rechnerischen Heizwärmebedarf sogar übersteigen können.

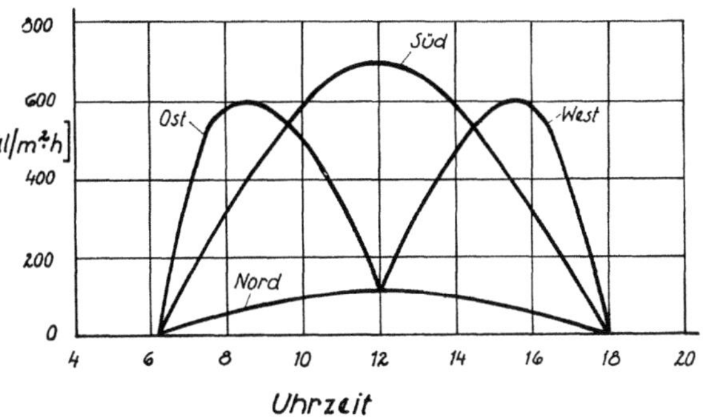

Abb. 8. Strahlungsintensität der Sonne nach Himmelsrichtungen am 21. März und am 21. September

b) Wärmegewinne durch Beleuchtung

Wird z. B. in einem Büro eine Beleuchtungsstärke von 300 lx vorgesehen, so sind dazu bei einem Leuchtenwirkungsgrad von 0,31 Leuchtstoffröhren mit einer Leistung von 20 W/m^2 Raumfläche erforderlich. Bei einem durchschnittlichen maximalen Wärmebedarf von 100 W/m^2 können somit bei einem Wirkungsgrad von 10% der Beleuchtung schon nahezu 20% der maximalen Heizleistung gedeckt werden. Bei einer Erhöhung der Beleuchtungsstärke auf 1000 lx, die in zunehmendem Maße für die Beleuchtung von Bürogebäuden angewandt wird, erhöht sich diese Leistung bereits auf etwa die Hälfte des gesamten stündlichen Wärmebedarfs.

Da mit höherer Lichtstärke auch die Benutzungsdauer der Beleuchtung zunimmt, kann bei Büros mit einer Benutzungsdauer von etwa 1000 h gerechnet werden, gegenüber einer Benutzungsdauer der installierten Heizleistung von 1200 h bis 1300 h. Es beträgt somit der gesamte Wärmebedarf der Heizperiode etwa 1200 Q_h und die von der Beleuchtung abgegebene Wärme $0{,}85 \cdot N_L \cdot 700$ h (entsprechend der auf die Heizperiode entfallenden anteiligen Benutzungsdauer der Beleuchtung). Für $N_L = Q_h/2$ errechnet sich daraus ein gesamter Wärmegewinn von 382 Q_h, entsprechend 32% der gesamten benötigten Heizwärme. Durch Herabsetzung von Q_h mittels zusätzlicher Wärmedämmung verschieben sich diese Verhältnisse noch ganz wesentlich, da der absolute Wärmegewinn durch die Beleuchtung konstant bleibt. Im

Extremfall gelangt man so zu einer vorwiegenden Beheizung durch Beleuchtung, wobei in der Übergangszeit und im Sommer entsprechend gekühlt werden muß (siehe Abb. 9). Dies hat zur Entwicklung sogenannter Klimaleuchten geführt, die zwecks Abfuhr der Verlustwärme unmittelbar von Luft oder Wasser durchströmt werden. Die den Beleuchtungskörpern entzogene Wärme wird in anderen Teilen des Gebäudes für die Heizung verwendet. Man gelangt so zum Typ des klimatisierten „vollintegrierten“ Gebäudes, in dem ausschließlich elektrische Energie für alle Anwendungszwecke ohne genaue Abgrenzung zwischen Beleuchtung und Beheizung zum Einsatz gelangt.

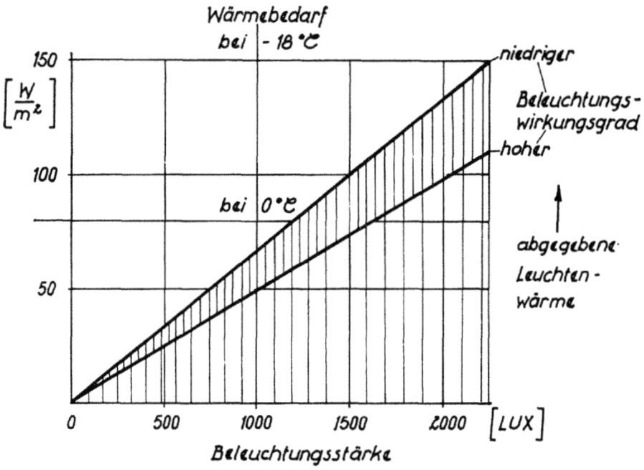

Abb. 9. Mögliche Deckung des Heizwärmebedarfes durch Leuchtenabwärme

c) Wärmegewinne durch Elektrowärmegeräte und Motoren

Der Wärmegewinn durch Elektrowärmegeräte ist besonders für den Haushalt kennzeichnend. Bei einem Stromverbrauch eines vollelektrifizierten Haushaltes von 2500 kWh (ohne Warmwasserbereitung) entfallen mindestens 60% auf die Heizperiode, das sind somit 1500 bis 1800 kWh, die nahezu zur Gänze in Wärme umgesetzt werden. Verglichen mit dem durchschnittlichen Heizstromverbrauch von 8000 kWh für eine 80 m² große normal wärmegedämmte Wohnung sind dies bereits 20% des gesamten Wärmeverbrauches dieser Wohnung. Diese Relation verändert sich überproportional, wenn durch bessere Wärmedämmung der absolute Heizenergiebedarf herabgesetzt wird. Dies tritt vor allem in den skandinavischen Ländern in Erscheinung, wo eine hohe Wärmedämmung wesentlich stärker verbreitet ist.

Zusammenfassend ist somit festzustellen, daß die „freie Wärme“ einen wesentlichen Faktor bei der Verringerung des gesamten Heizenergieverbrauches darstellt. Ihr Einfluß ist mitbestimmend für den wesentlich niedrigeren Energieverbrauch bei Raumheizsystemen mit hoher Regelfähigkeit und ihre Bedeutung steigt mit zunehmender Wärmedämmung [33]. Auch die zunehmende Verwendung von Elektrowärmegeräten, die zwangsläufig Abfallwärme produzieren, wird dieser Entwicklung zugute kommen.

3.5 Effektive Nutzungsgrade von Raumheizungsanlagen

Nach Pkt. 3.3 lassen sich die in Pkt. 3.2 angegebenen Nutzungsgrade von Heizungsanlagen durchaus logisch begründen, wenn sie auch gegenüber herkömmlichen Auffassungen relativ niedrig liegen. Der Grund für diese Diskrepanz liegt wohl darin, daß bei den mit fossilen Brennstoffen betriebenen Heizungsanlagen zwar die zugeführten Brennstoffe bzw. Energiemengen einigermaßen genau erfaßbar sind. Realistische Aussagen über den Nutzwärmebedarf im Sinne der Definition nach Pkt. 3.1 waren jedoch mangels exakter Meßmethoden kaum möglich, abgesehen davon, daß bis zur Entwicklung der elektrischen Raumheizung zu einem konkurrenzfähigen Heizsystem der Frage nach dem Brennstoffverbrauch von Sammelheizungsanlagen keine besondere Bedeutung beigemessen wurde. Sofern erforderlich wurde der Nutzwärmebedarf auf Grund von Berechnungen festgestellt, die meist auf einer sehr optimistischen Einschätzung der Teilnutzungsgrade einer Heizungsanlage bzw. deren gesamten Nutzungsgrad beruhten.

Durch die Entwicklung der elektrischen Raumheizung wurden punkto Feststellung des Nutzwärmebedarfes jedoch neue Erkenntnismöglichkeiten geschaffen. Die exakte Meßmöglichkeit der einem elektrisch beheizten Raum zugeführten Energie sowie die dem Temperaturverlauf leicht anzupassende Regelung der Energiezufuhr, besonders bei der direkten elektrischen Raumheizung, gestattet es wesentlich genauere Aussagen über den effektiven Nutzwärmebedarf zu machen. Praktisch kann man dadurch bei Vergleichen mit anderen Heizsystemen die Verbrauchswerte der elektrischen Heizung als Maß für das Minimum des effektiven Nutzwärmebedarfes betrachten.

Es war somit naheliegend durch Vergleich des Energieeinsatzes in elektrisch beheizten Objekten und in gleichartigen Objekten, die mit fossilen Brennstoffen beheizt wurden, den relativen Nutzungsgrad von konventionellen Warmwasserzentralheizungen (Sammelheizungen) bzw. auch von Einzelofenheizungen zu ermitteln. Während man somit bis dahin im wesentlichen immer gleichartige Heizungssysteme mit zwar verschiedenen aber hinsichtlich der Einsatzweise grundsätzlich gleichartig zu behandelnden Primärenergieträgern zu vergleichen hatte, ergab sich nun eine völlig andere Vergleichsbasis, die zum Teil recht überraschende Ergebnisse erbrachte.

Erste in den USA Ende der fünfziger Jahre derartig angestellte Untersuchungen zeigten, daß die Nutzungsgrade konventioneller Sammelheizungsanlagen wesentlich niedriger lagen, als man bisher auf Grund von theoretischen Überlegungen und Verwendung von Prüfstandswerten angenommen hatte. In der Folge wurden solche Untersuchungen auch im mitteleuropäischen Raum und in Skandinavien durchgeführt, so daß zu diesen Fragen heute bereits reichhaltiges Material in der Literatur vorhanden ist. Die Meßergebnisse von Objekten, die mit Elektrospeicherheizung ausgerüstet wurden, haben die Vergleichbasis wesentlich erweitert.

Wesentlich für die Aussagekraft solcher Vergleichsmessungen sind einigermaßen gleichartig aufgebaute und benutzte Objekte, während klimatische Unterschiede ausgeschieden werden können, wenn man die auf die Heizgradtagzahl bezogenen Werte verwendet. Angesichts der etwas voneinander abweichenden Definition der Heizgradtage in den einzelnen Ländern, ist diesbezüglich eine gewisse Vorsicht geboten, so daß der Vergleich von Objekten unter gleichen klimatischen Verhältnissen am aussagekräftigsten ist. Weiters ist auch immer zu prüfen, ob der Energieverbrauch für die Warmwasserbereitung dabei berücksichtigt ist oder nicht.

3.51 Ergebnisse von Vergleichsmessungen

An grundlegenden Vergleichsuntersuchungen können hier unter anderem folgende Arbeiten bzw. Berichte zitiert werden:

a) Bericht der ASME (American Society of Mechanical Engineers), mit dem Titel "The Fossilectric Ratio" (mit Förderung der amerikanischen Atomenergiekommission) [21]. Darin wird der spezifische Heizenergieverbrauch für eine größere Anzahl elektrisch beheizter Schulen sowie für einige Supermärkte und Wohngebäude mit anders beheizten Objekten verglichen. Danach ergibt sich unter Beachtung der verschiedenen Heizgradtagzahlen bei den gasbeheizten Schulen der dreifache spezifische Energieverbrauch und bei den anderen Gebäuden ein 2,5facher Energieverbrauch gegenüber den elektrisch beheizten Objekten. Der relative Nutzungsgrad der gasbeheizten Objekte liegt daher zwischen 33% bis 40% (bezogen auf einen Nutzungsgrad von 100% bei Elektroheizung).

Aus der Abb. 10 sind diese Meßergebnisse ausgedrückt als jährlicher Heizenergieverbrauch pro m^3 umbautem Raum und Heizgradtag für 52 gasbeheizte und 22 elektrisch beheizte Schulen ersichtlich. Für die Umrechnung der amerikanischen Werte von kWh/1000 sq ft deg day auf Wh/m^3 grdd ergibt sich ein Umrechnungsfaktor von $\frac{1000}{93 \cdot 0{,}55 \cdot 4}$, wobei die Werte für die Gasheizung noch im Verhältnis 1 : 1,18 zu reduzieren sind.

b) Zum Vergleich sei auf ein entsprechendes Auswertungsergebnis aus Österreich [22] von 18 elektrisch beheizten Schulen (ausgerüstet mit Elektrospeicherheizung, Bauart III, siehe auch Tab. 57), von 17 mit Warmwasserzentralheizung ausgerüsteten Schulen und von 8 mit Fernwärme beheizten Schulen verwiesen. Danach ergeben sich folgende Mittelwerte für den spezifischen Heizenergieverbrauch:

	Wh/m^3 grdd
Schulen mit Elektrospeicherheizung der Bauart III	6,0
Schulen mit Warmwasserzentralheizung und festen und flüssigen Brennstoffen	16,3
Schulen mit Fernwärme beheizt	8,7

Die österreichischen Werte liegen zwar niedriger, relativ ergibt sich aber auch hier für die mit fossilen Brennstoffen beheizten Schulen der 2,7fache Heizenergieverbrauch gegenüber den elektrisch beheizten Anlagen. Der relative Nutzungsgrad beträgt somit 37%.

Hervorzuheben sind dabei auch die Werte für die fernwärmebeheizten Schulen, die zwar dem ungünstigeren Verteilungs- und Regelungswirkungsgrad entsprechend über den Werten für die Elektroheizung liegen, aber folgerichtig erheblich niedriger sind, als bei den mit eigenen Heizzentralen ausgerüsteten Objekten.

c) Untersuchung von L. Dunning [36] über den effektiven Nutzungsgrad von Gas- und Ölöfen.

Ausgehend von den Ergebnissen einer Testserie an 72 öl- und 62 gasbeheizten Öfen, welche schon in Betrieb befindlich waren — also keine fabriksneuen Geräte — gelangt der Verfasser unter der Berücksichtigung der verschiedenen im praktischen Betrieb auftretenden zusätzlichen Energieverluste zu folgenden Bereichen für die Gesamtnutzungsgrade:

Tabelle 8. *Durch Verluste im praktischen Betrieb reduzierte Nutzungsgrade von Gas- und Ölöfen* [11]

	Zusätzliche Verluste in %		Durch zusätzliche Verluste reduzierte Nutzungsgrade in %	
	Gas	Öl	Gas	Öl
Fabriksneue Geräte bei Dauerlast			75	75
Bereits benützte Geräte bei Dauerlast			60—70	50—60
Kaminverluste während der Ausschaltzeit	3—10	3—10	54—68	45—58
Vorwärmung der Verbrennungsluft auf Raumtemperatur	4—8	4—8	50—65	41—56
Energieverbrauch des Brennermotors	4	4	48—63	40—54
Energieverbrauch des Gaspilots	4—5	—	46—60	40—54
Verlust durch den Ein- und Ausbetrieb	—	6	46—60	37—50
Verteilungsverluste (Energiezubringung)	3	1	44—58	37—50

d) Untersuchung „Wirkungsgrad von Raumheizungen" (Forschungsstelle für Energiewirtschaft, Karlsruhe) [14]. Diese Untersuchung gelangt gleichfalls auf Grund von umfangreichen Vergleichen zwischen den Meßwerten elektrisch- und brennstoffbeheizter Objekte zu einem durchschnittlichen Nutzungsgrad von 45% für mit fossilen Brennstoffen betriebene Sammelheizungsanlagen und stellt zusammenfassend fest:

„Die Ergebnisse zeigen, daß offensichtlich der Gesamtnutzungsgrad brennstoffbefeuerter Zentralheizungssysteme niedriger liegt als der auf Grund vorliegender Richtlinien, z. B. VDI 2067, errechnete Gesamtwirkungsgrad. Es wäre also zu klären, ob die Einzelwerte in diesen Richtlinien überarbeitet werden müssen, oder ob man auf die Verwendung von Gesamtnutzungsgraden übergeht, die durch praktische Vergleichsmessungen ermittelt werden."

e) Bericht Nr. 127 [24] zur Weltkraftkonferenz Lausanne über den Vergleich des Wärmeverbrauches von 493 direkt elektrisch beheizten Wohnungen mit 1587 mit ölgefeuerten Warmwasserzentralheizungen ausgestatteten Wohnungen in Oslo. Es handelt sich hierbei um Wohnblocks mit Wärmedurchgangszahlen der Außenwände k = 0,6 und mit Doppelfenstern; das durch-

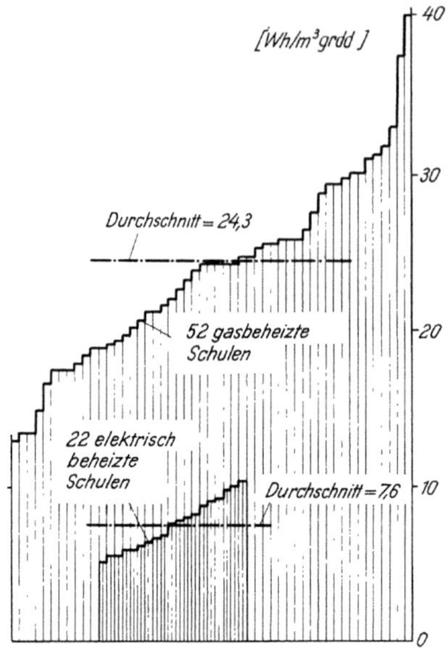

Abb. 10. Spezifischer Heizenergieverbrauch in Wh/m³ und Heizgradtag von 52 gasbeheizten und 22 elektrisch (direkt) beheizten Schulen nach Messungen der Empire District Electric Co. (USA) [21]

schnittliche Wohnungsvolumen beträgt 220 m³. Die ölbeheizten Wohnungen werden teils aus Blockzentralen und teils aus Hauszentralen versorgt. Als Ergebnis dieser sich über mehrere Jahre erstreckenden Messungen wurden folgende durchschnittliche Verbrauchswerte je Wohnung festgestellt:

	jährlicher Heizenergieverbrauch kWh/m³	Relativer Nutzungsgrad der Ölheizung bezogen auf den Verbrauch der Elektroheizung
Elektrisch beheizte Wohnungen (Direktheizung)	32	100%
Wohnungen mit Sammelheizung auf Heizölbasis		
a) mit Wärmeverbrauchszählern	84	38%
b) ohne Wärmeverbrauchszähler	95	30%

f) Bericht 3.8 zum UNIPEDE-Symposium „Elektrische Raumheizung" von H. Hagen [25] über Vergleichsmessungen des Norwegischen Bauforschungsinstitutes an 1698 direkt elektrisch beheizten Appartements und 4431 ölbeheizten Appartements in Oslo. Die durchschnittliche Größe der untersuchten Wohnungen beträgt 215 m³, bei 80 m² Wohnfläche. Jede Wohnung umfaßt drei Zimmer, Küche und Bad. Bei der Auswahl der untersuchten Wohnungen wurde besonders Bedacht genommen auf gleichartige bautechnische Kenngrößen, vor allem hinsichtlich Wärmedämmung sowie auf gleichartige Benutzung, Familiengröße usw. Ausgehend vom durchschnittlichen Heizstromverbrauch von 7900 kWh pro Jahr, entsprechend rund 100 kWh pro m² Wohnfläche, ergab sich für die ölbeheizten Wohnungen im Durchschnitt folgender relativer Nutzungsgrad im Vergleich zu den elektrisch beheizten Wohnungen.

Mittelwert für alle Wohnungen mit Sammelheizung mit Heizölfeuerung	52%
Mittelwert für alle Wohnungen ohne Wärmeverbrauchszähler	49%
Mittelwert für alle Wohnungen mit Wärmeverbrauchszähler	55%

g) Vergleich zwischen Veröffentlichungen über Meßergebnisse in brennstoffbeheizten Wohnungen, mit entsprechenden Messungen über elektrisch beheizte Wohnungen aus der gleichen Klimazone [26, 27, 28, 29, 30]. Daraus seien die folgenden, aus Tab. 9 (S. 29) ersichtlichen Werte dargestellt.

Tabelle 9. *Spezifischer jährlicher Heizenergieverbrauch in Mehrfamilienhäusern bezogen auf den Energieeinsatz am Hausanschluß bzw. in der Heizzentrale bei Sammelheizungen*

Region bzw. Ort	Objekt-anzahl	Wohnungs-anzahl	durch-schnittliche Wohnungs-größe in m^2	jährlicher Heizenergie-verbrauch kWh/m^3	Lit.
a) Sammelheizung					
Wien	35	2071	58,0	267	[28]
Graz	7	270	88,0	291	[28 a]
Zürich	48	735	62,0	245	[27]
Zürich	52	758	60,2	236	[26]
Schweizer Alpenvorland	180	2720	61,2	270	[26]
b) Fernheizung					
Graz	61	863	61,5	205	[28 a]
c) Elektrospeicherheizung					
Graz	6	153	71,0	103	[29]
Steiermark	13	254	70,0	123	[29]
Berlin	7	250	60,0	118	[30]

Insgesamt ergeben sich aus den einzelnen Untersuchungen somit für mit fossilen Brennstoffen beheizte Objekte relative Nutzungsgrade (bei Nutzungsgrad 100% für Elektroheizung) für den Energieeinsatz in der Heizzentrale, die etwa zwischen 33—55% liegen. An sich scheinen diese Ergebnisse fast trivial, wenn man sich vor Augen führt, daß z. B. der spezifische Wärmebedarf von Objekten, die mit fossilen Brennstoffen beheizt werden, unschwer festgestellt und den entsprechenden Stromverbrauchswerten gegenübergestellt werden kann.

Allerdings ist hier zu sagen, daß offensichtlich durch das Festhalten an bestimmten Vorstellungen über den Nutzungsgrad von Warmwasserzentralheizungen diese Vergleiche lange Zeit hindurch wenig Anklang fanden bzw. durch Zweifel an den niedrigen Stromverbrauchswerten elektrisch beheizter Objekte die Vergleichsgrundlagen überhaupt in Frage gestellt wurden. Dies scheint um so merkwürdiger, als gerade der Verbrauch an elektrischer Energie im allgemeinen wesentlich genauer festgestellt werden kann, als jener von Wärme, wo abgesehen von der Messung durch Wärmeverbrauchszähler oft schon die genaue Erfassung der eingesetzten Brennstoffmengen auf Schwierigkeiten stößt, sofern nicht wie z. B. in Wohnhäusern durch die Heizkostenabrechnungen klare Angaben vorliegen.

3.52 Spezielle Vergleichsmessungen zwischen elektrisch und mit Heizöl betriebenen Warmwasserzentralheizungsanlagen bzw. mit Elektroheizungsanlagen mit Einzelheizgeräten und Blockspeichern

In diesem Zusammenhang sei noch auf einige spezielle Vergleichsmessungen hinzuweisen, die geeignet erscheinen die gegenständlichen Aussagen über den Nutzungsgrad von Heizungsanlagen zu unterstreichen. Durch die zunehmende Tendenz bestehende, mit fossilen Brennstoffen betriebene Warmwasserzentralheizungen, auf elektrischen Betrieb umzustellen bzw. durch das Bestreben auch in neuen Anlagen statt elektrischer Einzelraumheizung elektrisch betriebene Warmwasserzentralheizungen zu installieren, ergeben sich aus einem Vergleich solcher Anlagen untereinander interessante Ergebnisse.

Handelt es sich zunächst um die Umstellung von bestehenden Warmwasserzentralheizungen auf elektrischen Betrieb (siehe auch Pkt. 7.4), was gleichbedeutend ist mit dem Austausch des Heizölkessels durch einen Elektrodenkessel oder Durchlauferhitzer — bei Speicherheizung noch zu ergänzen durch parallel geschaltete Warmwasserspeicher — so steht außer Zweifel, daß das nachgeschaltete Verteilsystem und damit der Verteilungsnutzungsgrad n_V und der Regelungsnutzungsgrad n_R von dieser Maßnahme grundsätzlich unberührt bleiben, sofern nicht wie bei einer derartigen einer Modernisierung gleichkommenden Maßnahme auch die Regelfähigkeit durch entsprechende zusätzliche Einrichtungen verbessert wird. Verändert werden hingegen der feuerungstechnische Nutzungsgrad n_F und der Wärmeaustauschnutzungsgrad n_K, so daß sich nach Pkt. 3.2 das Verhältnis der Gesamtnutzungsgrade zwischen den beiden zur Diskussion stehenden Heizsysteme wie folgt ergibt:

$$\frac{\text{Nutzungsgrad } n_g \text{ der ölgefeuerten Warmwasserzentralheizung}}{\text{Nutzungsgrad } n_g \text{ der elektrisch betriebenen Warmwasserzentralheizung}} = \frac{0{,}52}{0{,}71} = 0{,}73.$$

Demnach wäre der Bruttoenergieeinsatz bei der elektrisch betriebenen Warmwasserzentralheizung um rund 30% niedriger, eine Tatsache, die von vielen auf elektrischen Betrieb umgestellten Anlagen bestätigt wird, wonach zum Ersatz von 1 kg Heizöl in diesen Fällen 7—8 kWh erforderlich sind [31].

Am Beispiel einiger Bürogebäude — es handelt sich um gleichartige Betriebsverwaltungsgebäude für den Netzbetrieb und für die örtliche Verwaltung eines großen regionalen EVUs [32] —, deren vorhandene Warmwasserzentralheizungsanlagen zum Teil auf elektrischen Betrieb (Elektrokessel mit parallel geschalteten Heißwasserspeichern als Teilspeicherheizung nach Pkt. 7.5) umgestellt wurden, läßt sich diese Feststellung gut demonstrieren. Die Kubatur der Gebäude und ihre Betriebsweise sind weitgehend gleichartig, die Warmwasserheizungsanlagen besitzen sämtlich außentemperaturabhängige Vorlaufregelungen und Aufteilung auf mehrere Heizstränge. Die Heizzentralen wurden anläßlich der Umstellung vollkommen erneuert. Die Daten der elektrisch beheizten Bürogebäude im Vergleich zu den ölbeheizten Objekten, die ebenfalls über neue Warmwasserzentralheizungsanlagen verfügen, zeigt die Tab. 10.

Tabelle 10. *Heizenergieverbrauchsvergleich zwischen elektrisch beheizten und ölbeheizten Warmwasserheizungen einiger gleichartiger Bürogebäude* [32]

a) Elektrisch beheizte Warmwasserheizungsanlagen

Ort		Deutsch-landsberg	Bruck/Mur	Feldbach	Voitsberg
umbaute Kubatur	m^3	9470	6250	5100	4800
stündlicher Wärmebedarf	kcal/h	311 500	200 000	163 000	155 000
Elektrokesselleistung	kW	340	2 × 135	225	225
Heißwasserspeicher	m^3	2 × 7,5	2 × 7,5	3 × 5,0	3 × 3,75
Jährlicher Stromverbrauch (Durchschnitt seit Inbetriebnahme)	MWh	460,0	308,0	243,0	207,0
Spezifischer Verbrauch	kWh/m^3	48,6	49,3	47,7	43,1
Spezifischer Verbrauch je m^3 und Heizgradtag	Wh/m^3, grdd	14,3	14,6	14,3	12,7

b) Mit Heizöl betriebene Warmwasserheizungsanlagen

Ort		Knittelfeld	Liezen
umbaute Kubatur	m^3	5900	5800
stündlicher Wärmebedarf	kcal/h	190 000	180 000
jährlicher Heizölverbrauch (Durchschnitt seit Inbetriebnahme)	kg	46 500	42 800
Spezifischer Verbrauch	kWh/m^3	89,8	83,4
Spezifischer Verbrauch je m^3 und Heizgradtag	Wh/m^3, grdd	23,2	21,6

Wie ein Vergleich zeigt, liegt der Verbrauch der elektrisch beheizten Anlagen nur bei 62% der brennstoffbeheizten Anlagen.

Offen bleibt nun bei dieser Betrachtung die Frage, welcher Nutzungsgradunterschied zwischen einer elektrisch betriebenen Warmwasserzentralheizung und einer mit Einzelheizgeräten (Speicherheizgeräte oder Direktheizung) mit entsprechender Einzelraumtemperaturregelung ausgestatteten Anlage besteht. Dieser Nutzungsgradunterschied bildet ein direktes Maß für den relativen Nutzungsgrad einer elektrisch betriebenen Warmwasserzentralheizungsanlage im Vergleich zur Anlage mit Einzelheizgeräten. Untersuchungen bzw. Messungen an vier elektrisch beheizten Schulen, von denen zwei mit Einzelspeicherheizung und Speicherblocks für Saalheizungen und zwei Schulen mit elektrisch betriebenen Warmwasserzentralheizungen mit parallel geschalteten Warmwasserspeichern ausgestattet sind, erbrachten eindeutige Ergebnisse zugunsten der Anlagen mit Einzelgeräten. Die verglichenen Objekte sind paarweise hinsichtlich Kubatur usw. sehr ähnlich, so daß eine gute Vergleichsmöglichkeit gegeben ist. Eine Gegenüberstellung der charakteristischen Daten der vergleichbaren Objekte zeigt die Tab. 11.

Tabelle 11. *Heizenergieverbrauchsvergleich zwischen Anlagen mit Einzelspeicherheizung und mit Warmwasserzentralspeicherheizung* [32]

Vergleich 1		
a) Art der Schule Ort Betriebskörper	landwirtschaftliche Fachschule Stainz/Steiermark zweischichtig mit Internat	landwirtschaftliche Fachschule Kobenz/Steiermark zweischichtig mit Internat
b) Baukörper	Fertigbeton, stark gegliedert	Ziegelbau, kompakte Bauweise
Wärmedurchgangszahl	$k_{AW} = 0{,}7$ $k_{Dach} = 0{,}5$	$k_{AW} = 0{,}6$ $k_{Dach} = 0{,}6$
Umbauter Raum (m^3)	12 000	11 500
c) Art der Heizungsanlage	Speicherheizung mit Einzelgeräten und Speicherblock für Festsaal und Küche;	Warmwasserzentralheizung mit Elektrokessel und zentrale Warmwasserspeicher
Stündlicher Wärmebedarf nach DIN 4701 (kcal/h)	250 000	290 000
Jährlicher Stromverbrauch für Heizung ohne Warmwasserbereitung (kWh/a)	295 000	428 000
Jährlicher Stromverbrauch je m^3 umbauter Raum und Heizgradtag (Wh/m^3 grd d)	7,2	9,3
Vergleich 2		
a) Art der Schule Ort Betriebsweise	Hauptschule Eisenstadt/Burgenland einschichtig	Berufsschule mit Werkstätten Fürstenfeld/Steiermark zweischichtig
b) Baukörper	stark gegliedert mit hohem Fensterflächenanteil	geschlossener Baukörper mit durchschnittlichem Fensterflächenanteil
umbaute Kubatur (m^3)	40 190	32 000
c) Art der Heizungsanlage	Speicherheizung mit Einzelspeichergeräten für die Klassentrakte und Speicherblöcke für zwei Turnsäle	Warmwasserzentralheizung mit Elektrokessel und Warmwasserspeichern für den Klassentrakt und angeschlossene Luftheizung mit Wärmerückgewinnung für die Werkstätten
Stündlicher Wärmebedarf nach DIN 4701 (kcal/h)	850 000	928 000
Jährlicher Stromverbrauch (kWh/a)	605 400	916 000
Jährlicher Stromverbrauch je m^3 umbauter Raum und Heizgradtag (Wh/m^3 grd d)	4,9	8,4

Beim Vergleich 2 sind zur Herstellung einer einheitlichen Basis zwei Korrekturen nötig, und zwar:

Umrechnung auf zweischichtigen Schulbetrieb bei der Schule Eisenstadt und Berücksichtigung der Wirkung der Wärmerückgewinnungsanlage bei der Schule Fürstenfeld. Dementsprechend sind beide Verbrauchswerte zu erhöhen und es ergibt sich:

	Eisenstadt	Fürstenfeld
Jährlicher Stromverbrauch je m^3 umbauter Raum (kWh/m^3, a)	20,0	31,0
Jährlicher Stromverbrauch je m^3 und Heizgradtag (Wh/m^3 grd d)	6,4	9,1

Vergleicht man nun die spezifischen Verbrauchswerte je m^3 und Heizgradtag, so ergibt sich:

Vergleich 1 $\frac{7,2}{9,3} = 0,77$

Vergleich 2 $\frac{6,4}{9,1} = 0,71$

Gegenübergestellt dem entsprechenden Nutzungsgradverhältnis nach Tab. 7 von $\frac{0,71}{0,95} = 0,75$ zeigt sich eine gute Übereinstimmung.

Abgesehen von der grundsätzlichen Schlußfolgerung, daß somit eine elektrisch betriebene Warmwasserzentralheizung einen zwangsläufig um etwa 25% höheren Stromverbrauch als eine Heizungsanlage mit Einzelgeräten hat, kann mit diesem Vergleich vor allem ein direkter Nachweis für die Höhe des Verteilungs- und Regelungsnutzungsgrades einer Warmwasserzentralheizungsanlage erbracht werden. Zusammen mit dem Nutzungsgradunterschied zwischen der elektrisch betriebenen und der mit Heizöl betriebenen Warmwasserzentralheizungsanlage nach Tab. 10 von rund 0,6 ergibt sich aus dieser Untersuchung eine grundsätzliche Bestätigung für die Höhe des Gesamtnutzungsgrades von mit fossilen Brennstoffen betriebenen Warmwasserzentralheizungsanlagen. Durch Multiplikation der beiden Nutzungsgradverhältnisse (0,75 · 0,6) erhält man einen Gesamtnutzungsgrad von 0,45, welcher noch etwas unter dem Wert der Tab. 7 liegt.

Zusammenfassend ist zu sagen, daß eine sorgfältige Analyse der den Nutzungsgrad von Heizungsanlagen bestimmenden Komponenten, zusammen mit den Vergleichsmöglichkeiten, die elektrisch beheizte Objekte bieten, zeigt, daß die Vorstellungen über die Höhe der Nutzungsgrade von klassischen Warmwasserzentralheizungen, die mit fossilen Brennstoffen betrieben werden, überholt sind. Es soll damit durchaus nicht in Abrede gestellt werden, daß bei grundsätzlichen regeltechnischen Verbesserungen, wie Einsatz von thermostatisch geregelten Heizkörperventilen, außentemperatur- und innentemperaturabhängiger Vorlauftemperaturregelung, regeltechnische Aufteilung auf mehrere Heizstränge bei Großanlagen usw., Erhöhungen des Regelungswirkungsgrades möglich sind. Es wäre aber unrealistisch anzunehmen, daß die Masse der heute bereits bestehenden Warmwasserzentralheizungen in den Genuß solcher Verbesserungen kommen könnte und es ist weiters die Frage, inwieweit bei Neuanlagen ein derartiger regeltechnischer Aufwand, der eine laufende gute Betreuung erfordert, wirtschaftlichen Überlegungen gegenüber realisierbar ist. Wahrscheinlich wird eine wesentlich verbesserte Wärmedämmung bei Neubauten viel wirkungsvoller zu einer allgemeinen Verbesserung der Heizenergiebilanz beitragen können.

4. Der Primärenergieeinsatz für die elektrische Raumheizung im Vergleich zu anderen Heizsystemen

4.1 Allgemeine Bemerkungen zum Vergleich des Primärenergieeinsatzes

Bei einer energiewirtschaftlichen Betrachtung der elektrischen Raumheizung wird immer häufiger die Frage nach dem dafür benötigten Primärenergieeinsatz aufgeworfen, d. h. welche Ausnützung die in den Kraftwerken eingesetzte Energie, bezogen auf die für die Raumheizung benötigte elektrische Energie (Nutzenergie) erfährt. Mit einer solchen Fragestellung wird an sich nur ein Teil der hier vorliegenden energiewirtschaftlichen Problematik berührt, als lediglich die gesamte Nutzungsgradkette, von der Gewinnung der Energie bis zur Ausnützung, zur Diskussion gestellt wird, ohne Rücksicht auf die unterschiedliche Qualität der jeweils verwendeten Energieträger (z. B. ballastreiche Kohle im Kraftwerk und Heizöl extra leicht beim Verbraucher) und ohne Bedachtnahme auf die für die Bereitstellung einer bestimmten Nutzenergiemenge in Abhängigkeit vom verwendeten Primärenergieträger sich ergebenden unterschiedlichen Kosten für die Energieumwandlung.

Stellt man sich auf den Standpunkt einer energie*wirtschaftlichen* Betrachtung muß die Forderung auf eine Minimierung der Gesamtkosten der Raumheizung — z. B. durch Optimierung der Wärmedämmung — und nicht nur auf eine Minimierung des Energieverbrauches hinauslaufen. Ließe man nämlich ausschließlich die letztgenannte Forderung gelten, so könnte man als einzige Alternative, abgesehen von elektrischer Raumheizung aus Wasserkraftwerken, nur die Raumheizung aus Fernheizkraftwerken empfehlen, womit man aber gerade eine Alternative fordern würde, deren wirtschaftliche Problematik deutlich zeigt, daß eine ausschließlich auf die Frage des minimalen Primärenergieeinsatzes bezogene Betrachtungsweise zwar bei einer Energierationierung richtig sein mag, aber mit energie*wirtschaftlichen* Überlegungen nur noch wenig zu tun hat.

Zweifellos geben steigende Energiepreise immer stärkeren Anlaß den steigenden Energiebedarf mit allen seinen Auswirkungen (Umweltbeeinflussung usw.) soweit als möglich durch erhöhten Kapitaleinsatz (klassisches Beispiel wieder die Wärmedämmung bzw. Anlagen zur Wärmerückgewinnung) zu ersetzen bzw. zu begrenzen. Die Höhe dieses Kapitaleinsatzes wird jedoch, so lange für die wirtschaftliche Entwicklung klassische ökonomische Grundsätze gelten, durch solche Überlegungen zu bestimmen sein und nicht nur durch die ausschließliche Forderung nach minimalem Energieeinsatz.

Wenn somit in diesem Abschnitt die Probleme der elektrischen Raumheizung ausschließlich unter dem Gesichtspunkt des erforderlichen Primärenergieeinsatzes behandelt werden, so lediglich im Interesse einer Klärung vieler, gerade zu diesem Problem immer wieder anzutreffender, aus der Entwicklung der Raumheizungstechnik herrührender Vorstellungen bzw. Einwände. Dabei soll jedoch die energiewirtschaftlich eine Sonderstellung einnehmende Kupplung von Stromerzeugung und Fernheizung in Heizkraftwerken bei dieser Betrachtung zunächst ausgeklammert werden. Diese Probleme werden in einem gesonderten Abschnitt behandelt.

4.2 Nutzungsgrad der Primärenergie bei elektrischer Raumheizung auf Basis konventioneller thermischer Stromerzeugung gegenüber anderen Heizsystemen

Nach den Ergebnissen laut Pkt. 3.2 und 3.3 gelangt man beim Einsatz von fossilen Brennstoffen zur Raumheizung mit Ausnahme der Gaseinzelheizung zu Nutzungsgraden zwischen 35% und 52%, entsprechend einem Mittelwert von etwa 45%. Damit befindet man sich bereits sehr nahe dem Wirkungsgrad moderner thermischer Kraftwerke, der zwischen 35% und 40% liegt. In beiden Fällen kommt noch der Aufwand für Energiegewinnung und Energietransport hinzu. Führt man unter Verwendung der Nutzungsgrade laut 3.2, die noch um die Nutzungsgrade für Umwandlung und Verteilung ergänzt werden, die Rechnung durch, dann kommt man zu dem in Tab. 12 dargestellten Ergebnis. In dieser Tabelle sind für jene Primärenergieträger, die für unmittelbaren Einsatz bei der Raumheizung heute im wesentlichen in Frage kommen, jeweils die Teilnutzungsgrade für den unmittelbaren Einsatz in der Heizungsanlage der Abnehmer bzw. für den mittelbaren Einsatz über elektrische Energie dargestellt. Wasserkraft und Kernenergie wurden daher nicht berücksichtigt, da für diese Primärenergieträger keine Alternative in Form eines Einsatzes für konventionelle Raumheizungssysteme gegeben ist.

Dabei muß aber von vornherein aufmerksam gemacht werden, daß die Gegenüberstellung laut Tab. 12 kein richtiges Bild in bezug auf die qualitativen Unterschiede der eingesetzten Primärenergieträger bzw. auf die unterschiedlichen Sorten gibt. Während für den unmittelbaren Einsatz in konventionellen Heizungen nur hochwertige Sorten der einzelnen Energieträger, wie Heizöl leicht, Koks und Braunkohlenbriketts neben Erdgas in Frage kommen, werden in konventionellen Dampfkraftwerken seit jeher vorwiegend qualitativ minderwertigere Energieträger, wie ballastreiche Kohlensorten (Staubkohle) und Heizöl schwer und nur in geringfügigem Umfang Erdgas verwendet. Staubkohle könnte überhaupt nicht anders nutzbar gemacht werden und das Heizöl schwer käme für Raumheizungszwecke bestenfalls für den Einsatz in Fernheizwerken in Frage.

Die aus Tab. 12 ersichtlichen Gesamtnutzungsgrade der konventionellen und der elektrischen Raumheizungssysteme sind daher nur als absolute, für das betreffende Heizsystem gültige Aussagen zu betrachten. Mit Ausnahme Erdgas wäre es jedoch unter diesen Gesichtspunkten verfehlt die Nutzungsgrade der für konventionelle Heizsysteme verwendeten Energieträger mit jenen der elektrischen Raumheizung unmittelbar zu vergleichen, da wie vorhin dargelegt eine Austauschbarkeit nicht gegeben ist.

Tabelle 12. *Teil- und Gesamtnutzungsgrade des Primärenergieeinsatzes bei verschiedenen Raumheizungssystemen*

a) Konventionelle Heizsysteme	Erdgas	Heizöl leicht	Koks	Braunkohlen-briketts
Gewinnung	99%	97%	97%	93%
Transport	98%	96%	98%	98%
Umwandlung	—	Raffinerie:	Kokerei:	Brikettierung:
		91%	91%	95%
Verteilung	92%	97%	97%	97%
Gesamtnutzungsgrad Verbrauchereingang	89%	82%	84%	84%
Verbrauch				
a) Einzelheizung	61%	46%	36%	36%
b) Sammelheizung	—	52%	42%	—
Gesamtnutzungsgrad				
a) Einzelheizung	55%	38%	30%	30%
b) Sammelheizung	—	43%	35%	—

b) elektrische Raumheizung aus Kraftwerken mit fossiler Brennstoffbasis	Erdgas	Heizöl schwer	Steinkohle (Staubkohle)	Braunkohle (Staubkohle)
Gewinnung	99%	93%	97%	93%
Transport	98%	96%	98%	98%
Umwandlung (Kraftwerke)	40%	38%	35%	35%
Verteilung	92%	92%	92%	92%
Gesamtnutzungsgrad Verbrauchereingang	35%	32%	30%	29%
Verbrauch	97%	97%	97%	97%
Gesamtnutzungsgrad	34%	31%	29%	28%

Die Betrachtung der Ergebnisse zeigt ferner, daß bei den konventionellen Raumheizungssystemen der überwiegende Teil der Umwandlungsverluste in der Verbraucheranlage, bei der elektrischen Raumheizung jedoch davor liegt. Daraus folgt, daß bei der elektrischen Raumheizung auf Basis thermisch aus fossilen Brennstoffen erzeugter elektrischer Energie der Wärmepreis loko Verbraucher gegenüber dem Wärmepreis an der Gewinnung zwangsläufig höher sein muß als bei konventionellen Raumheizungssystemen. Geht man z. B. von Steinkohle als Energiebasis aus, gelangt man für die elektrische Raumheizung zu einem Wärmepreisverhältnis von $\frac{\text{Gewinnung}}{\text{Verbrauchereingang}} = \frac{100}{29} = 3{,}4$ gegenüber der entsprechenden Relation für eine Koks-Sammelheizung mit $\frac{100}{84} = 1{,}2$. Durch die verschiedene Ausgangsbasis für den Wärmepreis an der Gewinnung (minderwertige Sorten für die elektrische Raumheizung und hochwertige Sorten für den direkten Einsatz) ergibt sich jedoch natürlich eine wesentlich günstigere Wärmepreisrelation zwischen elektrischer Energie und den anderen für die Raumheizung verwendeten Energieträgern beim Verbrauchereingang.

Absolut bleibt aber die Tatsache bestehen, daß der Wärmepreis für die elektrische Energie loko Verbrauchereingang — dagegen nicht der Nutzwärmepreis (siehe Pkt. 15.4) — höher liegen muß, als jener anderer fossiler Energieträger, wenn auch je nach Anteil der einzelnen fossilen Energieträger an der Stromerzeugung die Wärmepreisdifferenzen zwischen elektrischer Heizung gegenüber relativ teuren Energieträgern für die unmittelbare Raumheizung (z. B. gegenüber Heizöl extra leicht und Erdgas) verhältnismäßig niedrig sein können.

Daraus folgt aber grundsätzlich, daß Heizenergieeinsparungen bei der elektrischen Heizung eher eine hohe Wärmedämmung wirtschaftlich gestalten können bzw. zu amortisieren imstande sein werden, als bei konventionellen Heizsystemen. Bekanntlich liegt daher das wirtschaftliche Optimum für die Kosten der Wärmedämmung bei der elektrischen Raumheizung, vor allem der direkten elektrischen Heizung, über dem anderer Heizsysteme. Daraus resultiert jedoch mittelbar auch ein verringerter Primärenergieeinsatz für die elektrische Raumheizung, ein Umstand der in seiner praktischen Auswirkung einem erhöhten Gesamtnutzungsgrad der elektrischen Heizung gleichkommt.

Die allgemeinen, aus den Werten der Tab. 12, abzuleitenden Erkenntnisse können durch das Ergebnis einiger umfangreicher Untersuchungen über den Primärenergieeinsatz, der sich auf einen Vergleich zwischen elektrischer Heizung und Erdgasheizung bezieht, wie folgt erhärtet werden. Es handelt sich hier um eine bedeutende Studie des Studienbüros Fred Nicholas, USA, Pennsylvanien [34]. Danach wurde der Primärenergieeinsatz einer großen Anzahl mit fossilen Brennstoffen bzw. elektrisch beheizten Objekten, die auch mit Klimatisierung ausgestattet waren, verglichen. Es handelt sich hierbei um

2775 Appartements, beheizt und gekühlt mit fossilen Brennstoffen.

4989 Appartements, beheizt mit fossilen Brennstoffen und elektrisch gekühlt.

3778 Appartements, elektrisch beheizt und gekühlt.

11 Bürogebäude, beheizt und gekühlt mit fossilen Brennstoffen (Gesamtfläche 700 000 m²).

13 Bürogebäude, beheizt mit fossilen Brennstoffen und elektrisch gekühlt (Gesamtfläche 210 000 m²).

32 Bürogebäude, elektrisch beheizt und gekühlt (Gesamtfläche 240 000 m²).

Die Vergleichsmessungen in diesen Objekten ergaben:

	Primärenergieverbrauch Gcal pro Appartement und Jahr
Appartementhäuser	
Heizung und Kühlung mit fossilen Brennstoffen	70
Heizung mit fossilen Brennstoffen und Kühlung mit Strom	52
Heizung und Kühlung elektrisch	45
	Gcal pro m² und Jahr
Bürogebäude	
Heizung und Kühlung mit fossilen Brennstoffen	1,19
Heizung mit fossilen Brennstoffen und elektrischer Kühlung	1,05
Heizung und Kühlung elektrisch	0,86

Tabelle 13. *Primärenergieeinsatz in Therms und Nutzungsgrade für je drei verschieden beheizte Wohnhäuser* [36]

	Pittsburgh			Houston		
	allel.	Gas/el.	Öl/el.	allel.	Gas/el.	Öl/el.
Raumheizung	2140	1383	1560	710	505	520
Warmwasser	510	230	510	510	230	510
Luftkonditionierung	190	253	190	820	1010	820
Kochen	130	80	130	130	80	130
Wäschetrockner	110	35	110	110	35	110
Sonstige E-Anwendungen	765	765	765	765	765	765
Gesamter Verbrauch	3845	2746	3265	3045	2625	2845
Primärenergienutzungsgrad						
Raumheizung allein	31%	50%	43%	31%	50%	42%
Raumheizung und Warmwasser	31%	52%	39%	31%	56%	37%
Gesamter Verbrauch	31%	44%	36%	31%	36%	33%

Nach dieser Untersuchung ist auch im Falle der Gasheizung der Primärenergieeinsatz teilweise sogar höher wie bei allelektrischer Versorgung. Zweifellos spielt hier auch der Energiebedarf für die Klimatisierung mit eine gewisse Rolle, was aber andererseits den Vorteil einer allelektrischen Versorgung unterstreicht.

Eine weitere Vergleichsuntersuchung von L. Dunning [36] an je 3 typischen Wohnhäusern aus verschiedenen Klimazonen der USA (Pittsburgh, Houston) gelangt zu den Werten laut Tab. 13. Darin ist der Primärenergieeinsatz für die allelektrische Versorgung sowie für die beiden Kombinationen Gas/elektrisch bzw. Öl/elektrisch miteinander verglichen, wobei dem Primärenergieeinsatz für die elektrische Energie ein Nutzungsgrad von 31% (einschließlich der Verluste für die Heranbringung der Rohenergie) zugrunde gelegt ist.

Wie niedrig an sich der Nutzungsgrad des Primärenergieeinsatzes für die gesamte Raumheizung an sich ist und wie wenig berechtigt die diesbezüglichen Einwendungen gegen die elektrische Raumheizung sind, zeigt das Ergebnis einer Untersuchung über den derzeitigen Gesamtnutzungsgrad der Raumheizung in Österreich, basierend auf statistischen Werten für das Jahr 1970 [35]. Nach Maßgabe der Angaben über die Heizungsart und den Primärenergieaufwand ergibt sich für das Jahr 1970 ein resultierender Gesamtnutzungsgrad von rund 0,42.

Verglichen mit dem durchschnittlichen Nutzungsgrad der elektrischen Raumheizung von 0,37, wobei angenommen wird, daß die elektrische Energie zu 80% aus thermischer Erzeugung und 20% aus Wasserkraft stammt, liegt keine wesentlich höhere Ausnützung vor. Es ist selbstverständlich, daß Verbesserungen angestrebt werden müssen, wobei aber nennenswerte Erfolge in erster Linie nur durch konsequente Erhöhung der Wärmedämmung im Neubau auf Sicht entsprechende Auswirkungen erwarten lassen.

4.3 Qualität und Verfügbarkeit der Primärenergieträger für elektrische Raumheizung

Zieht man nun die entsprechenden Schlußfolgerungen aus den Ergebnissen des Pkt. 4.2, so ist noch zu prüfen inwieweit überhaupt auf Grund der Verfügbarkeit bzw. der Einsatzmöglichkeiten der für die Stromerzeugung einerseits und für die Raumheizung andererseits zur Verfügung stehenden Primärenergieträger die Gegenüberstellung der Gesamtnutzungsgrade nach Tab. 7 praktische Bedeutung hat. Hierbei muß vor allem klargestellt werden, daß nicht die Energieaufbringungsverhältnisse bzw. die technischen Gegebenheiten der Raumheizung zu Beginn der siebziger Jahre maßgebend sein können, sondern die absehbare zukünftige Entwicklung.

Zunächst ist hier als erklärtes Ziel für die Raumheizung festzustellen der Übergang zur Fernheizung und Eliminierung der Einzelofenheizung mit festen und flüssigen Brennstoffen. Einzelofenheizung mit Gas bzw. Strom ist wie schon in Pkt. 2 festgestellt, einer Fernwärmeversorgung gleichzusetzen. Für die Stromerzeugung wiederum kommen als Primärenergieträger in Zukunft nur in Frage: Wasserkraft, Braunkohle, Steinkohle und Kernenergie. Der Einsatz von Heizöl schwer und Erdgas wird in zunehmendem Maße, wenn überhaupt, auf Spitzenkraftwerke beschränkt bleiben, da die beiden genannten Energieträger in zunehmendem Maße Bedeutung als chemische Rohstoffe gewinnen und dementsprechend immer teurer werden. Er wird daher gegenüber der Stromerzeugung aus Kernenergie immer stärker zurücktreten. Gleichartige Überlegungen gelten aber auch auf lange Sicht für die unmittelbare Verwendung von Erdgas für die Raumheizung und für Heizöl schwer, soweit dieser Energieträger für Raumheizung überhaupt verwendet wird.

Es steht daher wohl außer Zweifel, daß angesichts der für die Stromerzeugung in Zukunft ausschließlich zur Verfügung stehenden Energieträger Wasserkraft, ballastreiche Stein- und Braunkohle und Uran, somit Energieträger, die anders als über die Umformung in elektrische Energie wirtschaftlich nicht nutzbar sind — abgesehen von der Koppelung mit Prozeßwärme bzw. Heizwärmeerzeugung in Heizkraftwerken — die elektrische Raumheizung eine energiewirtschaftlich durchaus gerechtfertigte Alternative darstellt.

5. Art und Entwicklung der elektrischen Raumheizungssysteme in Europa

5.1 Bestimmende Faktoren für die Entwicklung der elektrischen Raumheizungssysteme

Zieht man einen Vergleich zwischen den möglichen elektrischen Raumheizungssystemen und den konventionellen, auf unmittelbare Freisetzung der in den Brennstoffen enthaltenen Wärmeenergie beruhenden Heizsystemen — seien es Einzelofenheizungen oder Sammelheizungen —, zeigt sich eine überraschende Vielfalt bei den elektrischen Heizungssystemen. Diese technologische Differenzierung ist jedoch, wie die weiteren Betrachtungen zeigen werden (siehe Pkt. 7), stark durch Forderungen der Energielieferanten beeinflußt, Forderungen wie sie bei nichtelektrischen Heizsystemen kaum anzutreffen sind. Weiters tragen auch die spezifischen technologischen Vorteile der elektrischen Energie zu dieser Vielfalt bei, die es gestatten, bei der Gestaltung der Heizelemente zum Teil wesentlich andere Wege (siehe z. B. bei der Großflächenheizung) zu beschreiten als bei konventionellen Heizsystemen.

Zieht man die in Tab. 5 dargestellten unterschiedlichen Bereitstellungs- und Transportbedingungen der für die Raumheizung verwendeten Energieträger in Betracht, so ist die daraus resultierende Problematik, wie dort bereits festgestellt, zweifellos für die elektrische Energie am größten. Die logische Folge ist, daß die Konstrukteure elektrischer Heizgeräte in starkem Maß von elektrizitätswirtschaftlichen Gesichtspunkten abhängig sind. Insbesondere wird die Entwicklung des Marktes für die elektrische Vollraumheizung — nur von dieser soll hier bei den weiteren Ausführungen die Rede sein — nahezu ausschließlich durch die Entscheidungen der Elektrizitätswirtschaft bestimmt.

Unabdingbare Forderungen der Elektrizitätswirtschaft nach bestmöglicher Ausnützung der für irgendwelche Verwendungszwecke bereitgestellten Leistung gestatteten daher angesichts der vermeintlich sehr niedrigen Benutzungsdauer der elektrischen Vollraumheizung in der Vergangenheit nur wenig Ansätze für eine erfolgversprechende konkurrenzfähige Entwicklung. Von wenigen Ländern mit extrem niederen Gestehungskosten der elektrischen Energie — z. B. Norwegen — abgesehen, brachten erst die Hand in Hand mit der allgemeinen wirtschaftlichen Expansion gehenden Veränderungen der Preisrelationen zwischen den einzelnen Energieträgern realistische Möglichkeiten für die Entwicklung der elektrischen Raumheizung in Europa. Hierbei spielt zunächst vor allem der starke Preisanstieg der festen Brennstoffe, zusammen mit den zunehmenden wirtschaftlichen Möglichkeiten der Verbraucher eine wesentliche Rolle, wobei als konkurrenzfähig jedoch nur ein Strompreis auf Basis der arbeitsabhängigen Kosten der Stromerzeugung, d. h. zu den Kosten der sogenannten Schwachlastenergie (siehe auch Pkt. 9.1 und Pkt. 9.2) in Frage kam. Diese Entwicklung, die in den fünfziger Jahren in Österreich und verstärkt etwa ab 1960 in Deutschland einsetzte, zwang zur Entwicklung wärmespeicherfähiger Heizsysteme, woraus dann letztlich alle weiteren Variationen, wie Vollspeicherheizung, Teilspeicherheizung usw., sich entwickelten.

Während bis zum Jahre 1973 die erwähnten Veränderungen der Preisrelationen zwischen den einzelnen Energieträgern zugunsten der Preise für elektrische Schwachlastenergie relativ langsam vor sich gingen, brachten die einschneidenden Preiserhöhungen für die flüssigen Brennstoffe im Jahre 1973, denen zweifellos mehr oder minder starke Erhöhungen der anderen Brennstoffe folgen werden, entscheidende Veränderungen der Konkurrenzsituation zugunsten der elektrischen Energie. Man kann erwarten, daß damit jene Schwelle überschritten wurde, jenseits welcher sich konkrete Möglichkeiten abzeichnen, unter Berücksichtigung eines angemessenen Wertschätzungsfaktors allgemein zu konkurrenzfähigen und dennoch gestehungskostendeckenden Strompreisen auch für die direkte Raumheizung zu gelangen.

Ergänzend muß hier auch auf die in Pkt. 15 noch genauer untersuchten gesamtwirtschaftlichen Zusammenhänge hingewiesen werden, die der Entwicklung der direkten elektrischen Heizung entgegenkommen, wenn man den höheren Strompreisen die wesentlich niedrigeren Investitionskosten im Vergleich zu einer Speicherheizung gegenüberstellt, ein Gesichtspunkt, der in jenen Ländern, in welchen die direkte Heizung schon größere Bedeutung gewonnen hat, sehr häufig als Argument gegen die Elektrospeicherheizung vorgebracht wird.

Diese, die Entwicklung der elektrischen Raumheizung in Mitteleuropa im wesentlichen bestimmenden Gesichtspunkte sind grundsätzlich auch für Westeuropa gültig, allerdings mit der Einschränkung, daß aus prinzipiellen Überlegungen heraus z. B. in Frankreich die direkte elektrische Heizung neben der Speicherheizung bereits stärker vertreten ist bzw. Kombinationen dieser beiden Systeme als „Mischheizung“ vorhanden sind.

Völlig anders verlief die bisherige Entwicklung in den nordischen Staaten, insbesondere in Norwegen, wo auf Grund geologisch bedingter besonders niedriger Ausbaukosten für die Wasserkrafterzeugung entsprechend niedrige Strompreise für die direkte Raumheizung angeboten werden können. Dadurch waren in Norwegen im Jahre 1970 bereits 54% aller Wohnungen mit diesem Heizsystem ausgerüstet. Ähnliche Voraussetzungen bzw. Überlegungen waren auch für die elektrische Raumheizung in Schweden bisher bestimmend, wobei jedoch der Anteil elektrisch beheizter Wohnungen erst 5,4% erreicht hat.

Ausschließlich auf direkter elektrischer Heizung beruhend verlief auch bisher die Entwicklung in den USA, wobei aber zu bemerken ist, daß dort die elektrische Raumheizung vielfach als Belastungsausgleich für die durch Klimaanlagen im Sommer hervorgerufenen Belastungsspitzen angesehen wird.

5.2 Übersicht über die elektrischen Raumheizungssysteme

Eine systematische Darstellung der in Verwendung stehenden elektrischen Heizsysteme zeigt in Anlehnung an die Klassifizierung nach den VDE-Richtlinien die Tab. 14 [37].

Tabelle 14. *Elektrische Heizsysteme; Wirkungsweise und Ausführungsformen*

Systeme		Wirkungsweise	Ausführungsformen
Direktheizung			
Allgemein		Wärmeabgabe gleichzeitig mit der Energieaufnahme. Vorwiegend Tagesenergie-Bezug	
Einzelraum	Konvektoren	Heizwirkung vorwiegend durch natürliche oder künstliche Konvektion, durch Wärmeabgabe an die durch das Heizgerät zirkulierende Raumluft	Wand- und Fußleistenkonvektoren
	Niedertemperatur-(NT-) Heizgeräte	Heizwirkung sowohl durch Konvektion wie auch Strahlung; Wärmeabgabe über die dem Raum zugekehrten Oberflächen	Heiz-Panel resp. NT-Heizwände und NT-Rohrheizkörper
	Großflächenheizung	Heizwirkung vorwiegend durch Strahlung über große Flächen. Temperaturen nur unwesentlich über der Raumtemperatur	Flächenheizungen, z. B. Wand-, Decken- und Fußbodenheizungen bei Verwendung von Heizkabeln und Heizfolien
Zentral		Heizwirkung über Warmwasser in Radiatoren oder über Warmluft (Warmwasserzentralheizung)	Zentrale Durchflußerhitzer, Elektrodenkessel, Heizregister
Speicherheizung			
Einzelraum	Allgemein	Heizwirkung mit Hilfe eines im Gerät eingebauten Wärmespeichers vorwiegend zeitlich unabhängig von der Energieaufnahme. Speicher im zu heizenden Raum selbst installiert. Vorwiegend Schwachlastenergieverwendung	Im allgemeinen Feststoffspeicher; Wärmeabgabe: Statisch: Allein und nicht regelbar über Geräteoberfläche Dynamisch: Raumtemperaturgesteuert, vorwiegend durch erzwungene Luftzirkulation durch Kanäle im Speicherkern
	Vollspeicherheizung	Wärmebedarf eines Raumes durch z. B. 8stündige alleinige Nachtaufladung über den ganzen Tag gedeckt. Durch Tagesnachladung von z. B. 3 h an den kältesten Tagen kann Anschlußleistung reduziert werden	Im allgemeinen dynamische Wärmeabgabe
	Teilspeicherheizung	Wärmespeicher nur für die Überbrückung einer beschränkten Energielieferungs-Unterbrechung (z. B. 4 h) bemessen. Mehrere tägliche Aufladungen sind erforderlich	Fußboden- oder Einzelspeicher, im allgemeinen statische Wärmeabgabe

Tabelle 14 (Fortsetzung)

	Systeme	Wirkungsweise	Ausführungsformen
	Mischheizung	Maximaler Wärmebedarf eines Raumes teilweise durch Speicherheizung, teils durch Direktheizung gedeckt. Üblich ist dabei die gegenseitige Verriegelung	Mischheizspeicher, bestehend aus statischem Einzelspeicher mit eingebauter direkter Ergänzungsheizung Fußboden-Speicherheizung mit Direktzusatzheizung
Zentral	Allgemein	Heizwirkung mittels Warmwasser in Radiatoren oder Warmluft in Luftheizungen. Direkt oder über Wärmetauscher im Speicher auf gewünschte Temperatur aufgeheizt. Speicher im Gebäude zentral angeordnet	Feststoff- oder Warmwasserspeicher
	Zentrale Vollspeicherheizung	Wärmebedarf des Gebäudes durch alleinige (z. B. 8stündige) Nachtaufladung über den ganzen Tag gedeckt. Durch Direktzusatzheizung von z. B. 3 h an den kältesten Tagen kann Speichergröße und Anschlußleistung reduziert werden	Blockspeicher, Warmwasserspeicher
	Zentrale Teilspeicherheizung	Wärmespeicher nur für die Überbrückung einer beschränkten Energielieferungs-Unterbrechung (z. B. 2—3 h) bemessen. Mehrere tägliche Aufladungen sind erforderlich	Kurzzeitspeicher: Wasser oder Feststoff
	Zentrale Mischheizung	Max. Wärmebedarf teilweise durch Speicher, andernteils durch Direktheizung gedeckt. Letztere ist gegenüber Aufladeheizung des Speichers verriegelt. Sie bewirkt keine Aufladung des Speichers	WW- oder Feststoffspeicher mit zusätzlichem Heizelement vor oder im Vorlauf
Gemischte Heizung			
		Ausrüstung einer Wohnung zum Teil mit Voll- bzw. Teilspeichergeräten und zum Teil mit Direktheizgeräten, wobei der Anteil der direkt beheizten Räume verschieden ist	

5.3 Verbreitung und Entwicklung der elektrischen Raumheizung in Europa und in den USA

Wie bereits erwähnt bestehen für die Heizungssysteme nach 5.1 regional stark unterschiedliche Anwendungsbereiche. Betrachtet man zunächst die Entwicklung in Mitteleuropa, so ist diese durch die wohl einzigartige Expansion der Speicherheizung in Westdeutschland und in Österreich gekennzeichnet, die vor allem in Westdeutschland schon zu einer breiten Anwendung im Wohnungsneubau in Form elektrisch beheizter Großsiedlungen geführt hat. Die außerordentlich hohen Zuwachsraten dieses Heizungssystems in den beiden genannten Ländern zeigt Abb. 11 [6, 38].

Tabelle 15. *Verbreitung und voraussichtliche Entwicklung der elektrischen Raumheizung in Europa* [39]

Land	Ges. Wohnungsanzahl	elektrisch beheizte Wohnungen		install. Heizleistung MW		jährl. Heizstromverbrauch (GWh)	
		Anzahl	%	Direkt-hzg.	Speicher-hzg.	Direkt-hzg.	Speicher-hzg.
Belgien							
1970	3 380 000	7 500	0,2	65,3	40,7	62,8	38,6
1975	3 580 000	13 300	0,3	106,3	91,1	95,4	85,9
1985	3 980 000	40,300	1,0	268,0	371,5	207,3	353,9
Dänemark							
1970	1 785 000	8 900	0,5	95,0	—	133,0	—
1975	1 978 000	18 900	0,95	200,0	—	283,0	—
1985	2 364 000	50 000	2,1	525,0	—	750,0	—
BRD							
1970	20 000 000	600 000	3,0	—	7 800,0	—	5 500,0
1975	20 500 000	2 150 000	10,5	—	28 000,0	—	20 200,0
1985	22 000 000	4 400 000	20,0	—	57 000,0	—	45 500,0
England							
1970	16 857 400	1 288 000	7,7	—	9 738,0	—	9 426,0
1975	18 215 000	2 032 000	11,2	—	14 615,0	—	14 165,0
1985	20 930 000	3 287 000	15,0	—	22 933,0	—	22 450,0
Finnland							
1970	1 463 800	42 300	2,9	131,0	426,0	168,4	473,6
1975	1 616 000	129 000	8,0	775,0	620,0	1 000,0	690,0
1985	1 916 000	344 000	18,0	2 450,0	880,0	3 140,0	980,0
Frankreich							
1970	17 933 000	263 000	1,5	1 145,0	1 000,0	1 706,0	814,0
1975	19 680 000	635 000	3,2	2 365,0	3 000,0	3 450,0	2 550,0
1985	23 180 000	2 940 000	12,2	10 100,0	15 360,0	14 400,0	13 000,0
Norwegen							
1970	1 500 000	810 000	54,0	2 500,0	—	9 000,0	—
1975	1 700 000	1 000 000	59,0	3 200,0	—	12 000,0	—
1985	2 000 000	1 400 000	70,0	5 500,0	—	22 000,0	—
Österreich							
1970	2 460 000	60 400	2,5	—	780,0	—	630,0
1975	2 550 000	146 000	5,7	100,0	1 400,0	150,0	1 200,0
1985	2 840 000	458 000	16,0	1 720,0	2 800,0	1 600,0	2 300,0
Schweden							
1970	3 180 600	173 000	5,4	[1]	[1]	2 100 [1]	
1975	3 506 000	486 000	13,9	[1]	[1]	6 000 [1]	
1985	4 008 000	1 295 000	32,0	[1]	[1]	16 000 [1]	
Schweiz							
1970	2 052 190	1 235	0,06	6,0	13,0	5,6	8,9
1975	2 330 000	11 600	0,5	62,1	140,9	50,6	93,2
1985	2 885 000	200 000	7,0	1 070,0	2 280,0	830,0	1 650,0

[1] Keine Detaillierung nach Art des Heizsystems.

Einen allgemeinen Überblick über den derzeitigen Stand der elektrischen Beheizung auf dem Wohnungssektor in Europa und deren voraussichtliche Entwicklung bis zum Jahre 1985 gibt die Tab. 15, deren Angaben einer Untersuchung der UNIPEDE [39] entnommen sind.

Sieht man von den möglicherweise zu vorsichtigen Prognosen für Belgien und Dänemark ab, so läßt sich bis zum Jahre 1985 für ganz Mittel-, West- und Nordeuropa eine beachtliche Entwicklung für die elektrische Raumhei-

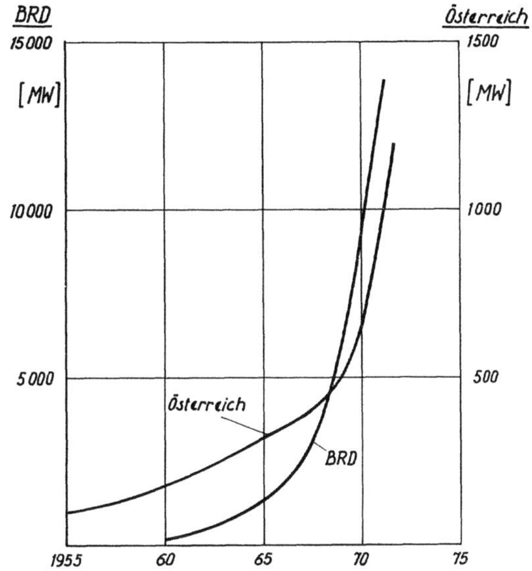

Abb. 11. Entwicklung der Elektrospeicherheizung in der BRD und in Österreich

zung erwarten. Danach würde der jährliche Stromverbrauch für Heizzwecke in den betrachteten Ländern im Jahre 1985 rund 144 TWh betragen.

Hinsichtlich der Art der Heizungssysteme (Direktheizung oder Speicherheizung) gehen jedoch die Meinungen der einzelnen Länder ziemlich auseinander. Es werden demnach der direkten Heizung, abgesehen vom Sonderfall Norwegen, nur in Frankreich, Österreich, Finnland und in der Schweiz größere Entwicklungschancen zugebilligt. Zieht man jedoch in Betracht, daß die meisten Werte der Tab. 15 einer Erhebung aus dem Jahre 1971 entstammen, so dürften sich angesichts der inzwischen erfolgten Änderungen auf dem Energiemarkt wahrscheinlich für einige Länder auch eine neue Einstellung zu diesem Problem ergeben.

Ein Vergleich mit einschlägigen Werten aus den USA zeigt folgendes:

Zunahme der elektrisch beheizten Wohnungen und Einfamilienhäuser in den USA (nur Direktheizung) [45]

1963	1967	1970	1977
1 494 000	2 041 000	4 743 000	5 450 000

Bei einem Anteil von 8% elektrischer Wohnungen im Jahre 1970 entfielen davon rund 75% auf Einfamilienhäuser.

6. Wärmetechnische Gesichtspunkte der elektrischen Raumheizung; Dimensionierung und Verbrauchsermittlung

6.1 Problematik der Wärmebedarfsrechnung

Der Dimensionierung einer Heizungsanlage wird der maximale stündliche Wärmeverlust bzw. Wärmebedarf eines Gebäudes zugrunde gelegt. Allgemein ist dieser Wert durch die grundsätzliche physikalische Beziehung

$$Q_{hmax} = [(1 + \Sigma z)\, \Sigma\, \Sigma\, k \cdot F + V \cdot c_{pl} \cdot n]\, (\vartheta_i - \vartheta_{a\,min})$$

bestimmt. Darin entspricht:

Σz der Summe aller Zuschläge wie Anheizzuschlag, Zuschlag für kalte Wände bei hohem Fensterflächenanteil und für die geographische Situierung des Gebäudes;

$\Sigma\Sigma k \cdot F$ ist die Summe aller Teilprodukte aus den einzelnen Gebäudeaußenflächen und den zugehörigen Wärmedurchgangszahlen k;

$V \cdot c_{pl} \cdot n$ entspricht dem Lüftungswärmebedarf und errechnet sich aus der umbauten Kubatur V, dem spezifischen Wärmebedarf der Luft c_{pl} und der Luftwechselzahl pro Stunde n. Im Normalfall der natürlichen Lüftung entspricht dieser Lüftungswärmebedarf dem Wärmeverlust durch Fensterfugen usw.;

ϑ_i = geforderte Innentemperatur;

$\vartheta_{a\,min}$ = niedrigste tägliche Außentemperatur.

Verwendete Berechnungsvorschriften wie die DIN 4701 [40], die Ö-Norm 71 7500 [41] oder die VSHL 1957 (Schweiz) bauen auf diesen allgemeinen Beziehungen auf. Diese Vorschriften weichen nicht wesentlich voneinander ab. Eine exakte Ermittlung des Wärmebedarfes ist angesichts der schwierigen Erfassung aller Einflußgrößen nicht möglich, und es müssen daher in den Berechnungsvorschriften verschiedene Vereinfachungen getroffen werden, die z. B. zu einer Addition des an sich nicht gleichzeitigen Auftretens verschiedener klimatischer Einflüsse (z. B. minimale Außentemperatur + Windanfall + bedeckter Himmel) und damit zu einem sehr sicheren Rechnungsergebnis führen.

Dies gilt u. a. auch für die Auswirkung der sogenannten Anheizzuschläge, die ihre Begründung in den durch die Heizunterbrechungen während der Nacht und dem damit verbundenen Entzug an Speicherwärme aus dem Mauerwerk finden (siehe auch Pkt. 6.7) und nach DIN 4701 je nach Dauer der Heizunterbrechung zwischen 7% und 25% schwanken. Schließlich ist hier noch zu erwähnen, daß durch die Art der Wärmebedarfsrechnung nach einzelnen Räumen, wobei angenommen wird, daß die Nebenräume niedrigere Temperaturen haben, der so erhaltene Summenwärmebedarf eines Gebäudes über dem realen Gesamtwärmebedarf liegt.

Eine solche Berechnungsweise ist für ein Heizsystem, das über keine oder nur geringe Speicherfähigkeit verfügt und dessen Heizleistung, wenn auch

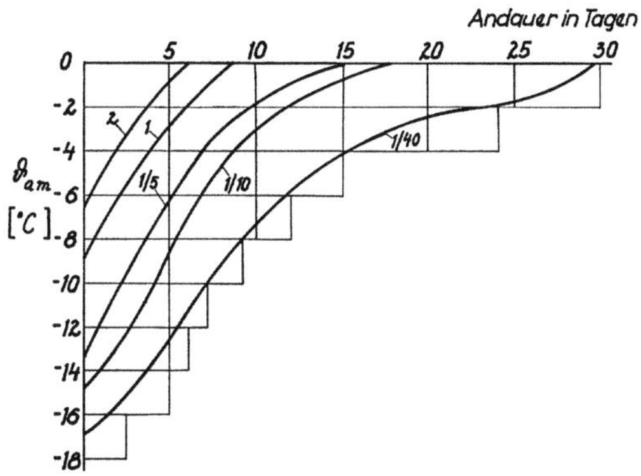

Abb. 12. Mittlere Dauer der unter dem Gefrierpunkt (Beispiel Münster i. W.) liegenden Tagesmitteltemperaturen; die den Kurven beigegebenen ganzen Zahlen bedeuten die Häufigkeit des Auftretens des Tagesmittels der Außentemperatur ϑa_m in einem Jahr; die echten Brüche geben die Häufigkeit in der durch den Nenner angegebenen Zeit an (1/10 bedeutet einmal in zehn Jahren)

durch die thermische Trägheit verzögert, dem Verlauf der Außentemperatur möglichst folgen soll, durchaus sinnvoll, wenn auch die Grundsatzfrage offenbleibt, inwieweit nicht eine knappere und damit wirtschaftlichere Dimensionierung bei entsprechender Berücksichtigung neuerer wärmetechnischer und vor allem klimatologischer Erkenntnisse vertretbar wäre [47].

In diesem Zusammenhang ist auch auf den von Strempel und Jämrich [42] erkannten Effekt hinzuweisen, wonach der Zusammenhang zwischen Temperaturdifferenz und Q_h nicht linear ist. Bei starkem Frostwetter ist der absolute Feuchtigkeitsgehalt des Mauerwerkes und damit seine Wärmeleitfähigkeit geringer, während bei Temperaturen im Bereich um 0 °C und knapp darüber, wo die Luftfeuchtigkeit größer ist, die Wärmeleitfähigkeit des Mauerwerkes größer ist als der durchschnittliche den Berechnungen zugrunde gelegte k-Wert des Mauerwerkes. Die effektive Dauerlinie des Wärmebedarfes ist in ihrem Spitzenteil daher abgeflacht, wodurch die Benutzungsdauer des effektiven maximalen Wärmebedarfes — nicht des Q_h-Wertes nach DIN 4701 — verbessert wird. Allerdings setzt dieser Effekt ausgetrocknete Gebäude voraus, d. h. tritt erst nach Entfernung der Baufeuchte ein.

Angesichts dieser somit gegebenen Reserven bei der Leistungsberechnung nach DIN 4701 gewinnen auch die Untersuchungen über die Häufigkeit des Auftretens der Auslegungstemperatur ϑ_{amin} in einem Jahr bzw. deren Andauer und die Häufigkeit dieser Andauer im Laufe der Jahre erhöhte Bedeutung [43]. Das Ergebnis einer einschlägigen Untersuchung zeigt Abb. 12.

Legt man somit den nach DIN 4701 bzw. nach einer der vorhin genannten Berechnungsvorschriften ermittelten Q_h-Wert zugrunde, so kann nicht erwartet werden, daß der tatsächliche tägliche maximale Wärmebedarf Q_{dmax} gleich 24 Q_h ist, sondern er ist, wie alle Erfahrungen zeigen, wesentlich niedriger. Dabei sind selbstverständlich auch Temperaturabsenkungen während der Nacht als Auswirkung von Unterbrechungen des Heizbetriebes mit von Einfluß. Dieser Umstand ist für die Dimensionierung von Speicherheizungen von grundlegender Bedeutung.

Die vorstehend beschriebene Art der Wärmebedarfsermittlung bildete so lange keinen Anlaß zur Kritik, als für die klassische Warmwasserzentralheizung keine Konkurrenz durch andere Heizsysteme bestand. Mit der Entwicklung elektrischer Heizsysteme, insbesondere durch die Elektrospeicherheizung erhob sich jedoch bald die Frage, ob bzw. in welcher Form die geltenden Berechnungsvorschriften für die Ermittlung des Q_h-Wertes Grundlage für eine wirtschaftliche Dimensionierung dieser Heizsysteme bilden könnten.

Hierbei kam den elektrischen Heizsystemen die in Pkt. 3.5 besprochene Möglichkeit zugute, durch Vergleichsmessungen bzw. durch Feststellung des Gleichzeitigkeitsfaktors bei direkt elektrisch beheizten Objekten die Relation der z. B. nach DIN 4701 errechneten Heizleistung und der tatsächlich beanspruchten maximalen Heizleistung errechnen und die vorhandene Leistungsreserve bzw. Überdimensionierung ermitteln zu können. Danach ergaben sich wie in Pkt. 12.3 ausgeführt, zwischen dem in der Anlage des einzelnen Konsumenten gemessenen Leistungsmaximum und der installierten Heizleistung Relationen zwischen 0,7—0,8.

Zusammenfassend kann daher festgestellt werden, daß gegen die nach DIN 4701 bzw. in ähnlichen Berechnungsvorschriften festgelegte Berechnungsweise des maximalen stündlichen Wärmebedarfes keine grundsätzlichen Einwendungen zu erheben sind, sofern bei Anwendung dieser Vorschriften bei der Dimensionierung von elektrischen Heizsystemen den speziellen Gegebenheiten dieser Heizsysteme Rechnung getragen wird und man sich vor allem dessen bewußt ist, daß eine Berechnungsvorschrift zwar von physikalischen Gesetzmäßigkeiten ausgeht, aber sie zwangsläufig nur ziemlich grob beschreiben kann.

6.2 Zusammenhang zwischen spezifischem Wärmebedarf und bautechnischen Kenngrößen eines Gebäudes; näherungsweise Berechnung des Wärmebedarfes

Die Berechnungsformel für den maximalen stündlichen Wärmebedarf besteht im wesentlichen aus einem durch bautechnische Kenngrößen und aus einem durch klimatische Kenngrößen bestimmten Teil. Betrachtet man die bestehenden bautechnischen Kenngrößen für den Wärmebedarf eines Gebäudes, so handelt es sich hier um:

a) Verhältnis von Gebäudeumschließungsflächen zu Gebäudeinhalt,
b) Fassadengestaltung, vor allem das Verhältnis von Außenwandflächen zu Fensterflächen,
c) Verhältnis von umbautem Raum zu Nutzraum,
d) Art und Stärke der Wärmedämmung.

Mit dem Verhältnis von Gebäudeaußenfläche zu Gebäudeinhalt ist die Relation zwischen dem gesamten durch die Wärmeabgabe über die Umschließungsflächen eines Gebäudes bestimmten Wärmebedarf zum umbauten Raum bestimmt. Bezeichnet man dieses Verhältnis als Formfaktor f [44], so ergibt sich für einen quaderförmigen Baukörper mit einer Länge l, Breite b und Höhe h der Formfaktor

$$f = \frac{2}{b} + \frac{2}{l} + \frac{1}{h}.$$

Dabei ist berücksichtigt, daß wärmetechnisch gesehen der Fußboden durch den geringeren Temperaturunterschied gegenüber der Außentemperatur nur mit seiner halben Fläche und in gleicher Weise das Dach, das meist eine wesentlich bessere Wärmedämmung als die Außenwände besitzt, ebenfalls wärmetechnisch mit seiner halben Fläche zu bewerten ist.

Nimmt man die Bautiefe eines Gebäudes als festes Maß an, dann ist für einen vorgegebenen Rauminhalt V der Formfaktor f nur noch vom Verhältnis h/l abhängig.

Danach errechnet sich z. B. der Formfaktor für ein einstöckiges Einfamilienwohnhaus mit 0,57, für den Bungalow mit 0,62, für ein durchschnittliches 12-Familien-Haus 0,32 und für ein Großobjekt, z. B. für ein 32-Familien-Wohnhaus mit den Abmessungen h = 27 m, l = 27 m, b = 16 m, mit 0,24.

Da der Formfaktor f somit das Verhältnis von wirksamer Oberfläche zur Kubatur eines Gebäudes angibt, kann der spezifische Wärmebedarf eines Gebäudes je °C Temperaturdifferenz und je m³ umbauten Raumes allgemein dargestellt werden mit [44]:

Transmissionswärmebedarf einschließlich Aufheizzuschlag bei Wohngebäuden	$q_t = 1{,}07 \cdot k_m \cdot f$
Durchschnittlicher Lüftungswärmebedarf mit halbem Luftwechsel pro Stunde ($n = 0{,}5$) und $c_p = 0{,}31$	$q_l = c_p \cdot n$
	$q_h = 1{,}07 \cdot k_m \cdot f + c_p \cdot n$

In diesem Ausdruck ist k_m die mittlere Wärmedurchgangszahl einer Außenwand mit Fenstern. Sie ergibt sich aus der Beziehung

$$k_m = k_w + a \cdot (k_f - k_w).$$

Darin bedeutet k_w die Wärmedurchgangszahl der Wände, k_f und a den Fensterflächenanteil an der gesamten Außenwandfläche.

Eingesetzt in die obige Formel für q_h erhält man den spezifischen Wärmebedarf von Wohngebäuden je °C Temperaturdifferenz. Sind somit die Außenabmessungen eines Gebäudes und damit der Formfaktor f sowie k_w, k_f und der Fensterflächenanteil a bekannt, kann sehr einfach der spezifische Wärmebedarf eines Gebäudes ermittelt werden, womit in erster Annäherung das detaillierte und zeitraubende Berechnungsverfahren nach DIN 4701 entfallen kann. Da das Verhältnis von Nutzraum zu umbautem Raum bei Wohnbauten bei 0,7—0,8 liegt, erhöht sich der spezifische Wärmebedarf je m^3 beheizten Raumes um dieses Verhältnis.

6.3 Allgemeine Dimensionierungsgrundlagen für Elektrospeicherheizungen

Während nach Pkt. 6.1 die Dimensionierung der direkten elektrischen Heizung im wesentlichen auf Basis der entsprechenden Berechnungsvorschriften für die Ermittlung des maximalen stündlichen Wärmebedarfes Q_h erfolgen kann — der Reserven, die in dieser Dimensionierungsweise liegen, muß man sich jedoch bewußt sein —, so liegen die Verhältnisse für die Dimensionierung von Speicherheizungen wesentlich anders. So ist z. B. ohneweiters einzusehen, daß Anheizzuschläge bei der Speicherheizung mit Geräten der Bauart III (siehe Pkt. 7.2), die kurzzeitig das dreifache des errechneten Q_h-Wertes abgeben können, an sich keine Bedeutung haben. Es wird dabei für alle folgenden Überlegungen der Q_h-Wert nach DIN 4701 zugrunde gelegt. Da es sich grundsätzlich darum handelt, daß die während der Aufladezeit t_{sp} eines Speicherheizgerätes gespeicherte Wärme ausreichen muß, den maximalen täglichen Wärmebedarf Q_{dmax} zu decken, ist somit diese Größe das wesentliche Dimensionierungskriterium. Es handelt sich letztlich darum, bei Verwendung von Q_h als Basis für die Berechnung die effektive Relation zwischen Q_h und Q_{dmax} festzustellen.

Gegenüber der am Beginn der Entwicklung der Speicherheizung stehenden Überlegung, wonach bei 24stündiger Heizdauer und 8stündiger Ladedauer die zu installierende Speicherleistung N_{Sp} in kW mit $\frac{3\,Q_h}{860}$ anzusetzen wären, ergaben die praktischen Erfahrungen mit Speicherheizgeräten der Bauart I und II (siehe Pkt. 7.2) bald, daß etwa der 2,2fache Q_h-Wert daraus ausreichend war. Allgemein gelangt man danach zu der Auslegungsformel:

$$N_{Sp} = \frac{Q_h \cdot t_d}{t_{sp}} \cdot \frac{1}{860}$$

N_{Sp} = erforderliche Speicherleistung [kW],
Q_h = maximaler stündlicher Wärmebedarf nach DIN 4701 [kcal/h],
t_d = maximale tägliche Nennbenützungsdauer von Q_h [h],
t_{sp} = zur ununterbrochenen Speicherung zur Verfügung stehende Zeitdauer in Stunden [h].

Grundsätzlich bestätigen diese Erfahrungen, daß der maximale Tageswärmebedarf Q_d nicht 24 Q_h nach DIN 4701 entspricht, sondern im Mittel nur etwa 16 Q_h beträgt. Ähnliche Feststellungen wurden auch mit dem VSHL-Wert und seinem Zusammenhang mit dem täglichen Wärmebedarf gemacht [11]. Danach gelangt man auch hier zu einem Korrekturfaktor von 0,6 bis 0,7.

Das Verhältnis der nötigen Speicherleistung zum nach einem der üblichen Berechnungsvorschriften ermittelten Q_h-Wert wird dabei als Speicherfaktor f bezeichnet.

Für Speicherheizgeräte der Bauart III, welche durch eine regelbare Entlademöglichkeit eine bessere Anpassung an den Verlauf des täglichen Wärmebedarfes ermöglichen, kann der Speicherfaktor je nach Gebäudeart und maximaler täglicher Benutzungsdauer Q_h kleiner sein, als bei Geräten der Bauart I und II.

Nach den Empfehlungen der Hauptberatungsstelle für Elektrizitätsanwendung (HEA/Frankfurt) [46] wird für die Dimensionierung der Geräte der Bauart III allgemein die folgende Formel verwendet:

$$N_{Sp} = \frac{Q_h}{860} \cdot \frac{t_v + t_B}{t_{sp}} \cdot \sigma = \frac{Q_h}{860} \cdot f \cdot [kW]$$

In dieser Beziehung ist σ ein Verlustfaktor (1,15—1,20), der berücksichtigt, daß bei beendeter Aufladung eines Speicherofens der Bauart III nur noch 85% der vollen Speicherwärme zur Verfügung stehen, da etwa 15—20% während der Nacht durch statische Entladung abgegeben wurden. $t_v + t_d$ stellt eine den praktischen Gegebenheiten angepaßte Fassung der maximalen täglichen Nennbenutzungsdauer t_d von Q_h dar, indem eine sogenannte Standzeit t_v berücksichtigt wird, die ab beendeter Aufladung (6 Uhr morgens) bis zum effektiven Heizbeginn verstreicht (rechnerisch ein bis zwei Stunden). t_B wird dann die sogenannte Nennbetriebszeit, die je nach Gebäudetyp verschieden ist.

Der Speicherfaktor ist somit abhängig von der Betriebszeit t_B, dem Entladebeginn und der Speicherzeit t_{sp}. Je nach Gebäudetyp sind folgende Werte für t_v und t_B einzusetzen:

	t_B	t_v
Einschichtige Schule	7 Stunden	1 Stunde
zweischichtige Schule	11 Stunden	1 Stunde
Bürogebäude	10 Stunden	1 Stunde
Einzelwohnraum	14 Stunden	2 Stunden
vollbeheizte Wohnung	11—12 Stunden	2 Stunden

Es ergibt sich somit, daß bei Anwendung der geltenden Berechnungsvorschriften für den Q_h-Wert für die Dimensionierung einer Speicherheizung sowohl dieser stündliche Wärmebedarf Q_h als auch dessen maximale tägliche Nennbenützungsdauer und die Speicherzeit maßgebend sind, während die installierte Leistung einer Warmwasserzentralheizung nur durch Q_h bestimmt ist. Für den Speicherfaktor erhält man daher für verschiedene Gebäudetypen durch die Abhängigkeit von der charakteristischen Vollbetriebszeit und von der Speicherzeit die in Abb. 13 dargestellten Werte. Dabei ist wieder zu beachten, daß in physikalischer Sicht nur die relativen Unterschiede zu begründen sind und daß diese Werte für die praktische Dimensionierung lediglich als Rechenvorschrift anzusehen sind, die bei einer Änderung der DIN 4701 neu festzulegen ist. Wird zum Beispiel durch eine Änderung der Berechnungsmethode für Q_h dieser Wert relativ niedriger, so werden die Speicherfaktoren zwangsläufig höher.

Da der Speicherfaktor das Maß für die pro kW Direktheizleistung N_{Dir} zu installierende Speicherleistung N_{Sp} bildet, bestimmt er entscheidend die spezifischen Anlagekosten. Sie sind daher sowohl vom Gebäudetyp als auch von den Konditionen des Lieferunternehmens (Speicherzeit) abhängig. Im Gegensatz dazu besteht bei den spezifischen Anlagekosten von Warmwasserzentralheizungssystemen nur eine geringe Abhängigkeit vom Gebäudetyp.

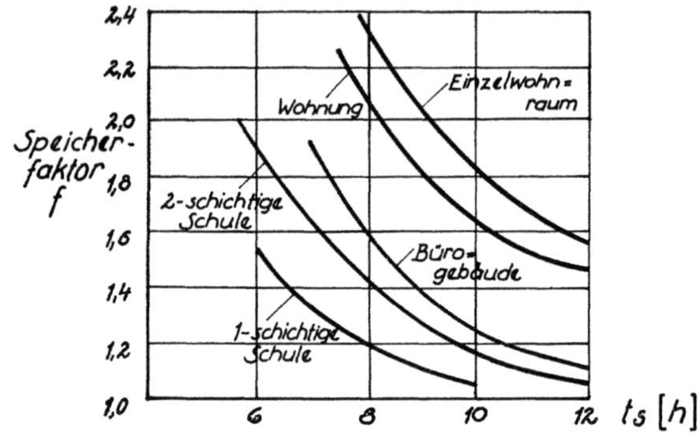

Abb. 13. Speicherfaktor f in Abhängigkeit vom Gebäudetyp und der Speicherzeit nach HEA

Betrachtet man zunächst die Speicherzeit als feste Größe, so liegt die Wettbewerbsfähigkeit der Speicherheizung vom Standpunkt der Anlagekosten demnach bei den einschichtigen Schulen (Speicherfaktor 1,0—1,2) mit Abstand am günstigsten und im Wohnungsbau (Speicherfaktor 2,0) am ungünstigsten, eine Tatsache, die bei Beurteilung von Wirtschaftlichkeitsfragen nicht übersehen werden darf.

Zum Vergleich sei hier die von der SKEW ausgearbeitete Dimensionierungsfomel für elektrische Heizsysteme aller Art angeführt, die wie folgt lautet [11]:

$$N = \frac{Q_h}{860} \cdot \frac{f \cdot 24 \cdot e}{t_d} \cdot s \cdot \frac{1}{\eta} \text{ [kw]}.$$

Verwendete Bezeichnungen:

N = elektrische Leistung der Heizeinrichtung [kW]

Q_h = maximaler stündlicher Wärmebedarf nach VSHL [kcal/h]

f = Korrekturfaktor für die Berechnung des maximalen Tagwärmebedarfes (bei uneingeschränktem Betrieb $f = 0,7$)

t_d = tägliche Freigabezeit der Leistung N, entspricht der Aufladedauer bei Speicherheizungen [h]

e = Einschränkungsfaktor für die Berechnung der Leistung bei uneingeschränktem Heizbetrieb 1,0—0,8 je nach Bauweise und Dauer der Heizunterbrechung.

s = Heizsystemfaktor (1,5 bei Konvektorheizung, 1,0 bei dynamischen Einzelspeichern)

η = Ladewirkungsgrad (nur für Zentralspeicherheizungen verwendet) (0,81—0,9)

Ein Vergleich des Aufbaues dieser Berechnungsformel mit der HEA-Formel zeigt bei richtiger Interpretation der einzelnen Größen weitgehende Übereinstimmung; sie hat einen gewissen Vorteil durch ihre generelle Anwendbarkeit für alle elektrischen Heizsysteme.

6.4 Jährlicher Belastungsverlauf und Benutzungsdauer der installierten Leistung einer Raumheizung

Maßgebend für den jährlichen Belastungsgang einer Raumheizung ist die in Abb. 14 dargestellte Temperaturdauerlinie. In dieser Darstellung entspricht ϑ_i der geforderten Innentemperatur, ϑ_a der jeweiligen mittleren Außenluft-

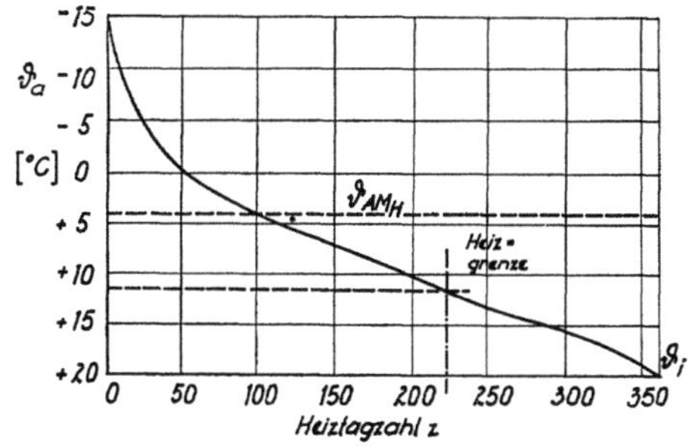

Abb. 14. Verlauf der mittleren Tagesaußentemperatur in Abhängigkeit von der Heizgradtagzahl

temperatur und z der Heiztagzahl. Kennzeichnend ist die außerordentlich niedrige Anzahl von Heiztagen mit Außentemperaturen, die der Auslegungstemperatur einer Heizungsanlage entsprechen. Die für die Ermittlung der Heiztagzahl wesentliche Heizgrenze wird in Deutschland und Österreich als Unterschreitung des Tagesmittels der Außentemperatur von 12 °C an drei aufeinanderfolgenden Tagen definiert [48], wobei die mittlere Innentemperatur mit 19 °C festgelegt ist.

Bildet man den Mittelwert der für die Heizperiode maßgebenden Temperaturdifferenz $\Delta\vartheta_m = (\vartheta_i - \vartheta_{amH})$, wobei ϑ_{amH} die mittlere Außentemperatur während der Heizperiode darstellt, so erhält man durch Multiplikation mit der Heiztagzahl z als wesentliches klimatisches Kriterium bzw. als Basis für die Vorausberechnung des jährlichen Wärmebedarfes die Heizgradtagzahl G_t wie folgt:

$$G_t = z \cdot (\vartheta_i - \vartheta_{amH})$$

Die Definitionen für die Heizgradtagzahl variieren in den einzelnen Ländern etwas, was bei einem Vergleich berücksichtigt werden muß.

Für die Abhängigkeit des stündlichen Wärmebedarfes Q_h von der Außentemperatur ϑ_a kann nach Pkt. 6.1 allgemein geschrieben werden:

$$Q_h = q_h \cdot (\vartheta_i - \vartheta_a)$$

q_h stellt den spezifischen, von den Gebäudekonstanten abhängigen stündlichen Wärmebedarf je Grad Temperaturdifferenz dar, wobei angenommen wird, daß q_h von der Außentemperatur unabhängig ist, eine Annahme, die nach Pkt. 6.1 (Strempeleffekt) nur näherungsweise zutrifft. Unter diesen Voraussetzungen ist Q_h für ϑ_i = konst. proportional der Außentemperatur ϑ_a, so daß die Temperaturdauerlinie der Abb. 14 auch der Dauerlinie von $Q_h = f(t_b)$ entspricht, wobei t_b die Heizstundenzahl t_b darstellt.

Die schraffierte Fläche unter der Temperaturdauerlinie ist demnach proportional dem jährlichen Nutzwärmebedarf Q_j eines Objektes nach

$$Q_j = \int_0^{t_b} Q_h(t_b)$$

Unter Verwendung der mittleren Temperaturdifferenz $\Delta\vartheta_m$ ergibt die Fläche unter der Dauerlinie

$$Q_j = q_h \cdot \Delta\,\vartheta_m \cdot t_b$$

wobei $t_b = 24\,z$ ist.

Für die überschlägige Ermittlung des jährlichen Nutzwärmebedarfes wird davon ausgehend unter Verwendung des nach einer Berechnungsvorschrift ermittelten Wertes für den maximalen stündlichen Wärmebedarf Q_h allgemein die jährliche Nennbenutzungsdauer t_j mit

$$t_j = \frac{Q_j}{Q_h}$$

definiert. Diese Nennbenutzungsdauer ist in Abhängigkeit von der Art des Heizsystems und den individuellen Verbrauchsgewohnheiten starken Schwankungen unterworfen, die z. B. bei der Wohnraumheizung von 1100 bis 1700 h/a reichen können. Die Höhe der Nennbenutzungsdauer des errechneten Q_h-Wertes (maximale stündliche Heizleistung) stellt eine häufig umstrittene Frage zwischen den Vertretern der Warmwasserheizungssysteme und der elektrischen Raumheizungen dar. Die bei elektrischen Heizanlagen insbesondere bei Speicherheizungen festgestellte relativ niedrige Benutzungsdauer wurde vielfach mit der Tatsache einer unzureichenden Beheizung bzw. zu niederer Raumtemperaturen gleichgesetzt. Grundsätzlich ist hier der gleiche Zusammenhang gegeben, wie bei der Überschätzung des durchschnittlichen Jahresnutzungsgrades einer Warmwasserzentralheizung (siehe Pkt. 3.3). Da dieser Jahresnutzungsgrad, insbesondere der Regelungsnutzungsgrad, meist höher als effektiv angesetzt wird, ergibt sich scheinbar ein höherer Nutzwärmeverbrauch auf Grund der gesamten eingesetzten Energiemenge und damit eine höhere Benutzungsdauer für Q_h. Der Vorteil einer guten Regelung der Raumtemperatur, wodurch eine Überheizung vermieden wird, drückt sich zwangsläufig in einer niedrigeren Benutzungsdauer des Q_h-Wertes aus.

Dieser Zusammenhang wird durch die umfangreichen Untersuchungen von Jacobi [49] bestätigt. Danach ist mit folgenden Jahresbenutzungsstunden des Q_h-Wertes nach DIN 4701 für verschieden geregelte Heizanlagen zu rechnen:

Stockwerksheizungen in Eigenheimen und Mehrgeschoßhäusern (Einzelraumgeregelt)	1350 h/a,
Stockwerksheizungen in Mehrgeschoßhäusern (Zentralgeregelt)	1400 h/a,
Zentralheizungen in Eigenheimen (Zentralgeregelt)	1450 h/a,

Zentralheizung in Mehrgeschoßhäusern	1500 h/a,
Fernheizung für Eigenheime und für Mehrgeschoßhäuser	1500 h/a.

Wesentlich stärker kommen die Differenzen noch bei Anlagen, die mit längeren Heizunterbrechungen betrieben werden, vor allem bei einschichtig benutzten Schulen zum Ausdruck.

Abgesehen von diesen, vor allem vom Regelungsnutzungsgrad einer Raumheizung her bestimmten Zusammenhängen ist hier noch eine elektrizitätswirtschaftlich wesentliche Feststellung zu treffen. Die Benutzungsdauerwerte sind wie erwähnt auf einen errechneten maximalen Wärmebedarf nach DIN 4701 und nicht auf den effektiven (maximalen) Wärmebedarf einer Anlage bezogen.

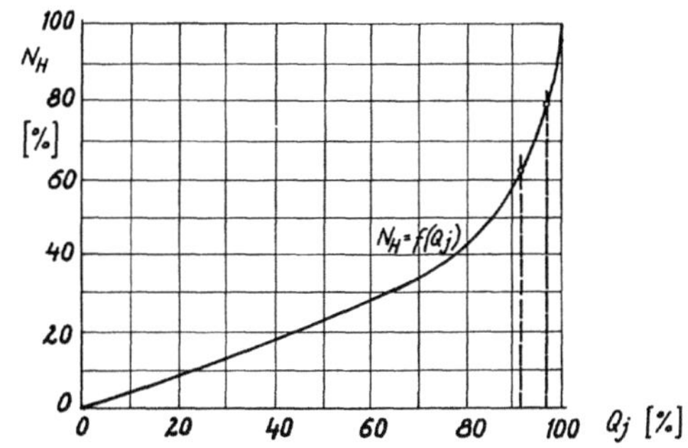

Abb. 14 a. Zusammenhang zwischen anteiliger Heizleistung N_H und anteiligem damit gedeckten jährlichen Wärmebedarf Q_j

Unter Berücksichtigung des effektiven maximalen Wärmebedarfes ergibt sich häufig schon für die einzelne Anlage meist eine um etwa 15—20% höhere Benutzungsdauer (siehe Pkt. 12.3).

In Form einer Energieinhaltslinie dargestellt ergibt sich aus der Temperaturdauerlinie bzw. der Dauerlinie der Heizleistung der Abb. 14 die Zuordnung zwischen den benötigten anteiligen Heizleistungen und dem dadurch gedeckten anteiligen Wärmebedarf gemäß Abb. 14 a. Mit 80% der maximalen Heizleistung können somit 97% mit nur 60% der Heizleistung 90% des gesamten Jahreswärmebedarfes gedeckt werden.

Die durchschnittliche jährliche Benutzungsdauer in verschiedenen Heizleistungsbereichen im Vergleich zur Vollastbenutzungsdauer basierend auf dem Q_h-Wert nach DIN 4701 zeigt Tab. 16.

Tabelle 16. *Benutzungsdauer in den charakteristischen Lastbereichen einer Raumheizung* (Basis Q_h nach DIN 4701)

Heizleistungsanteil	zugeordneter Lastbereich	Energieinhalt	mittlere Teillast-Benutzungsdauer t_i (h/a)
20%	80—100%	3%	210
40%	60—100%	8%	280
60%	0— 62%	90%	2100
100%	0—100%	100%	1400

Zu beachten ist hierbei, daß zur Verdeutlichung des großen Unterschiedes zwischen der Benutzungsdauer im Grundlastbereich einer Raumheizung und im Spitzenlastbereich in der Tab. 16 dementsprechend die maßgeblichen Lastbereiche verschieden definiert sind.

Es zeigt sich jedenfalls, daß der dem Lastbereich von 60—100% zuzuordnende Heizleistungsanteil nur eine jährliche Benutzungsdauer von 280 h/a aufweist. Hier ist allerdings die Einschränkung zu machen, daß es sich um die Benutzungsdauer der einzelnen Abnehmeranlage, bezogen auf die nach DIN 4701 errechneten Q_h-Werte handelt. Für die Abnehmergruppe und unter Berücksichtigung der effektiven maximalen Heizleistung werden diese Benutzungsdauerwerte wesentlich höher (siehe Pkt. 12 und 13).

6.5 Konsequenzen für die Auslegung von Elektrospeicherheizungen aus dem jährlichen Verlauf des Wärmebedarfes; Möglichkeiten zur Reduzierung des Speicherfaktors

Aus Pkt. 6.4 folgt, daß jede Raumheizung im oberen Leistungsbereich sehr schlecht ausgenützt ist, ein Umstand der bei der Speicherheizung mit einer im Verhältnis des Speicherfaktors reduzierten Benutzungsdauer der installierten Speicherleistung besonders stark in Erscheinung tritt. Es ist daher naheliegend, zur Deckung des in den Bereichen niederer Benutzungsdauer fallenden Spitzenwärmebedarfes Tagesschwachlastenergie an Stelle von Nachtschwachlastenergie zu verwenden. Die Speicherleistungen werden dadurch kleiner, die Anlagekosten sinken, während die Betriebskosten eben durch den geringen Energieinhalt des Spitzenwärmebedarfes keine nennenswerten Erhöhungen erfahren. Gleichzeitig wird wesentlichen elektrizitätswirtschaftlichen Belangen, nämlich Herabsetzung der bereitzustellenden Leistung und damit Erhöhung von deren Benutzungsdauer, Rechnung getragen.

Durch die Nachladung verringert sich die zu installierende Speicherleistung bzw. der Speicherfaktor f im Verhältnis

$$\frac{t_{sp}}{t_{sp} + t_{sn}},$$

wobei t_{sn} die Nachladezeit ist. Der Einfluß auf die Reduzierung der Speicherleistung ist damit absolut am größten, je höher der Speicherfaktor ist, somit also bei Speicherheizungen für Wohnungen. Voraussetzung für die Aufnahme einer Nachladung ist, daß die Geräte bereits teilweise entleert sind, d. h., daß demnach eine Nachladung am Vormittag meist auf Schwierigkeiten stößt, es sei denn, daß z. B. bei einschichtigem Schulbetrieb besondere regeltechnische Maßnahmen getroffen werden. Praktisch fällt die Nachladung somit in das Nachmittagstal.

Die Auswirkungen verschiedener Nachladezeiten auf die installierte Speicherleistung, deren Benutzungsdauer sowie auf die Benutzungsdauer der Nachladung zeigt die folgende Tab. 17.

Tabelle 17. *Auswirkung verschiedener Nachladezeiten auf die installierte Speicherleistung; Gesamtbenutzungsdauer und Benutzungsdauer der Nachladung (für Wohnungen)*

Nachladezeit	t_{sn}	(h)	0	2	4
Speicherfaktor	f		2,1	1,7	1,4
Installierte Speicherleistung	N_{sp}	(%)	100	80	67
Benutzungsdauer von N_{sp}	t_j	(h/a)	700	850	1020
Benutzungsdauer von N_{sp} bei der Nachladung	t_n	(h/a)	0	30—40	80—100
Energieinhalt der Nachladung bezogen auf den gesamten Jahresenergiebedarf	B_j	(%)	0	3—5	8—10

Ergänzend ist zu bemerken, daß eine Nachladezeit von mehr als 4 Stunden im Hinblick auf die thermische Zeitkonstante der Geräte praktisch nicht realisierbar ist; sie würde lediglich zu einer Ladezeitverschiebung in Form einer unzureichenden Ausnützung der Nachtschwachlastzeit führen.

6.6 Vorausberechnung des jährlichen Energieverbrauches einer elektrischen Raumheizung

Nach Pkt. 6.4 kann der jährliche Nutzwärmebedarf Q_j angenähert durch die Beziehung

$$Q_j = q_h \cdot \Delta \vartheta_m \cdot t_b$$

beschrieben werden. Mit $t_b = 24\,z$ und $q_{ho} = \dfrac{Q_{h\,max}}{\Delta \vartheta_{max}}$ erhält man allgemein

$$Q_j = \frac{Q_{h\,max} \cdot G_t \cdot 24}{\Delta \vartheta_{max}},$$

Die Berechnung des voraussichtlichen Energieverbrauches geht von dieser grundsätzlichen Beziehung aus, wobei es aber vor allem darum geht, den errechneten Wert für Q_h mit dem effektiven $Q_{h\,max}$, das ja niedriger ist, in Übereinstimmung zu bringen und die entsprechenden den Bruttowärmeverbrauch bestimmenden Faktoren (Wirkungsgrad usw.) zu berücksichtigen. Demnach lautet beispielsweise die entsprechende Berechnungsformel nach VDI 2067 [50] für den jährlichen Brennstoffverbrauch einer Warmwasserzentralheizung wie folgt:

$$B_j = \frac{a \cdot e \cdot y \cdot 24 \cdot Q_h \cdot G_t}{\eta \cdot H_u \cdot \Delta \vartheta_{max}}$$

a = Anlagefaktor der Heizanlage

e = Temperatureinschränkungsfaktor zur Berücksichtigung von Heizunterbrechungen

y = Gleichzeitigkeitsfaktor

Q_h = maximaler stündlicher Wärmebedarf nach DIN 4701

G_t = Heizgradtagzahl

η = Kesselwirkungsgrad

$\Delta \vartheta_{max}$ = maximale Temperaturdifferenz

H_u = unterer Heizwert

Im Faktor y kommt der schon in Pkt. 6.1 und 6.3 besprochene Umstand zum Ausdruck, daß der Q_h-Wert nach DIN 4701 wesentlich über dem Tagesmittelwert liegt. Dieser Berichtigungsfaktor soll laut VDI 2067 berücksichtigen, daß die in der Wärmebedarfsrechnung enthaltenen Zuschläge für Windanfall, bedeckter Himmel und Betriebsweise sich nicht gleichzeitig auswirken. Faßt man in dieser Formel die heizsystem- bzw. brennstoffabhängigen Konstanten (a, η und H_u) zur Konstanten C_1 zusammen und ersetzt Q_h durch Q_{ho} $(1 + z)$, so erhält man

$$B_j = \frac{C_1}{\Delta \vartheta_{max}} \cdot 24 \cdot e \cdot y \cdot Q_{ho} \cdot (1 + z) \cdot G_t$$

und nach Zusammenfassung des Ausdruckes $24 \cdot e \cdot y \cdot (1 + z)$ zu C_2, so ergibt sich

$$B_j = C_1 \cdot C_2 \cdot q_{ho} \cdot G_t.$$

Vom Standpunkt klimatischer Unterschiede ist danach der jährliche Heizwärmebedarf lediglich von der Heizgradtagzahl G_t abhängig, wobei jedoch ein spezifisch kleineres q_h einem größeren G_t entgegenwirkt.

Andererseits erhält man für den auf die Heizgradtagzahl bezogenen Wärmeverbrauch die Beziehung

$$\frac{B_j}{G_t} = C_1 \cdot C_2 \cdot q_{ho}.$$

Demnach besteht dafür nur eine Abhängigkeit von den heizsystem- bzw. heizbetrieb- und gebäudebedingten Konstanten. Für ein bestimmtes baulich gleichartig ausgeführtes und gleichartig betriebenes Objekt müßte somit in jeder Klimazone der auf die Heizgradtagzahl bezogene Brennstoffverbrauch gleich groß sein, wobei vorausgesetzt wird, daß es sich um gleiche Heizsysteme handelt.

Aus klimatischen Unterschieden können sich daher abgesehen vom Einfluß von q_{ho} keine Unterschiede des jährlichen Heizenergieverbrauches je Heizgradtag ergeben, eine für die Vergleichbarkeit von Messungen aus verschiedenen Klimazonen wesentliche Feststellung. Selbstverständlich unterliegen in allen Fällen solche Meßergebnisse einer individuellen Differenzierung, sei es durch die Betreiber der Heizung, seien es lokale Einflüsse wie Wind, Sonneneinstrahlung usw.

Bei Anwendung der Berechnungsformel nach VDI 2067 ist zunächst zu beachten, daß sie wie in der VDI 2067 ausdrücklich festgestellt, der Ermittlung von Richtwerten zur Vorausberechnung der Wirtschaftlichkeit verschiedener Brennstoffe dienen soll und nicht für elektrische Heizsysteme gilt. Wenn sie dennoch für elektrische Heizsysteme verwendet wird, so ist dies nicht ohne entsprechende Anpassung der Formel an die Gegebenheiten dieser Heizsysteme möglich. Vor allem darf man nicht in den Fehler verfallen, einer Berechnungsvorschrift, die die Zusammenhänge naturgemäß möglichst einfach zu beschreiben versucht, den Charakter einer physikalischen Gesetzmäßigkeit zuzuordnen, da dies angesichts der vielen variablen Einflußgrößen einfach nicht möglich wäre. Sie soll daher ausdrücklich der Ermittlung von Richtwerten dienen und kann für prinzipiell gleichartige Heizsysteme von Aussagewert sein.

Folgerichtig war es daher nötig die VDI 2067 zur Anwendung auf elektrische Heizsysteme entsprechend zu adaptieren. Dies betraf vor allem den Temperatureinschränkungsfaktor e sowie die Angabe entsprechender Werte für den Anlagefaktor a. Zur Berücksichtigung von Heizenergieeinsparungen durch Heizunterbrechung bzw. Temperaturabsenkung wird in der VDI 2067 der sogenannte Temperatureinschränkungsfaktor e wie folgt definiert:

$$e = \frac{\vartheta_{im} - \vartheta_{amH}}{19 - \vartheta_{amH}}$$

wobei ϑ_{im} der mittleren Innentemperatur während der Heizperiode unter Berücksichtigung von Temperaturabsenkungen entspricht.

Eine exakte quantitative Erfassung der möglichen Heizeinsparungen durch Unterbrechung des Heizbetriebes während der Nichtbenutzungszeit eines Raumes bzw. eines Gebäudes stößt auf beträchtliche Schwierigkeiten (siehe auch Pkt. 6.7), da vor allem für die mögliche Raumtemperaturabsenkung kein konstanter Wert angegeben werden kann; vielmehr ist sie von der jeweiligen Außentemperatur abhängig und verringert sich mit steigender Außentemperatur.

Veranlaßt durch die Tatsache, daß die in der VDI 2067 angegebenen Temperatureinschränkungsfaktoren verglichen mit den praktischen Ergebnissen des jährlichen Wärmeverbrauches, vor allem bei elektrisch beheizten Schulen, die mit Speicherheizgeräten der Bauart III ausgerüstet wurden, zu hoch liegen, wurde von der HEA eine gleichartige Berechnungsvorschrift, jedoch mit wesentlich niedrigeren Temperatureinschränkungsfaktoren entwickelt [51].

Eine Gegenüberstellung der in den beiden Vorschriften angegebenen Temperatureinschränkungsfaktoren, deren Werte bei Schulen und Bürogebäuden durch die zusätzliche Berücksichtigung der Heizunterbrechungen an Wochenenden und während der Ferien noch reduziert werden, zeigt Tab. 18.

Tabelle 18. *Vergleich der Temperatur- und Betriebseinschränkungsfaktoren für Warmwasserzentralheizungen nach VDI 2067 und nach HEA für Speicherheizungen der Bauart III bzw. Direktheizungen (für Klimazone III)*

	Temperatur- und Betriebseinschränkungsfaktor e	
	nach VDI 2067	nach HEA
Wohnhäuser	1,0	1,00 bzw. 0,88
Kasernen	0,9	0,9
Bürohäuser	0,92	0,85
Berufsschulen	0,86	0,64
zweischichtige Schulen	0,83	0,52
einschichtige Schulen	0,76	0,42

Besonders ins Gewicht fallende Unterschiede für die Brennstoffkostenberechnung liegen, wie diese Tabelle zeigt, bei Schulen vor. Die Betriebsergebnisse ausgeführter elektrisch beheizter Objekte rechtfertigen jedoch diese Werte vollauf, obwohl sie aus physikalischer Sicht nicht voll zu begründen sind. Offensichtlich ist der gesamte Vorgang angesichts des Zusammenwirkens verschiedener Einflüsse vor allem durch die nicht berücksichtigten Einsparungen durch „freie Wärme“ (Pkt. 3.4), die nach [19] praktisch zu einer Reduktion der Heizgradtagzahl führt, kaum genauer zu beschreiben. Weiters dürfte aber die unterschiedliche Regelfähigkeit der Heizsysteme durch die bisherigen Ansätze für den Anlagefaktor a zuwenig berücksichtigt sein.

6.7 Thermisches Verhalten eines Gebäudes bei Heizunterbrechungen; Wirkung als Sekundärspeicher für Heizsysteme ohne Speicherfähigkeit

Für die Bemessung von Kurzzeitspeicherheizungen (siehe Pkt. 7.8), welche nur während der Netzspitzenzeiten weggeschaltet werden, sowie zur Klärung der Möglichkeiten für eine aus elektrizitätswirtschaftlichen Gründen angestrebte Wegschaltung von Direktheizsystemen während der Netzspitzen, spielt das thermische Verhalten der zu beheizenden Gebäude, vor allem ihre Wärmespeicherfähigkeit eine wesentliche Rolle. Weiters ist dieses Verhalten auch für die Quantifizierung der laut Pkt. 6.6 möglichen Heizenergieeinsparung durch Absenkung der Raumtemperaturen während der Nacht wesentlich. Letztlich werden auch die regeltechnischen Möglichkeiten eines Heizsystems von der thermischen Trägheit eines Gebäudes entscheidend mitbestimmt.

Nach der zunehmend angewandten Methode, solche Erwärmungs- bzw. Abkühlungsvorgänge angesichts der schwierigen alle Einflußgrößen berücksichtigenden mathematisch exakten Erfassung mit Hilfe von analogen elektrotechnischen Vorgängen einer experimentellen Behandlung zuzuführen, wurde erstmals von Czepek [52] mit Hilfe des Beukenmodells dieses Problem behandelt.

Dieses Modell fußt auf der Tatsache, daß rein mathematisch betrachtet die Gleichung für die instationäre Wärmeströmung identisch ist mit der Gleichung für die elektrische Strömung in einem Leiter mit verteilter Kapazität und verteiltem Widerstand (Telegraphengleichung). Praktisch ist jedoch das Verhältnis zwischen der im betreffenden Medium gespeicherten Wärmemenge zu der durchströmenden Wärmemenge von einer ganz anderen Größenordnung als das entsprechende Verhältnis bei der elektrischen Strömung. Die instationäre Wärmeströmung ist daher ein viel länger andauernder Vorgang als die elektrische Strömung, bei der die stationären Zustände in Bruchteilen von Sekunden erreicht werden, wodurch im elektrischen Modell über Stunden bzw. Tage sich hinziehende instationäre Wärmeströmungsvorgänge in kürzester Frist ablaufen können. Im Modell handelt es sich um einen geerdeten Gleichstromkreis, in dem die reziproken Werte der Wärmeleitfähigkeit durch elektrische Widerstände und die Wärmespeicherfähigkeit der Wand durch Kapazitäten ersetzt werden. Die Stromstärke entspricht dem stündlichen

Wärmebedarf Q_h und die angelegte Spannung der Temperaturdifferenz $\Delta\vartheta$. Für einen Versuchsraum mit einer 38 cm Ziegelwand (Außenwand) und 12 cm Ziegelwänden als Innenwände ergaben sich danach im Modellversuch die in Abb. 15 dargestellten Abhängigkeiten für die Heizenergieeinsparung bei Heizunterbrechungen.

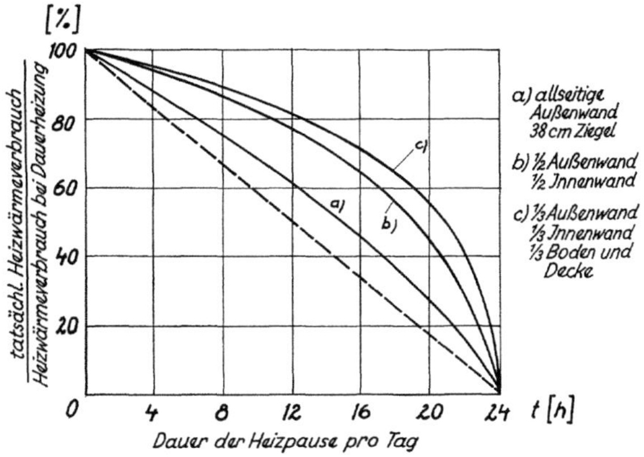

Abb. 15. Mögliche Heizenergieeinsparung in Abhängigkeit von der Dauer der Heizunterbrechung [52]

Abgesehen von der daraus ersichtlichen grundsätzlichen Einsparungsmöglichkeit durch Heizunterbrechung ergibt sich danach weiters:

Je länger die Heizunterbrechung ist, um so größer ist der Leistungsbedarf für das Wiederaufheizen. Die im Mauerwerk gespeicherte Wärme versucht nach Abschaltung der Heizung die Raumlufttemperatur aufrechtzuerhalten und strömt in den Raum ein, wodurch der Temperaturabfall gebremst wird. Insgesamt sinkt während dieser Zeit der Wärmeinhalt des Gebäudes durch den gleichzeitig nach außen erfolgten Verlust an Speicherwärme. Beim Wiederaufheizen muß die dem Gebäude entzogene Speicherwärme wieder zugeführt werden. Die eingesparte Heizwärme ergibt sich somit aus der Differenz zwischen dem während der Unterbrechungszeit zur Aufrechterhaltung der Raumtemperatur erforderlichen theoretischen Wärmebedarf und der inzwischen in den Raum eingeströmten Speicherwärme des Gebäudes. Beim Wiederaufheizen muß daher eine über die Dauerheizleistung hinausgehende Heizleistung vorhanden sein.

Allgemein folgt die Abnahme der gespeicherten Wärme ab Beginn der Heizunterbrechung einer negativen e-Potenz nach der allgemeinen Beziehung

$$Q_t = Q_a \cdot e^{\frac{-t}{T}}$$

wobei

Q_a = Wärmeinhalt des Gebäudes am Beginn der Heizunterbrechung (kcal)

Q_t = Wärmeinhalt des Gebäudes zur Zeit t (kcal)

T = thermische Zeitkonstante abhängig vom Wärmespeichervermögen des Gebäudes (h).

Wie auf Grund von Messungen und Untersuchungen festgestellt wurde, liegt die thermische Zeitkonstante für die Abkühlung von Gebäuden etwa bei folgenden Werten [53]:

	Zeitkonstante T
Moderner Leichtbau mit hohem Fensteranteil (z. B. Bürogebäude)	20 h
normaler Neubau	50 h
massiver Altbau	100 h

Danach ergibt sich der grundsätzliche Verlauf des Temperaturabfalles für verschiedene Zeitkonstanten in Abhängigkeit von der Dauer der Heizunterbrechung und der jeweiligen Außentemperatur gemäß Abb. 16.

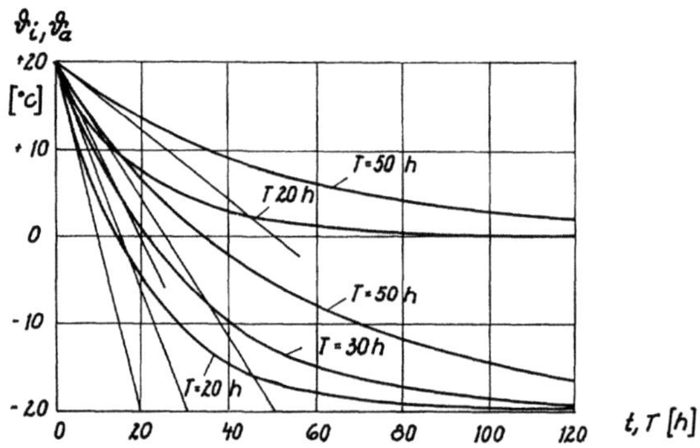

Abb. 16. Abkühlungskurven für Gebäude mit verschiedenen Zeitkonstanten bei verschiedenen Außentemperaturen [53]

Aus Abb. 16 folgt:

a) Die Temperaturabsenkung bei Heizunterbrechungen ist durch die Zeitkonstante des Gebäudes und damit von der Wärmespeicherfähigkeit, durch die Dauer der Heizunterbrechung und die jeweilige Außentemperatur bestimmt. Demnach sind bei höheren Außentemperaturen die absolut möglichen Temperaturabsenkungen geringer; vom Standpunkt der relativen Verminderung des Heizenergieverbrauches sind diese Zeitabschnitte aber von größerem Gewicht, da der weitaus größte Teil der Heizperiode mit Temperaturen über — 5 °C zu rechnen hat.

b) Die Regelfähigkeit eines bestimmten Heizsystems ist somit erheblich vom thermischen Verhalten des Gebäudes abhängig; d. h., daß selbst ein theoretisch völlig trägheitslos arbeitendes Heizsystem mit einer erheblichen Verlangsamung des Regelvorganges durch die thermische Trägheit der Gebäude rechnen muß, wobei jedoch Luftheizungssysteme, die eine schnelle Aufheizung der Raumluft bewirken, der erst eine langsame Aufheizung der Wände folgt, zwangsläufig eine geringere Regelträgheit aufweisen.

c) Kurzzeitige Heizunterbrechungen von etwa einer Stunde, wie sie z. B. zur Vermeidung von Belastungsspitzen durch elektrische Direktheizgeräte erforderlich werden können, wirken sich bei Gebäuden üblicher Bauart mit ausreichenden Zeitkonstanten nicht nennenswert aus.

d) Durch den Zusammenhang zwischen Dauer der Heizunterbrechung und möglicher Absenkung der Raumtemperatur sind in Gebäuden, die zufolge ihrer Benutzungsart lange Heizunterbrechungen gestatten, vor allem in einschichtigen Schulen relativ große, dagegen im Wohnungsbau nur wesentlich kleinere Heizenergieeinsparungen durch Temperaturabsenkung möglich.

Die Zeitkonstanten und damit das thermische Verhalten eines Gebäudes können weiters durch zusätzliche Wärmedämmung wesentlich beeinflußt werden. Bei einer innenliegenden Wärmedämmung wird die für das Mauerwerk maßgebende Temperaturdifferenz $\Delta\vartheta$ wesentlich verringert, da an der Wärmedämmschicht durch ihren hohen Wärmewiderstand ein stärkerer

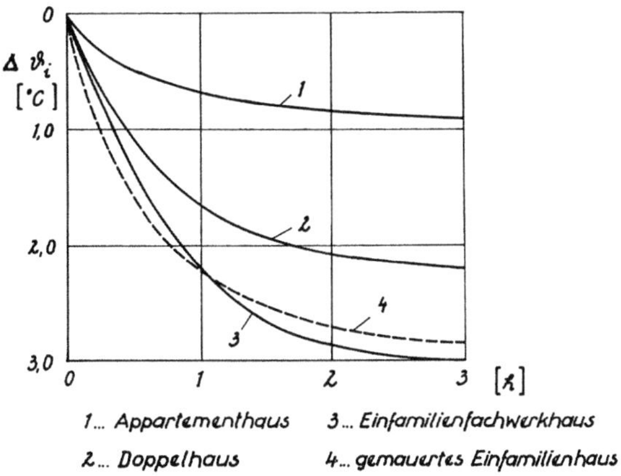

Abb. 17. Mittlerer Temperaturabfall ϑ_i während der Abschaltzeit einer Direktheizung gemessen in einer Höhe von 1,5 m im Wohnraum; Anfangsinnentemperatur + 22 °C, Außentemperaturen — 15 °C bis — 20 °C [54]

Temperaturabfall als im übrigen Mauerwerk auftritt. Die Gebäudemasse wird kaum verändert, wohl aber die im Mauerwerk gespeicherte Wärme. Für die Aufheiz- und Abkühlvorgänge ist gleichsam eine niedrigere Ausgangstemperatur maßgebend, das Einströmen von Speicherwärme in den Raum wird durch die Wärmedämmung gebremst. Aufheiz- und Abkühlvorgänge werden dadurch beschleunigt. Umgekehrt wird durch eine Wärmedämmung außen die Speicherwärme erhöht und der Ablauf der gegenständlichen Vorgänge verlangsamt.

Eine experimentelle Untersuchung dieser Zusammenhänge [54], die in Finnland durchgeführt wurde, bestätigt sehr gut diese theoretische Überlegungen. Danach wurde in Wohnungen in Ein- und Mehrfamilienhäusern, die mit direkter elektrischer Raumheizung ausgestattet waren, bei Außentemperaturen zwischen — 15 bis — 20 °C Messungen des Temperaturabfalles bei Heizunterbrechungen vorgenommen. Das Ergebnis zeigt Abb. 17.

Bemerkenswert ist weiters, daß nach [54] eine relativ geringe Leistungszufuhr während der nominellen Abschaltzeit den Temperaturabfall wesentlich herabsetzt.

Temperaturabfall in Einfamilienhäusern nach einer Abschaltung von 2 Stunden bei teilweiser Energiezufuhr [54]

Zugeführte Teilleistung [%]	Temperaturabfall [°C]
0	2,9
27	1,3
32	1,1

6.8 Physiologische Fragen der Raumheizung

Die nach einer der in Frage kommenden Berechnungsvorschriften ermittelte stündliche Wärmemenge die einem Raum geführt werden muß, wird bei richtiger Dimensionierung der Heizungsanlage nach außen hin den Wärmebedarf im Sinne der Herstellung des Wärmegleichgewichtes nach Pkt. 3.4 decken. Damit ist aber noch nicht sichergestellt, daß auch die Wärmebilanz des Bewohners und seiner Umgebung stimmt. Jeder Mensch gibt selbständig Wärme ab, wobei im Durchschnitt bei leichter Tätigkeit mit 100 kcal/h gerechnet werden kann. Bei schwerer körperlicher Tätigkeit steigt dieser Wert auf 200—300 kcal/h. Die Wärmeabgabe erfolgt hierbei bei einer Raumtemperatur von + 20 °C mit folgenden Anteilen:

43% durch Strahlung,
31% durch Konvektion,
22% durch Verdunstung,
4% durch Atmung.

Herrscht Zugluft, so wird die Verdunstung ebenso gefördert, wie bei sehr trockener Luft. In beiden Fällen kann trotz theoretisch richtig liegender Raumtemperatur ein unangenehmes Kältegefühl entstehen. Wenn sich die Verhältnisse durch Aufwärmung durch äußere Einflüsse verändern lassen, so können sie auch durch körperliche Arbeit, durch unterschiedliche Bekleidung usw. verändert werden [23]. Z. B. bewirkt die Isolationsfähigkeit von Textilgewebe mit eingeschlossener Luft bei normaler Bekleidung ein Temperaturgefälle von 5 bis 12 °C gegenüber der Raumtemperatur. Bei einer mittleren Hauttemperatur von 31,5 °C im Zustand der Behaglichkeit hat die Kleidung also eine Außentemperatur von 20 bzw. 26 °C. Legt man diesen Wert zugrunde, so läßt sich sowohl rechnerisch als auch experimentiell nachweisen, daß Behaglichkeit bei ausgeglichener Raumtemperatur, also Luft- und Wandtemperatur von 20 °C empfunden wird, aber auch bei höherer Wandtemperatur und niedrigerer Lufttemperatur bzw. umgekehrt. Auf diesen Beobachtungen beruht die physiologische Anwendbarkeit von Großoberflächenstrahlungsheizungen einerseits und Konvektionsheizungen andererseits, wobei das Reflektionsvermögen der Wände ein Grund dafür ist, daß auch punkt- oder linienförmige Strahlenkörper indirekt Bedingungen schaffen können, wie sie bei der Großoberflächenstrahlungsheizung gegeben sind (siehe Abb. 18).

Eine einfache und brauchbare Beziehung für die Bedingung der physiologischen Behaglichkeit gibt folgende Gleichung wieder:

$$\vartheta_L = 37\,°C - \vartheta_W.$$

Darin ist ϑ_L die Lufttemperatur, ϑ_W die mittlere Wandtemperatur, beide gemessen in °C.

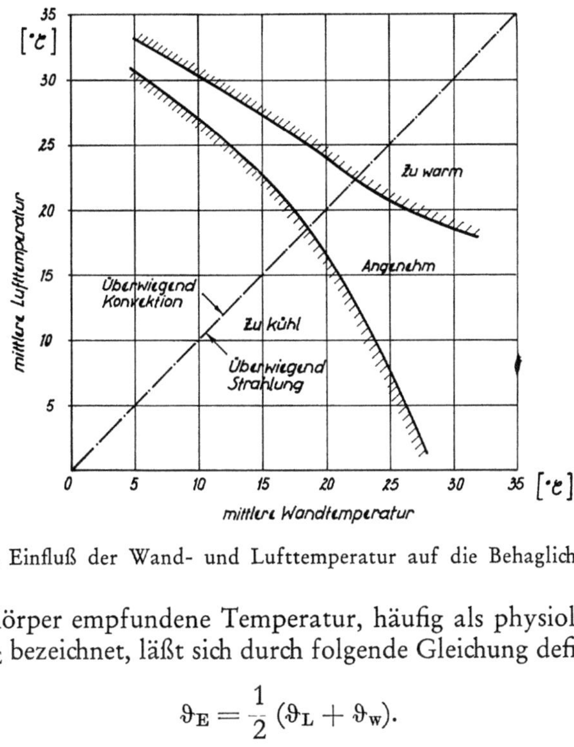

Abb. 18. Einfluß der Wand- und Lufttemperatur auf die Behaglichkeit [23]

Die vom Körper empfundene Temperatur, häufig als physiologische Raumtemperatur ϑ_E bezeichnet, läßt sich durch folgende Gleichung definieren:

$$\vartheta_E = \frac{1}{2}(\vartheta_L + \vartheta_W).$$

Sie sollte für normale Wohnräume 18 °C betragen. Mit zunehmendem Alter der Bewohner bzw. bei schlechter Konstitution muß der Wert etwas nach oben hinaufgesetzt werden.

Physiologisch gesehen kann eine gleichmäßige milde Wärmeabgabe von allen Umschließungsflächen eines Raumes her als optimale Lösung des Heizproblems angesehen werden [48]. In einem derart beheizten Raum würde der Strahlungsaustausch zwischen Bewohnern und Umschließungsflächen absolut gleichmäßig sein und bei entsprechender Regelfähigkeit der Anlage in beliebigem Maße verstärkt oder verringert werden können. Zugerscheinungen würden dadurch nicht auftreten. Je weiter man von diesem Idealzustand weg und zur punktförmigen Wärmequelle übergeht, um so ungünstiger werden die Verhältnisse. Die Großoberflächenheizung in Gestalt von Decken- oder Fußbodenheizungen kommt diesem Ideal am nächsten.

Neben der Temperatur ist die Intensität der Luftbewegung ein entscheidendes Kriterium für die Bewertung des Heizsystems. Es bilden sich je nach Heizsystem verschieden gerichtete und verschieden starke Luftströmungen aus, die auch trotz ausreichender Heizleistung als unangenehm empfunden werden können. Aus wärmehygienischen Gründen sollen daher waagrecht liegende Heizflächen in denen die Raumluft mit Staub in Berührung kommt im normalen Betrieb nicht heißer als etwa 55 °C werden, da bei 60—70 °C die Staubverschwelung beginnt. Weiters sollen dem Raum zugekehrte senkrechte Heizflächen mit glatter Oberfläche im Mittel nicht heißer als 80—90 °C, örtlich nicht heißer als 110—130 °C werden, wenn man damit rechnen muß, daß sich Menschen in der Nähe dieser Flächen aufhalten wie z. B. in Schulen.

7. Technologie und Anwendungsmöglichkeiten der Elektrospeicherheizung

7.1 Konstruktionsprinzipien; mögliche Speichermaterialien

Die Verwendung von Schwachlastenergie als Basis für die Raumheizung und Warmwasserbereitung forderte die Entwicklung von entsprechend wärmespeicherfähigen Geräten. Das klassische Beispiel bildet der Heißwasserspeicher, der in Ländern mit vorwiegend hydraulischer Stromerzeugung als Gerät zur jahresdurchgängigen Ausnützung des Schwachlastenenergiedargebotes schon seit Jahrzehnten eine wichtige Rolle spielt, wobei die Möglichkeit dort dafür aus den in Pkt. 9.1 erörterten Gründen wesentlich niedrigere Strompreise anbieten zu können als in Ländern mit thermischer Erzeugungsbasis, erheblich zur Verbreitung dieses Gerätes beitrug.

Demgegenüber hat aus den in Pkt. 5.1 dargelegten Gründen die Entwicklung der Speicherheizung wesentlich später eingesetzt, da sie viel stärker von der Kostenentwicklung der fossilen Brennstoffe abhängig war und der spezifische Energiebedarf mit allen seinen Konsequenzen für die Energiebereitstellung und -verteilung um ein Mehrfaches über dem der Heißwasserspeicher liegt. Grundsätzlich ist jedoch festzustellen, daß durch das Prinzip der Wärmespeicherung als Voraussetzung für die Nutzung von Schwachlastenergie sich eine außerordentlich enge Verflechtung zwischen Elektrizitätswirtschaft und Elektrogeräteindustrie einschließlich des zugehörigen Installationsgewerbes herausgebildet hat, wie sie kaum auf einem anderen Gebiet der Elektrizitätswirtschaft besteht. Praktisch mußte die gesamte Technologie dieser Speichergeräte auf die besonderen Erfordernisse der Schwachlastenergieanwendung abgestimmt werden. Daraus resultieren folgende für die Konstruktion von Speicherheizgeräten bestehende Grundforderungen:

a) Möglichst kleines Volumen und Gewicht der Wärmespeicher bei ausreichender, den jeweiligen Speicherladezeiten angepaßter Speicherfähigkeit,

b) möglichst gute Anpassung der Wärmeabgabe an den Wärmebedarf der Räume,

c) wettbewerbsfähige Gerätepreise.

Diese Forderungen bringen für die Hersteller beachtliche konstruktive Erschwernisse gegenüber der Konstruktion von Geräten, die eine unmittelbare Abgabe der zugeführten und in Wärme umgewandelten elektrischen Energie bewirken. Dazu galt lange Zeit hindurch die strikte Forderung einer Beschränkung auf die während der sogenannten Niedertarifzeiten verfügbare Schwachlastenergie, eine Forderung, der zum Teil orthodoxe Tarifauffassungen, zum Teil aber auch steuerungs- und meßtechnische Probleme zugrunde lagen. Durch die Entwicklung von Tonfrequenzrundsteueranlagen, die letzlich auch ausschließlich als Konsequenz der Schwachlastenergieanwendung angesehen werden müssen, verlieren diese Probleme zunehmend an Bedeutung, so daß je nach der Bereitschaft der einzelnen Versorgungsunternehmen, sich zu modernen, für sie vielleicht vorerst unbequemen Lösungen durchzuringen, auch die Inanspruchnahme von Tagesschwachlastzeiten in Frage kommt. Damit wurden aber auch die Weichen für eine Reihe neuer technologischer und steuerungstechnischer Varianten der Geräteentwicklung gestellt.

Sieht man von einigen mehr oder weniger gelungenen Experimenten mit Speicherofenkonstruktionen in den dreißiger Jahren ab, so kamen die ersten, praktisch brauchbaren Speicherheizgeräte in Österreich in den Nachkriegsjahren zum Einsatz. Um deren Konstruktion machten sich besonders die Veitscher Magnesitwerke verdient, indem sie eine Wärmedämmschicht zwischen Speicherblock und Ofenmantel als wesentliche Voraussetzung für eine gebremste Wärmeabgabe einführten. Als Folge dieser zufriedenstellenden konstruktiven Lösung waren in Österreich 1950 schon 30 000 kW und 1955 bereits 100 000 kW Speicherheizung angeschlossen, worunter sich bereits auch einige große, elektrisch beheizte Schulen befanden.

Wesentlich für die Realisierung der Speicherheizung war neben der vorhin erwähnten grundsätzlichen konstruktiven Lösung ein optimales Speichermedium. Aus der folgenden Tab. 19 sind die Zahlenwerte einiger als Speichermaterial in Frage kommender Stoffe ersichtlich, wobei die pro kW Anschlußwert nötige Speichermasse auf eine achtstündige Aufladezeit bezogen ist.

Tabelle 19. *Stoffwerte sowie Gewicht und Volumina verschiedener in Frage kommender Speichermassen pro Kilowatt Anschlußwert bei achtstündiger ununterbrochener Ladezeit* [55]

Stoffe	nutzbarer Temperaturbereich °C	nutzbare Temperaturdifferenz $\Delta\vartheta$ °C	spez. Wärme c_p $\frac{\text{kcal}}{°\text{C kg}}$	spez. Gewicht γ kg/dm³	$c_p \cdot \Delta\vartheta$ kcal/kg	pro kW Anschlußwert nötige Speichermasse: in Gewicht kg/kW	pro kW Anschlußwert nötige Speichermasse: in Volumen dm³/kW
Feuerfester Beton	600 ... 100	500	0,21	2,2	105	65	29
Schwerschamotte	600 ... 100	500	0,22	2,0	110	63	28
Olivin/Speckstein	600 ... 100	500	0,25	2,6	125	55	21
Alucrodon	600 ... 100	500	0,24	2,9	120	58	20
Wasser	95 ... 45	50	1,0	1,0	50	138	138
Magnesit	650 ... 80	570	0,27	2,95	154	45	15
Gußeisen	650 ... 120	530	0,13	7,25	60	115	15
Öl	300 ... 120	180	0,65	0,6	117	59	98
Salz	500 ... 140	360	0,45	1,8	237	29	16

Die Werte der Tab. 19 liefern jedoch noch keine endgültige Aussage, da nicht nur die spezifische Wärme und das spezifische Gewicht, sondern auch die Wärmeleitfähigkeit eines Materials wegen der Notwendigkeit, die gespeicherte Wärme innerhalb der Entladezeit wieder voll abzugeben, eine wichtige Rolle spielt. Nach Gröber [55] wird dieses Zusammenwirken der Stoffkonstanten als Wärmespeicherfähigkeit

$$W_{Sp} = \sqrt{\gamma \cdot c_p \cdot \lambda} \qquad \begin{aligned} c_p &= \text{spezifische Wärme (kcal/kg} \cdot \text{grd)} \\ \lambda &= \text{spezifische Wärmeleitfähigkeit (kcal/m} \cdot \text{h} \cdot \text{grd)} \\ \gamma &= \text{spezifisches Gewicht (kg/dm}^3\text{)} \end{aligned}$$

definiert.

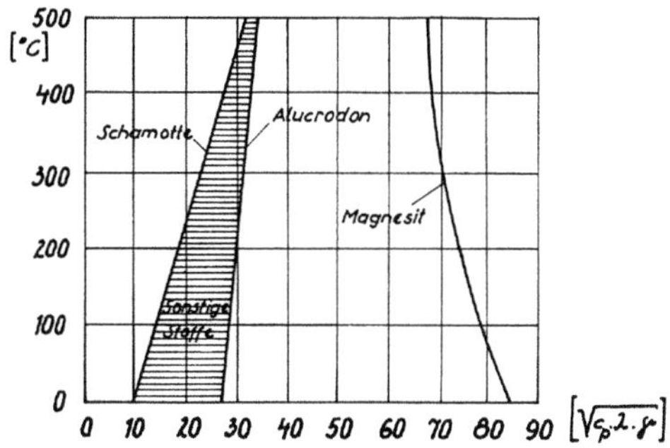

Abb. 19. Wärmespeicherfähigkeit W_{sp} verschiedener Speichermaterialien [55]

Die Abb. 19 zeigt die Abhängigkeit von W_{Sp} von der Temperatur für die wichtigsten in Frage kommenden Stoffe [55]; der in der Abbildung schraffierte Bereich umfaßt alle wesentlichen Materialien, wobei die Grenzkurven dem Schamotte bzw. dem Alucrodon entsprechen. Magnesit liegt hingegen völlig außerhalb dieses Bereiches und erweist sich eindeutig als optimaler Speicherwerkstoff, mit dem kleinsten Speichergewicht und dem kleinsten Speichervolumen. Interessant ist ferner die gegenläufige Charakteristik der Wärmeleitfähigkeit des Magnesits: Verdoppelung der Wärmeleitfähigkeit bei niedrigen Temperaturen. Da die Abkühlung von der Temperaturdifferenz und der Wärmeleitfähigkeit abhängig ist, fällt es daher viel leichter den Magnesitblock möglichst tief abzukühlen und damit das nutzbare Wärmegefälle auf ein Optimum zu bringen.

Für Zentralspeicher (Blockspeicher) wird neben Magnesit in großem Umfang auch Wasser als Speichermedium verwendet. Trotz seines dreifachen Gewichtes und zehnfachen Volumens gegenüber Magnesit besitzt es gewisse wirtschaftliche und auch technologische Vorteile. Abgesehen von seinen vernachlässigbaren Anschaffungskosten bedarf es einer viel geringeren Wärmedämmung, da die maximale Speichertemperatur 110 °C nicht übersteigt. Als weiteres aussichtsreiches Speichermaterial für Zentralspeicher sind auch Gußeisen und Salze anzusehen. Wie aus Tab. 19 ersichtlich liegen beide Materialien in bezug auf das nötige Speichervolumen gleich wie Magnesit.

7.2 Bauarten von Einzelspeicheröfen; Regelbarkeit der Wärmeabgabe

Nach dem heutigen Entwicklungsstand werden nach der Art der Wärmeabgabe und deren Regelungsmöglichkeit drei Bauarten von Wärmespeicheröfen unterschieden:

Bauart I

Speicheröfen mit Wärmeabgabe ausschließlich über die Oberfläche durch Strahlung und natürliche Konvektion.

Bauart II

Speicheröfen mit Wärmeabgabe überwiegend über die Oberfläche und zusätzlich durch natürliche oder erzwungene Konvektion. Dies kann durch Luftkanäle im Speicherkern oder durch Luftführung um den Speicherkern erfolgen. Die Steuerung erfolgt händisch mittels Klappen, welche die Luftkanäle bei Bedarf öffnen und damit eine zusätzliche Wärmeabgabe ermöglichen.

Bauart III

Speicheröfen mit noch geringerer Wärmeabgabe von der Oberfläche und erzwungener Konvektion mittels eingebauten Lüftern, welche über Luftkanäle im oder um den Speicherkern bei Bedarf die Wärme dem Gerät entziehen. Durch Steuerung dieser Lüfter über Raumthermostate kann eine optimale Anpassung der Wärmeabgabe an die geforderten Temperaturverhältnisse erreicht werden.

Aus Abb. 20 sind in schematischer Darstellung die kennzeichnenden Unterschiede dieser drei Gerätetypen ersichtlich.

Kennzeichnend ist vor allem die von Bauart I zu Bauart III zunehmende Stärke der Wärmedämmung entsprechend der Verringerung der natürlichen Wärmeabgabe über die Oberfläche.

Während die Entwicklung der Speicherheizung in den fünfziger Jahren vornehmlich durch die Geräte der Bauart I und II bestimmt wurde, brachte Anfang der sechziger Jahre die Entwicklung des Speicherofens der Bauart III durch seine Regelbarkeit der Wärmeabgabe mittels dynamischer Entladung durch die eingebauten Lüfter den entscheidenden Fortschritt. Aus einem Vergleich der Auflade- und Entladekurven der Systeme I und III ist diese somit geschaffene Regelmöglichkeit der Wärmeabgabe deutlich zu erkennen (Abb. 21).

Man sieht daraus das grundsätzlich andere Verhalten des Ventilatorspeicherofens — geringere Wärmeabgabe während der Aufladung und damit erhöhter Wärmeinhalt zu Beginn der Entladung — sowie regelfähige Abgabe in Form einer genauen Anpassung an den tatsächlichen Wärmebedarf des Raumes durch beliebige Kombination der statischen mit den beiden dynamischen Entladekurven, wobei diese Kombination durch eine raumtemperaturabhängige Steuerung des Ventilators bewirkt wird. Charakteristisch ist ferner für den Ventilatorspeicherofen ein wesentlich höherer Restwärmeinhalt um 22 Uhr, der bei ausschließlich statischer Entladung, bedingt durch die erwähnte mögliche Wärmedämmung, etwa 50% erreicht und Anlaß zu einer unnötigen Erhöhung der Kerntemperatur beim nächsten Aufladezyklus geben kann, womit sowohl während der Nacht als auch während des Tages eine zusätzliche statische Entladung erfolgt, die über die Erfordernisse der Raumtemperatur hinausgeht. Es ist daher durch entsprechende Aufladeregelung eine Erfassung dieses Restwärmeinhaltes nötig und als steuerungstechnische Folge eine entsprechende Verkürzung der Aufladezeit in der folgenden Nacht.

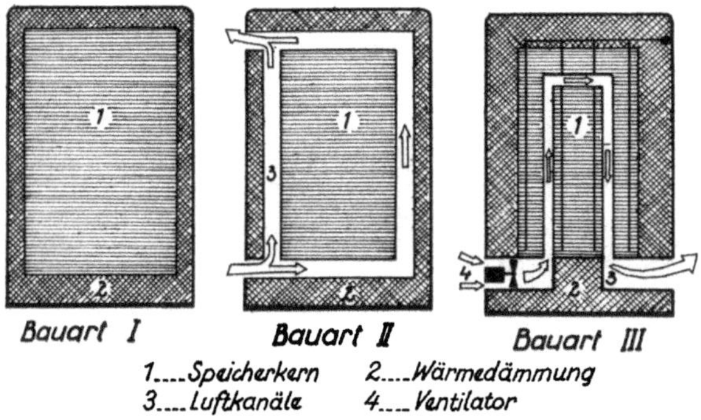

Abb. 20. Schematische Darstellung der üblichen Speicherofenbauarten

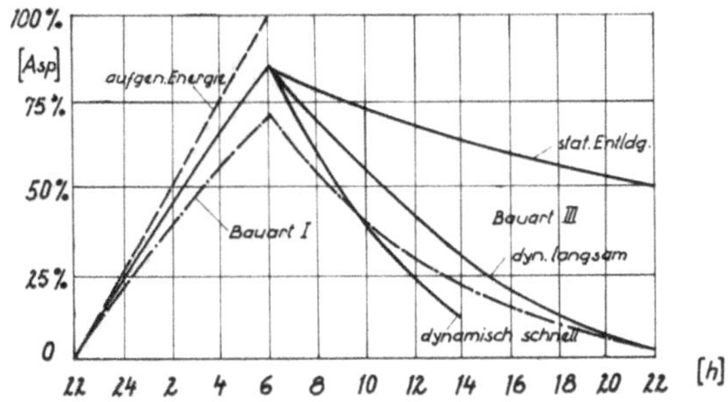

Abb. 21. Auflade- und Entladekurven von Speicheröfen mit dynamischer und statischer Aufladung

Abgesehen von der somit gegebenen Regelfähigkeit der Wärmeabgabe wird durch den Speicherofen der Bauart III auch das Hauptproblem gelöst, das bei jedem Speicherofen mit ausschließlicher statischer Entladung gegeben ist. Bei statischer Entladung folgt die Abnahme des Wärmeinhaltes der üblichen Beziehung für Abkühlungsvorgänge

$$Q = Q_a \cdot e^{-\frac{t}{T}}$$

Q_a = Anfangswärmeinhalt [kcal]
Q = jeweiliger Wärmeinhalt [kcal]
T = thermische Zeitkonstante des Gerätes [h].

Für die spezifische Änderung des Wärmeinhaltes nach der Zeit ergibt sich

$$\frac{dQ}{dt} = -\frac{Qa}{T} \cdot e^{-\frac{t}{T}}$$

somit der gleiche Kurvenverlauf. Daraus folgt, daß die pro Zeiteinheit abgegebene Wärmemenge im Laufe des Tages abnimmt, wodurch die Forderung nach einer konstanten Raumtemperatur mit einem ausschließlich statischen Speichergerät kaum realisiert werden kann. Die gegen den Speicherofen mit ausschließlich statischer Entladung vorgebrachten Einwendungen wegen unzureichender Wärmedarbietung gegen Ende der Entladezeit und Überheizung am Beginn sind somit nicht durch die absoluten Wärmeeinhaltswerte begründet, sondern durch die relative Änderung der zeitbezogenen Wärmeabgabe.

Abb. 22. Gegenüberstellung eines Speichergerätes aus dem Jahre 1965 und aus dem Jahre 1973 (gleiche Typenleistung), Werkfoto: Witte, Heiztechnik Perger, Wien

Der Speicherofen der Bauart III hat sich durch seine regeltechnischen Vorzüge zu dem nahezu ausschließlich verwendeten Gerät für Einzelspeicherheizungsanlagen entwickelt. Durch konsequente Verbesserung und Einsatz hochwertiger Wärmedämmstoffe ist es möglich geworden sowohl Volumen als auch Gewicht der Geräte entscheidend zu verringern, wie die folgende Gegenüberstellung (Abb. 22) zeigt.

Danach konnten im Laufe der Entwicklung das spezifische Gewicht und das spezifische Volumen eines 6-kW-Speichergerätes der Bauart III wie folgt verringert werden:

	1965	1973
Gewicht	340 kg	278 kg
Volumen	362 dm^3	209 dm^3

Neben der Grundforderung nach möglichst niedrigem Leistungsgewicht und kleinen Geräteabmessungen ergeben sich bei den Geräten der Bauart III beträchtliche konstruktive Probleme aus der Gestaltung der Luftführung durch den Speicherkern und deren Regelung, vor allem in Hinblick auf eine ausreichende Wärmeausbringung bei möglichst niedrigem Luftgeräusch. Verwendet werden für die dynamische Entladung fast ausschließlich Tangentialgebläse, die Luftleistungen erreichen je nach Gerätetyp und Lüfterstufe 70—200 m^3/h, während die Betriebsgeräusche einen Wert von 35 dB nicht überschreiten dürfen.

Als Heizelemente werden Heizleiter auf Keramikträgern, direkt im Speichermaterial eingebettete Heizleiter und Rohrheizkörper verwendet. Wegen der geforderten langen Lebensdauer werden an die Qualität des Materials hohe Anforderungen gestellt. Dies gilt genauso für die Regel- und Schaltorgane, die in den Geräten für die Einschaltung, für die Temperaturbegrenzung des Speicherkerns, die Temperaturregelung, die Restwärmeerfassung und für die Entladesteuerung benötigt werden.

7.3 Zentralspeicherheizung mit keramischen Blockspeichern

Die Anwendung der Elektrospeicherheizung für die Beheizung von Turnsälen in Schulen sowie von Versammlungssälen usw. machte sehr bald die Entwicklung von Großwärmespeichern erforderlich [56]. Die Praxis erwies nämlich, daß eine Beherrschung der Isothermen in Räumen mit einer lichten Höhe oberhalb 7 m unter Anwendung von Einzelspeicherheizgeräten mit einem geringen Schallpegel (normale Gebläsestufe) nicht möglich ist. Aus diesem Grunde wurde um 1960 in Deutschland mit der Entwicklung bzw. der Anwendung von Großwärmespeichersystemen begonnen, die an folgende Heizsysteme angeschlossen werden können:

Warmluftheizungen,
kombinierte Heizungs- und Lüftungssysteme,
Warmwasserzentralheizungen,
Klimasysteme.

Der Warmluftblockspeicher ist aus dem Speicherheizungsgerät mit dynamischer Entladung entwickelt. Er wird als Wärmeerzeuger in ein Warmluftheizungssystem nach Abb. 23 eingegliedert. Die Aufstellung erfolgt entweder in der Heizzentrale oder in einem getrennten Heizungskeller. Der Speicherkern, für den meist Magnesit oder Olivin verwendet wird, ist von einer starken Wärmedämmschicht umgeben, durch welche die statische Entladung möglichst niedrig gehalten werden soll. Die Luftführung durch den Speicherkern erfolgt direkt über das Speichermaterial ohne Zwischenschaltung eines Wärmetauschers in Verbindung mit einem entweder eingebauten oder als geregelte Beimischklappe getrennt sitzenden Bypaß. Die statische Wärmeabgabe, die bei 15—20% liegt, bedingt eine Luftführung über den Blockraum, um diese Wärmeabgabe entsprechend nutzbar zu machen. Die maximale Speichertemperatur liegt bei etwa 600—650 °C.

Die Konstruktion der Warmluftblockspeicher erfolgt zum überwiegenden Teil nach einem Baukastensystem (Abb. 24), wobei die Typenreihen nach Anschlußwerten gestaffelt sind. Durch Parallelschalten können beliebige Anschlußleistungen von 30 kW bis 500 kW erreicht werden.

Die Entwicklung von Luftheizungssystemen auf dieser Basis ist in ständigem Zunehmen begriffen. Sie stellen für die Turnsäle von elektrisch beheizten

Schulen bereits eine Art Standardlösung dar. Im Jahre 1969 waren in Deutschland bereits 2000 solcher Anlagen mit einem Anschlußwert von 200 MW in Betrieb.

Für die Ermittlung des Anschlußwertes von Blockspeichern gelten prinzipiell gleichartige Überlegungen wie für die Dimensionierung von Einzelspeicherheizgeräten (Pkt. 6.3), jedoch ergänzt um die aus dem Luftwärmebedarf bzw. der geforderten Luftwechselzahl pro Stunde herzuleitenden Rechnungsgrößen [56].

Die gesamte vom Speicherblock zu liefernde tägliche Wärmemenge setzt sich zusammen aus:

Anheizwärmebedarf $Q_A = Q_h' \cdot t_A$ [kcal],
Fortheizwärmebedarf $Q_H = Q_h \cdot t_H$ [kcal],
Lüftungswärmebedarf $Q_L = V \cdot (\vartheta_i - \vartheta_a) \cdot \gamma \cdot c_p(t_A + t_H) \cdot LW$ [kcal],

wobei V die Kubatur des zu beheizenden Raumes und LW die geforderte Luftwechselzahl ist.

Für die Betriebsweise der Anlage sind maßgebend:

Ladezeit t_{sp},
Standzeit t_{st} (bis zum Beginn der Entladung),
Anheizzeit t_A (bis zum Erreichen der geforderten Raumtemperatur ϑ_i),
Heizzeit t_H (Benutzungszeit der Räume).

Zusammen mit der gesamten Verlustwärme Q_v aus Ladeverlust, Standverlust, Wärmeverlust im Kanal usw. ergibt sich die vom Speicherblock aufzubringende tägliche Wärmemenge mit:

$$\Sigma Q_d = Q_A + Q_H + Q_L + Q_v \text{ [kcal]}.$$

Die Speicherblockleistung ergibt sich daraus mit:

$$N_{sp} = \frac{\Sigma Q_d}{t_{sp} \cdot 860} \text{ [kW]}.$$

Außer keramischen Blockspeichern sind auch Feststoffspeicher auf Basis von Gußeisen und Salz entwickelt worden. Der Gußeisenspeicher besteht aus einem Gußeisenblock, in dem senkrechte röhrenförmige Hohlräume angeordnet sind, die durch ein Rohrsystem mit einem Wärmetauscher verbunden sind. Die Entspeicherung geschieht dadurch, daß in den Hohlräumen des Blockes Wasser verdampft, und zwar was besonders bemerkenswert ist, selbstregelnd in Abhängigkeit von der Wärmeanforderung im Wärmetauscher. Der Dampf gibt seinen Wärmeinhalt über den Wärmetauscher an das sekundäre Verteilungssystem ab und gelangt als Kondensat wieder in die heißen Verdampferrohre. Dabei kondensiert der in den Rohren vorhandene Dampf teilweise, der Dampfdruck fällt und das Wasser in den Rohren steigt wieder.

Bei Salzspeichern wird der Umstand ausgenützt, daß einige Salze bei den Temperaturen im Bereich von 300 K bis 500 K ihren Aggregatzustand ändern. Bei der Aufspeicherung wird dadurch zusätzlich latente Wärme frei und bei diesem System entsprechend ausgenutzt. Die Ankoppelung des Speichers an das Wärmeverteilnetz erfolgt über einen Wärmeaustauscher.

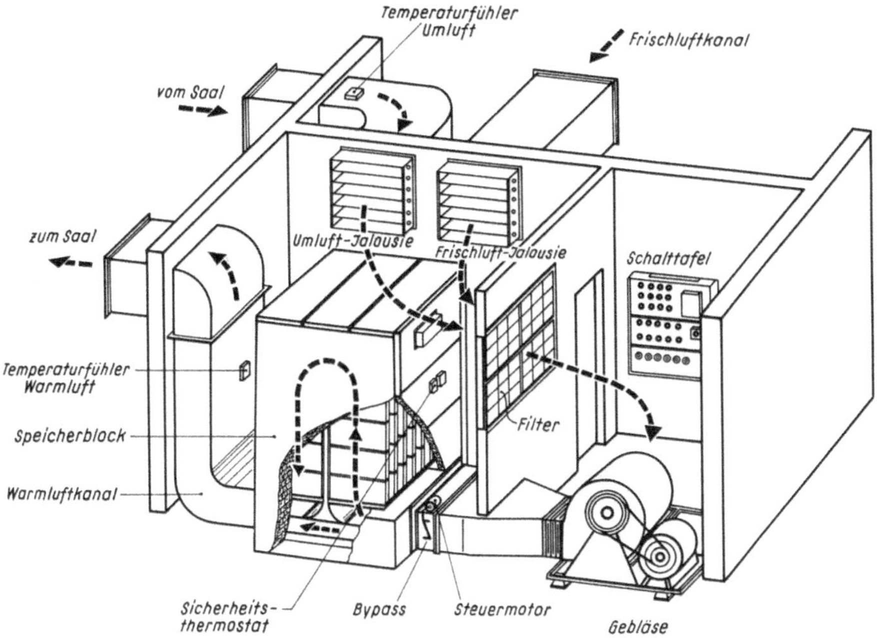

Abb. 23. Keramischer Blockspeicher in einem Warmluftheizungssystem

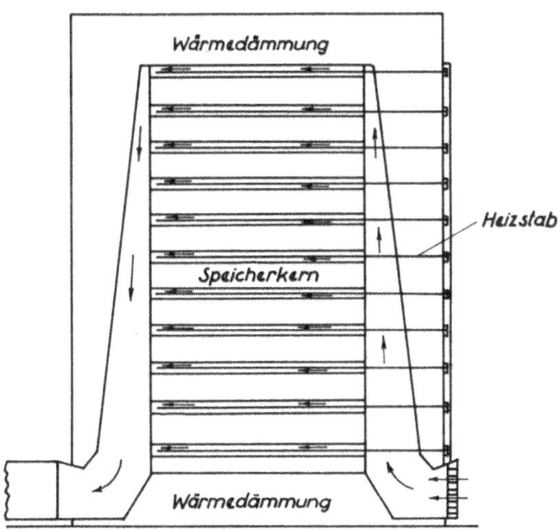

Abb. 24. Schema eines Warmluftblockspeichers mit keramischem Speicherkern, aufgebaut nach dem Baukastenprinzip

7.4 Elektrospeicherheizung für Warmwasserzentralheizungen

Die Preisentwicklung zwischen fossilen Brennstoffen und Nachtstrom sowie das zunehmende Komfortbedürfnis gibt in immer stärkerem Ausmaß Anlaß zur Umstellung von Warmwasserzentralheizungsanlagen auf Speicherheizungsbetrieb. Grundsätzlich ist aber festzustellen, daß der Nutzungsgrad der elektrischen Energie, die für solche Anlagen eingesetzt wird, wesentlich niedriger ist als bei den Einzelspeicherheizungen bzw. bei der Luftheizung mit keramischen Blockspeichern, da der Verteilungs- und Regelungsnutzungsgrad des Warmwasserzentralheizungssystems sowie die Wärmeverluste über die Speicheroberflächen die gesamte Energiebilanz belasten. Nach Pkt. 3.2 bzw. Pkt. 3.42 ergibt sich dadurch für das Warmwasserzentralheizungssystem ein Nutzungsgrad von 0,75 gegenüber 0,95 beim Einzelspeichersystem. Es muß daher durch sorgfältige Planung der spezifischen Betriebsweise eines Warmwasserzentralspeichersystems angepaßte Planung der Regeleinrichtungen gegebenenfalls auch durch nachträgliche Aufteilung des Systems auf mehrere gesondert geregelte Heizungsstränge versucht werden, diese Nachteile zu reduzieren. Dazu gehört auch eine gute Wärmedämmung der Speicher sowie allenfalls auch die Verbesserung der Wärmedämmung des Objektes selbst. Sehr vorteilhaft ist auch die Verwendung von sogenannten Thermokonvektoren als Heizkörper an Stelle herkömmlicher Radiatoren. Thermokonvektoren zeichnen sich durch geringen Wasserinhalt aus, haben geringes Gewicht und sprechen dadurch auf Temperatureinflüsse schnell an, womit ein beachtlicher regeltechnischer Vorteil gegeben ist.

Die hauptsächlich verwendete technische Lösungsmöglichkeit besteht im Ersatz des Heizungskessels durch einen Elektrodurchlauferhitzer, dem ein entsprechend dimensionierter, gut wärmeisolierter Warmwasserspeicher parallel geschaltet wird. Dem Nachteil des großen Volumens solcher Speicher infolge der niedrigen nutzbaren Temperaturdifferenz (40—60 °C, siehe auch Tab. 19) steht ihre Einfachheit und der geringe Aufwand für eine Wärmedämmung gegenüber. Aus Gründen der Leistungsabstufung und des Transportes besteht ein derartiger Zentralspeicher meist aus mehreren einzelnen Speicherbehältern. Die Ankopplung an das Heizsystem erfolgt direkt, d. h. ohne Zwischenschaltung von Wärmeaustauschern. Zur Vorlauftemperaturregelung wird ein Dreiwegmischventil eingebaut. Mittels einer Ladepumpe wird das im Durchflußkessel erwärmte Speicherwasser in den Speicherbehälter gedrückt, kann jedoch auch während der Ladezeitfreigabe unmittelbar über den Dreiwegmischer in das Heizsystem strömen. Hierdurch ergibt sich der Vorteil, daß unmittelbar nach der Ladezeitfreigabe auch bei entladenen Speichern sofort die notwendige maximale Vorlauftemperatur wieder ansteht.

Für kleinere Anlagen, vor allem für Ein- und Zweifamilienhäuser, werden Durchflußkessel, Ladepumpe, Schalt- und Regeleinrichtungen zu einer Kompakteinheit zusammengefaßt und von den Herstellern vormontiert geliefert. Diese Einheit enthält meist auch einen Speicher für das Brauchwasser. Für derartige Objekte werden bei einem Wärmebedarf von 10 000 bis 40 000 kcal/h Speichergrößen zwischen 3 und 7 m^3 benötigt. Bei Großanlagen, etwa ab 300 kW Speicherleistung, werden aus Kostengründen meist an Stelle der Durchlauferhitzer Elektrodenkessel, die eine größere Konzentration der Heizleistung ermöglichen, verwendet. In diesen Kesseln bildet das Wasser selbst das Widerstandselement und erwärmt sich durch direkten Stromfluß zwischen den Elektroden. Die Größe des Heizwiderstandes hängt von der Art und Menge der im Wasser gelösten Salze ab, so daß eine entsprechende

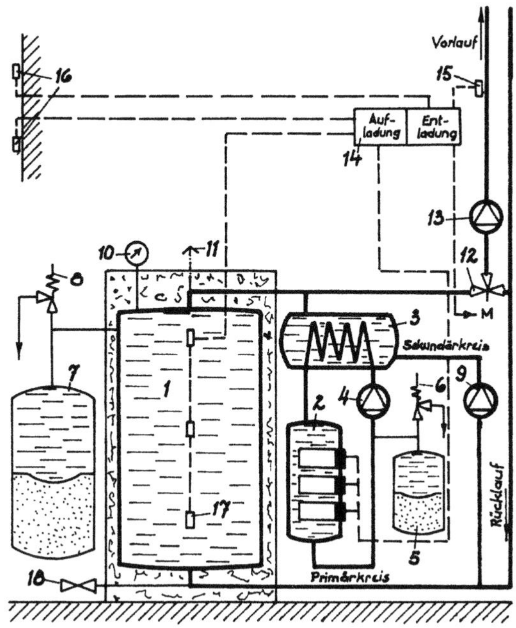

Abb. 25. Schema einer Warmwasserzentralheizung mit Elektrodenkessel und Wärmetauscher [57]

1 Elektro-Zentralspeicher; 2 Elektroden-Durchlauferhitzer; 3 Wärmetauscher; 4 Umwälzpumpe, Primärkreis; 5 Membran-Ausd. Gef., Primärkreis; 6 Sicherheitsventil, Primärkreis; 7 Membran-Ausd. Gef., Sekundärkreis; 8 Sicherheitsventil, Sekundärkreis; 9 Ladepumpe; 10 Manometer; 11 Entlüftungsventil; 12 Motormischventil (Dreiwege); 13 Umwälzpumpe (Netz); 14 Auf- und Entladeautomatik; 15 Vorlauffühler; 16 Witterungsfühler; 17 Restwärmefühler; 18 Füll- und Entleerungsventil

Wasseraufbereitung nötig ist. Die Leistungsregelung erfolgt stufenweise durch Veränderung des Elektrodenabstandes mittels Stellmotor.

Zur Ankopplung an das Heizsystem ist in Hinblick auf das aufzubereitende Wasser ein Wärmeaustauscher nötig. Das Schaltschema einer solchen Anlage [57] mit Unterteilung in den Primärkreis für den Elektrodenkessel und den Sekundärkreis für das eigentliche Heizsystem zeigt Abb. 25. Zu beachten ist ferner die notwendige Installation von Ausdehnungsgefäßen, die dem mit der Temperatur veränderlichen Volumen des Speicherwassers Rechnung tragen.

Von großer Bedeutung für den wirtschaftlichen Betrieb ist eine außentemperaturabhängige Aufladeregelung mit Speicherrestwärmeerfassung, wodurch jeweils nur die gerade benötigte Wärmemenge eingespeichert wird und die Wärmeverluste über die Speicheroberfläche verringert werden. Dazu gehört ferner eine außentemperaturabhängige Entladeregelung, die kombiniert mit einer raumtemperaturabhängigen (Pilotraum) Regelung auf das Dreiwegmischventil nach Abb. 25 wirkt.

Für die Dimensionierung solcher Anlagen sind folgende Größen maßgebend:

Maximaler stündlicher Wärmbedarf Q_h; wird der Q_h-Wert nach DIN 4701 ermittelt, dann ist nach [57] für den maximalen täglichen Wärmebedarf Q_d unter Berücksichtigung abgesenkten Betriebes in der Nacht die Annahme von 11 Vollastbetriebsstunden (t_B) zur Berechnung des täglichen Wärmebedarfs ausreichend;

Speicherladezeit t_{sp} einschließlich allfälliger Tagesnachladezeiten (Pkt. 7.5);

Maximale Temperaturdifferenz $\Delta\vartheta$ zwischen der maximalen Wassertemperatur im Speicher und der Rücklauftemperatur des Heizsystems (maximal 50 °C);

Wirkungsgrad η_{sp} (0,9—0,95), welcher die Abstrahlungsverluste von der Speicheroberfläche berücksichtigt, soweit sie nicht zur Deckung des Nutzwärmebedarfes verwendet werden können;

Regelungswirkungsgrad η_r (0,8—0,85) und Verteilungswirkungsgrad η_v (0,95) des nachgeschalteten Warmwasserheizungssystems.

Danach ergibt sich die erforderliche Speicherleistung N_{sp} mit

$$N_{sp} = \frac{Q_h \cdot t_B}{860 \cdot t_{sp} \cdot \eta_r \cdot \eta_{sp} \cdot \eta_r} \text{ [kW]}$$

und das erforderliche Speichervolumen V_{sp} zu

$$V_{sp} = \frac{Q_h \cdot t_B \cdot 10^{-3}}{c_p \cdot \Delta\vartheta \cdot \eta_{sp} \cdot \eta_r \cdot \eta_v} \text{ [t] bzw. für Wasser [m}^3\text{].}$$

Hinsichtlich des Speichervolumens ist zu beachten, daß nicht der gesamte tägliche Wärmebedarf über den Speicher umgesetzt wird, sondern daß parallel zur Speicherladung ein Direktheizbetrieb stattfindet, der während der Nacht meist reduziert ist. Dieser Effekt kommt in der niedrigen Vollaststundenzahl zum Ausdruck.

Ein danach aufgebautes Nomogramm [57] für die Dimensionierung solcher Anlagen bis zu einem Wärmebedarf von 50 000 kcal/h zeigt Abb. 26. Es berücksichtigt auch die Möglichkeit einer Tagnachladung nach Pkt. 7.5, kann jedoch nicht für die Dimensionierung von Teilspeicherheizungen nach Pkt. 7.6 verwendet werden.

Als weitere, allerdings wenig angewandte Lösung kommt für die Umstellung bestehender Warmwasserzentralheizungsanlagen auch ein keramischer Blockspeicher in Frage. Gegenüber Blockspeichern für Warmluftheizungen ist hier jedoch eine modifizierte Luftführung nötig. Es ist eine geschlossene Luftführung über den Speicherkern und den nachgeschalteten Luft/Wasserwärmeaustauscher vorzusehen. Die statische Wärmeabgabe des Speicherblockes kann in diesem Falle nicht in Nutzwärme umgewandelt werden, womit der Nutzungsgrad wesentlich verschlechtert wird. Das ganze System ist weiters wie bei Pkt. 7.41 durch den Verteilungswirkungsgrad und Regelungswirkungsgrad des Warmwasserheizungssystems belastet, so daß insgesamt der Energieaufwand um 30—40% höher liegt, als bei vergleichbaren Anlagen mit Einzelspeichergeräten.

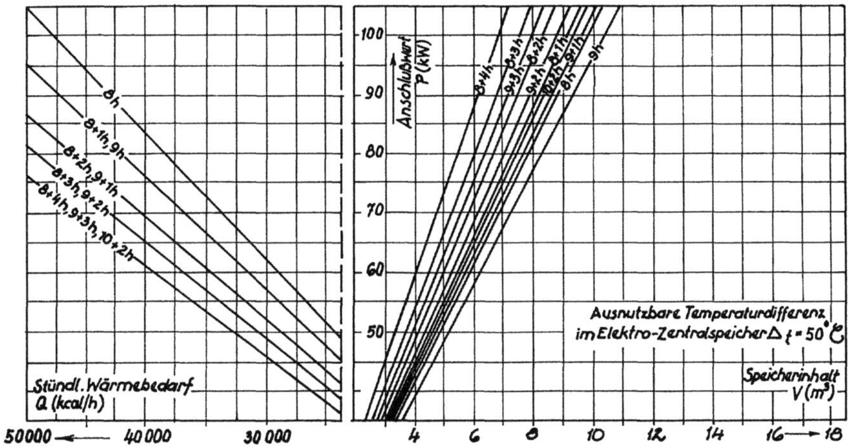

Abb. 26. Nomogramm zur Dimensionierung von Elektrozentralspeichern von Warmwasserheizungen [57]

7.5 Speicherheizungen mit Tagesnachladung oder Zusatzdirektheizung; Mischheizspeicher

Wie in Pkt. 6.5 dargelegt, kann auf Grund des geringen Energieinhaltes der Heizspitzen die erforderliche Speicherleistung durch Inanspruchnahme von Tagesschwachlastenergie wesentlich verringert und damit sowohl Anschlußleistung, als auch Anlagekosten eingespart werden.

Für die Realisierung dieser Möglichkeit bestehen drei Varianten:

a) Verwendung von Speicherheizgeräten der Bauart III, die während der Tagesschwachlastzeiten nachgeladen werden. Gemäß Tab. 17 können sie dementsprechend in Abhängigkeit von der Dauer dieser Nachladezeit kleiner dimensioniert werden. Dadurch nehmen die Anlagekosten einer Heizungsanlage, die mit Speichergeräten der Bauart III ausgestattet ist, zunächst etwa proportional mit dem durch die Nachladung verringerten Speicherfaktor ab. Bei längeren Nachladezeiten wird diese Anlagenkostensenkung durch den nötigen Übergang zu kleineren Geräten mit höheren spezifischen kW-Kosten stark gebremst, da eine Verringerung des Speicherfaktors den Einsatz kleinerer Gerätetypen bedingt. Deren spezifische Kosten sind aber bedingt durch den an sich gleichbleibenden Konstruktionsaufwand, dem nur ein verringertes Speichervolumen gegenübersteht, höher (siehe auch Pkt. 14.6, Abb. 76). Es zeichnet sich daher eine wirtschaftliche Grenze auch in Hinblick auf die thermische Zeitkonstante der Geräte bei einer Nachladezeit von etwa drei bis vier Stunden ab.

b) Verwendung von Speicherheizgeräten der Bauart I (statische Speicher) mit reduzierter Speicherleistung und Deckung des Spitzenwärmebedarfes durch eingebaute Direktheizkörper, sogenannte Mischheizspeichergeräte [58]. Den prinzipiellen Aufbau eines solchen Gerätes zeigt Abb. 27. Der Betrieb dieser Direktheizkörper ist während der Netzspitzenzeiten gesperrt und im übrigen gegen den Speicher verriegelt. Die Direktheizung hat zugleich die Feinregelung der Raumtemperatur zu übernehmen.

Um eine rasche Wirkung der Zusatzheizung zu erzielen, ist der in dem Gerät eingebaute Direktheizkörper mit einem Tangentiallüfter ausgestattet,

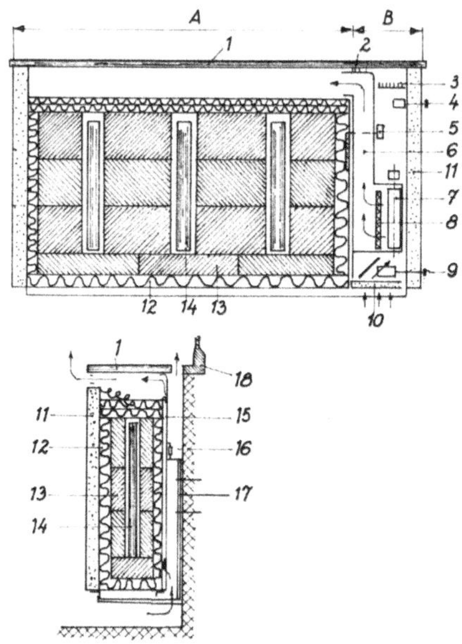

Abb. 27. Aufbau eines Mischheizspeichergerätes, System Mantel [58]
A Speicherteil; B Direktheizteil mit Installationseinheit; 1 Abdeckung; 2 und 5 Übertemperatur-Schutz für Warmluft und Speicher; 3 Anschlußklemmen; 4 Schalter für A und B; 6 Warmluftkanal; 7 Kleinlüfter; 8 Direktheizkörper; 9 Raumthermostat; 10 Luftfilter; 11 Kachelverkleidung; 12 Wärmedämmung; 13 Speichermaterial; 14 Speicherheizkörper; 15 Rückwandentlüftung; 16 Kippsicherung; 17 Tragkonsole; 18 Fensterrahmen

um die natürliche Zirkulation zu verstärken. Der Raumthermostat ist im Ansaugteil eingebaut und kann daher sehr genau reagieren.

Die Speicherleistung dieser Geräte wird im allgemeinen für 70% des Q_h-Wertes und die Direktheizung für 30% davon dimensioniert, so daß Direktheizleistungen von 1 bis 2 kW benötigt werden. Der Anteil des auf die Hochtarifzeit entfallenden Heizstromverbrauches liegt bei 5—10%.

Diese Geräte, die elektrizitätswirtschaftlich gesehen sich sehr günstig in die Belastungscharakteristik einfügen und auch wärmetechnisch eine durchaus zweckmäßige Lösung darstellen, sind besonders in der Schweiz gebräuchlich.

Für die Bemessung des Direktheizanteiles N_{Dir} gilt die Wärmebilanz am kältesten Tag

$$N_{sp}' \cdot t_{sp} + N_{Dir} \cdot t_{Dir} = N_{sp} \, t_{sp}.$$

Dabei entspricht N_{sp} der Leistung einer Vollspeicherheizung, N_{sp}' der reduzierten Speicherleistung und t_{Dir} der Benutzungszeit des Direktheizanteiles. N_{Dir} ergibt sich danach mit

$$N_{Dir} = \frac{(N_{sp} - N_{sp}') \cdot t_{sp}}{t_{Dir}}.$$

Daraus ist ersichtlich, daß im Gegensatz zum Fall a), wo die Nachladeleistung zwangsläufig der verringerten Speicherleistung N_{sp}' entspricht, eine wirtschaftliche Auslegung des Direktheizanteiles im Sinne kleinerer Leistungen nur bei entsprechend langem t_{Dir} (mindestens 6—8 Tagesstunden) möglich ist.

c) Eine prinzipiell gleichartige Lösung, ergibt sich für die Zentralspeicherheizung nach Pkt. 7.3 durch Reduzierung der Wärmespeicherkapazität durch Tagesnachladung der keramischen Speicherblöcke oder der Warmwasserspeicher, wobei in diesem Fall auch parallel ein Direktheizbetrieb des Durchlauferhitzers bzw. des Elektrodenkessels während der Nachladezeit erfolgt.

Die Lösung mit direkter Zusatzheizung muß bei der Fußbodenspeicherheizung (Pkt. 7.6) zwangsläufig angewendet werden, da mit Rücksicht auf die zulässige Fußbodentemperatur eine Fußbodenspeicherheizung nicht als Vollspeicherheizung ausgebildet werden kann und eine Speichernachladung mangels Regelfähigkeit der Wärmeabgabe nicht sinnvoll wäre.

Wesentlich ist aber bei allen genannten Systemen, daß sie durch Reduzierung der Speicherleistung eine Senkung der Investitionskosten und eine kleinere Leistungsbereitstellung anstreben, wobei aber der Vorteil eines weitgehenden Betriebes mit Schwachlastenergie und damit niedriger Betriebskosten möglichst gewahrt bleiben soll.

7.6 Fußbodenspeicherheizung

Als Sonderfall der Speicherheizung bietet die Fußbodenheizung ein vom Standpunkt des Heizkomforts sehr günstiges Heizsystem. Es wird eine nahezu ideale vertikale Verteilung der Lufttemperatur im Raum erreicht. Aus hygienischen Gründen muß die Fußbodenoberflächentemperatur auf 26 °C begrenzt werden, womit auch die maximale Wärmeabgabe mit 55 kcal/h m² festgelegt ist. Da diese Wärmeabgabe auch bei gut wärmegedämmter Bauweise den Wärmebedarf eines Raumes bei Auslegungstemperatur nicht decken kann, ist eine direkte Zusatzheizung nötig. Diese Zusatzheizung dient gleichzeitig auch der Ausregelung der Raumtemperatur, da die Wärmeabgabe einer Fußbodenspeicherheizung ähnlich einem Speicherheizgerät der Bauart I nach beendeter Aufladung nicht geregelt werden kann. Der Anschlußwert der Zusatzheizung beträgt etwa 15—30% des Anschlußwertes der Fußbodenheizung, wobei der auf die Zusatzheizung entfallende Stromverbrauch nur etwa 10% des gesamten Heizstromverbrauches erreicht.

Den grundsätzlichen Aufbau einer Fußbodenspeicherheizung zeigt Abb. 28. Die Speicherfähigkeit einer Fußbodenspeicherheizung ist abhängig von der Stärke des Speicherkerns — die Estrichstärke beträgt etwa 6—8 cm — vom Fußbodenbelag und von der nutzbaren Temperaturdifferenz des Speicherkerns

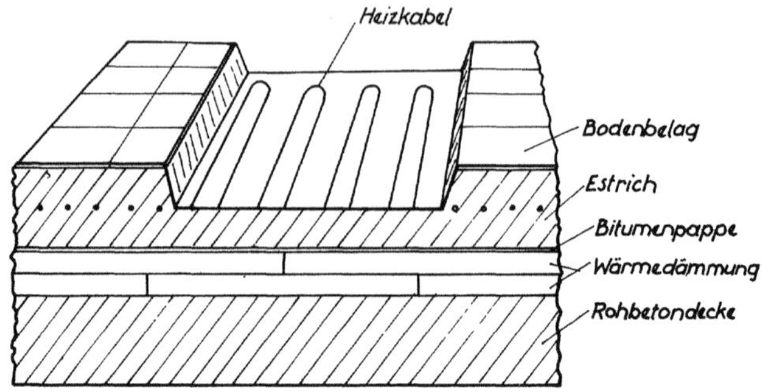

Abb. 28. Grundsätzlicher Aufbau einer Fußbodenspeicherheizung

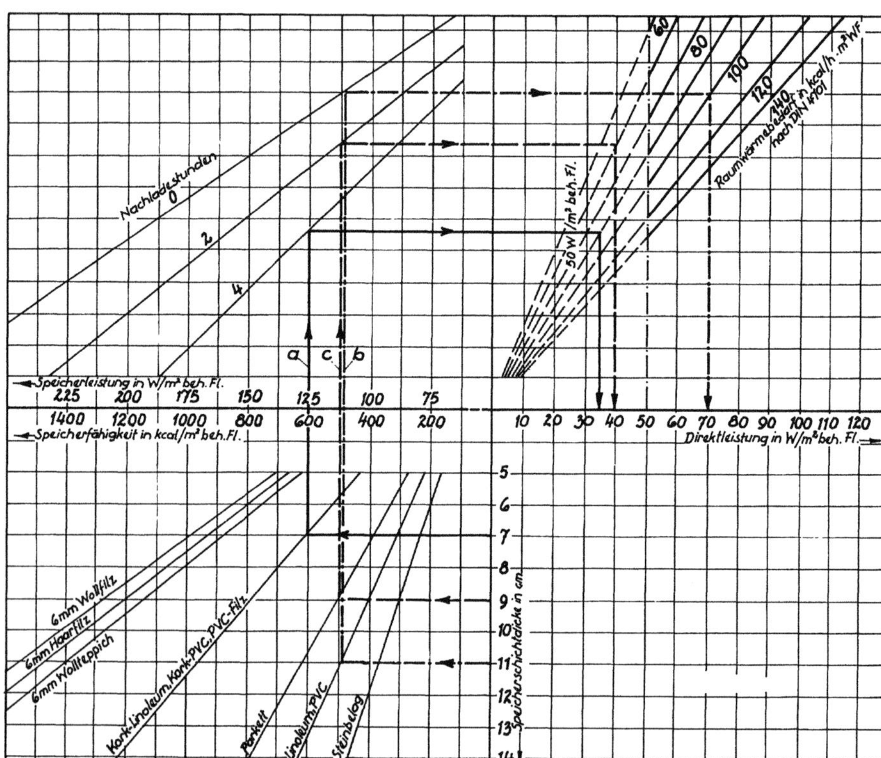

Abb. 29. Nomogramm zur Dimensionierung von Fußbodenspeicherheizungen [59]

zur Umgebung. Als Dimensionierungsgrundlage für die Speicherleistung und für die Zusatzheizung in Abhängigkeit von der Ladedauer, der Speicherschicht, der Speicherschichtdicke und der Art des Fußbodenbelages kann das Nomogramm der Abb. 29 dienen [59].

Vom Standpunkt der Baudurchführung wird unterschieden zwischen der Naßeinbettung und der Trockenbaumontage. Bei der Naßeinbettung werden in den als Speichermasse ausgebildeten Estrich die Heizkabel unmittelbar eingebracht. Beim Trockenbauverfahren werden vorgefertigte Speicherplatten in die Rillen zur Heizleiteraufnahme eingepreßt und unmittelbar auf die Wärmedämmung verlegt.

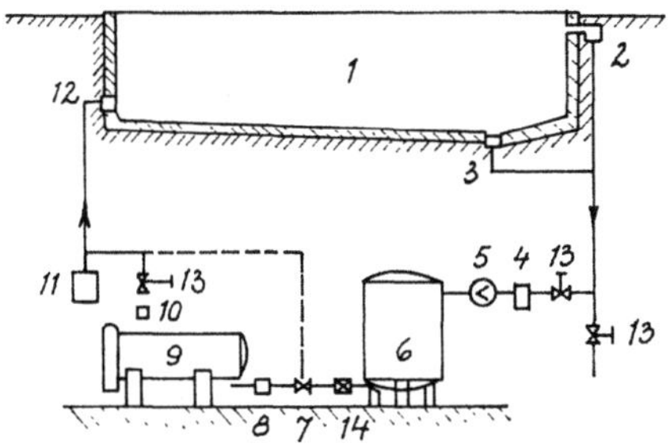

Abb. 30. Schema eines mit Elektrodurchlauferhitzer beheizten Freibades
1 Schwimmbecken; 2 Überlaufrinne; 3 Bodenablauf; 4 Faserfänger; 5 Umwälzpumpe; 6 Filteranlage; 7 Umlenkschieber; 8 Regelthermostat; 9 elektrischer Durchlauferhitzer; 10 Sicherheitsthermostat; 11 Chlorzugabe; 12 Beckeneinlauf; 13 Absperrschieber; 14 Rückschlagventil

7.7 Elektrospeicherheizung für Freibäder

Eine spezielle, sehr vorteilhafte Anwendungsmöglichkeit für die Speicherheizung besteht in der Temperierung von Freibädern. Da das Schwimmbeckenwasser als Ganzes als Wärmespeicher dient, ist lediglich der Einbau eines Durchlauferhitzers bzw. bei großen Freibädern eines Elektrodenkessels mit entsprechendem Wärmeaustauscher, ähnlich wie bei der Zentralspeicherheizung nach Pkt. 7.4 erforderlich. Da es sich um eine auf das Sommerhalbjahr beschränkte Heizung handelt, können dafür auch niedrigere Strompreise als für die Raumheizung angeboten werden. Die schematische Darstellung einer Schwimmbadanlage mit Elektrodurchlauferhitzer zeigt Abb. 30.

Die Steuerung der Aufheizung während der Niedertarifzeit besorgt im allgemeinen ein Regelthermostat, welcher im Zulauf zum Durchlauferhitzer oder im oberen Teil des Beckens eingebaut wird. Wird bei großen Bädern ein Elektrodenkessel erforderlich, so ist ein Wärmeaustauscher zur Ankoppelung an den Wasserkreislauf erforderlich.

Für die Ermittlung der benötigten Heizleistung eines Freibades gibt das Nomogramm der Abb. 31 [60] entsprechende Richtwerte in Abhängigkeit von der Dauer der Niedertarifzeit (Schwachlastzeit) und vom Beckeninhalt in m³ an. Weiters kann daraus der voraussichtliche Stromverbrauch für eine durchschnittliche Badesaison von 135 Tagen abgelesen werden. Unterstellt ist hierbei eine maximal nötige Anhebung der natürlichen Wassertemperatur um 3 °C, ein Wert, der sowohl zu Beginn als auch am Ende der Badesaison nicht überschritten wird. Eine wesentliche Verlängerung der Badesaison bewirkt naturgemäß eine überproportionale Anhebung des Heizenergieverbrauches (siehe auch Pkt. 16.2, Abb. 91). Im Mittel kann mit einem Stromverbrauch von 1,6 kWh/m³ Beckeninhalt und Badetag gerechnet werden, wobei Wassertemperaturen zwischen 22 und 24 °C vorausgesetzt sind. Der Energieverbrauch für die erste Aufheizung bei Saisonbeginn ist darin berücksichtigt.

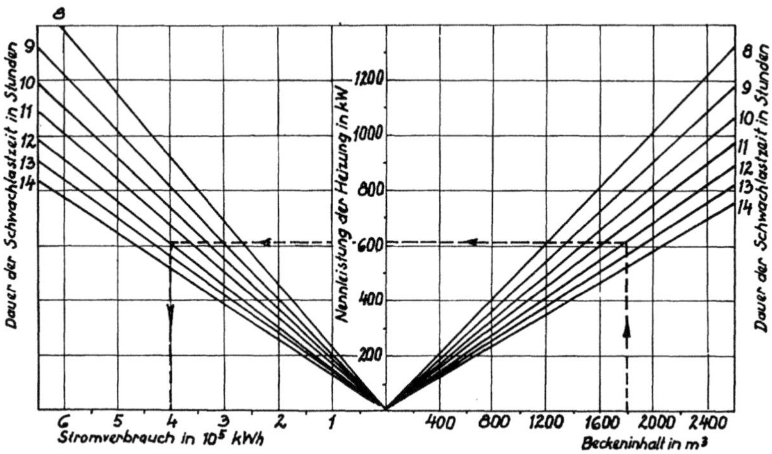

Abb. 31. Nomogramm zur Bemessung der Heizleistung von Freibädern [60]

Die elektrisch beheizten Freibäder haben sich sehr bewährt, so daß für diese Anwendungsart der Speicherheizung gute Aussichten bestehen. Eine starke Konkurrenz ergibt sich hier allerdings durch die Heizmöglichkeit mittels Wärmepumpe bei großen Freibädern (siehe Pkt. 16.2), so daß die Widerstandsheizung in erster Linie für kleine und mittlere Anlagen zur Anwendung gelangen dürfte.

7.8 Teilspeicherheizungssysteme und Heizsysteme mit auf die Netzspitzenzeiten beschränkten Betriebsunterbrechungen

7.81 Allgemeine Gesichtspunkte zur Teilspeicherheizung

Bei Weiterentwicklung der Überlegungen, die zur Speicherheizung mit Tagesnachladung oder zum sogenannten Mischheizungsspeicher nach Pkt. 7.5 führen, gelangt man schließlich zu Heizsystemen, die unter möglichst genauer Anpassung an den Verlauf des Belastungsdiagrammes nur noch während der Netzspitzenzeiten weggeschaltet werden. Die Problemstellung kehrt sich sozusagen um, und man erhält eine direkte Heizung mit Speicherung während der Netzspitzenzeiten. Die benötigten Anschlußleistungen sinken dadurch weiter und erreichen fast die Größenordnung einer direkten Heizung. Gleichzeitig sinken auch die Investitionskosten.

In technologischer Sicht bestehen hier eine Reihe von Möglichkeiten, wobei auch das thermische Verhalten der zu beheizenden Gebäude als Sekundärspeicher mit in Betracht gezogen werden kann. Allgemein formuliert handelt es sich um Heizsysteme, deren Speicher so ausgelegt wird, daß er mehrmals während eines 24stündigen Intervalls geladen und während der Netzspitzenzeiten wieder entladen wird, wobei als längster Speicherinterwall im allgemeinen die Niedertarifzeit mit 6—9 Stunden zur Verfügung steht, die aber infolge reduzierter Speichergröße nicht mehr voll ausgenützt wird. Derartige Geräte bzw. Heizsysteme werden als Teilspeicherheizungen bzw. als Kurzzeitspeicher bezeichnet.

Grundsätzlich ist die Teilspeicherheizung somit dadurch gekennzeichnet, daß sie zum Unterschied von der Vollspeicherheizung mit oder ohne Tagesnachladung bzw. Direktzusatzheizung nur in verringertem Maß eine Verlagerung des Energieverbrauches vom Tag auf die Nacht erreichen kann. Je kleiner der Speicher wird, um so größer wird der Tagstromanteil und die Betriebskosten werden je nach Relation zwischen Tagstrompreis zu Nachtstrompreis höher. Steuertechnisch liegt hier ein besonderes Problem vor, als dafür gesorgt sein muß, daß die Speicher zu Beginn der Sperrzeiten unabhängig von der thermostatischen Raumtemperatursteuerung vollgeladen sind, um während der Sperrzeiten ausreichend Wärme zur Verfügung zu haben.

Entscheidend für die technologische Gestaltung von Teilspeicherheizungen ist die vom Energielieferanten vorgegebene Dauer der sogenannten Sperrzeiten während welcher die Energiezufuhr unterbrochen wird. Je kürzer die Abschaltzeiten sind, um so kleiner können die zur Überbrückung der Sperrzeiten erforderlichen Speicher sein. Im Zusammenhang damit kann auch die Speicherfähigkeit des zu beheizenden Hauses selbst mit herangezogen werden (siehe Pkt. 14.5). Eine Möglichkeit, die, wie ausgeführte Anlagen zeigen, durchaus realistisch ist und lediglich eine angemessene thermische Zeitkonstante des Gebäudes voraussetzt (siehe Pkt. 6.7).

7.82 Teilspeicher bzw. Kurzzeitspeicherheizsysteme

Für die Teilspeicherheizung bestehen im einzelnen dazu folgende technische Möglichkeiten:

a) Verwendung von Speicherheizgeräten der Bauart III, die für eine drei- bis vierstündige Ladezeit ausgelegt werden; da Aufladung und Entladung rasch hintereinander folgen, kann die Entladung nicht vorwiegend dynamisch erfolgen, sondern es ist hier ein höherer statischer Anteil, d. h. eine geringere Wärmedämmung der Geräte nötig. Entsprechend konstruierte Geräte befinden sich bereits in einzelnen Anlagen im Einsatz.

b) Bei Zentralspeicheranlagen mit Feststoffspeicherblöcken wird das Speichervolumen entsprechend reduziert, so daß letztlich der Speicherblock nur noch als Überbrückung der Sperrzeiten fungiert, wobei verschiedene Zwischenlösungen punkto Speicherdimensionierung möglich sind. Insbesondere ist hier, da es sich um Luftheizungsanlagen handelt und somit die Raumtemperaturregelung ausschließlich über die Temperatur der Zuluft erfolgt, trotz kleinem Speichervolumen außerhalb der Hochwinterzeit eine starke Verlagerung des Energieverbrauches auf die Niedertarifzeit möglich, wozu aber entsprechende steuerungstechnische Maßnahmen erforderlich sind.

In gleicher Weise gilt dies auch für die Warmwasserzentralspeicherheizung, bei der es, wie die Erfahrungen zeigen [32], trotz relativ kleiner Speichergrößen möglich ist, eine weitgehende Verlagerung des Energieverbrauches auf die Niedertarifzeit bzw. auf die Nachtzeit zu erreichen. Vom Standpunkt der Dimensionierung erfordert jedoch die Berücksichtigung von mehr als einer Nachladezeit eine sorgfältige Nachrechnung der täglichen Wärmeaufbringung und Wärmeabgabe, da andernfalls zu große Speichervolumina errechnet werden.

Es ist davon auszugehen, daß der Wärmebedarf eines jeden durch Lade- und Entladedauer bestimmten Zeitintervalls während der jeweiligen Ladezeit vom Elektrokessel aufgebracht werden muß, wobei während der Ladezeit ein Teil der erzeugten Wärme der Heizungsanlage direkt und der andere Teil dem Wärmespeicher zugeführt wird. Maßgebend für die Auslegung des Speicherbehälters ist nun die längste auf ein Ladeintervall folgende Entladezeit, wobei jedoch die volle zur Verfügung stehende Temperaturdifferenz nur zwischen Ende und Anfang der Nachtladezeit voll ausgenützt werden kann.

c) Verwendung von Direktheizgeräten mit geringer Speicherfähigkeit, die eine etwa 24stündige Wegschaltung der Geräte während der Spitzenzeiten ermöglichen. Diese Geräte werden auch als Kurzzeitspeicher oder Pendelspeicher bezeichnet.

Bei den ersten derartigen auf den Markt gebrachten Geräten (System Siemens) handelt es sich im Prinzip um Kleinspeichergeräte der Bauart II mit einer vom Raumthermostat gesteuerten Luftklappe, wodurch je nach Klappenstellung eine mehr oder weniger starke Entladung des Speichers bewirkt wird. Während der Freigabezeiten steuert der Raumthermostat die Heizwiderstände des Gerätes unmittelbar. Gegenüber einem einfachen Direktheizgerät liegt durch die wesentlich aufwendigere Konstruktion der Gerätepreis relativ hoch, so daß der Vorteil niederer Anlagekosten weitgehend entfällt.

8. Aufladeregelung und Laststeuerung von Elektrospeicherheizungen

8.1 Aufladeregelungen für Elektrospeicherheizungen aus der Sicht des Benutzers

Die Entwicklung der Elektrospeicherheizung löste zwangsläufig eine Reihe relativ komplizierter steuerungs- und regeltechnische Fragen aus, da nicht nur das Interesse des Betreibers solcher Anlagen an einem möglichst wirtschaftlichen und komfortablen Betrieb, sondern auch das Interesse der Stromlieferungsunternehmen eine gute Anpassung des Belastungsganges an die verfügbaren Erzeugungs- und Übertragungskapazitäten zu erreichen, zu berücksichtigen sind. Vom Standpunkt des Benutzers handelt es sich um die Forderung nach einer möglichst weitgehenden Regelmöglichkeit der Wärmeabgabe nach Maßgabe der nach dem Verlauf der Außentemperatur sich ändernden Temperaturdifferenz gegenüber der jeweils gewünschten Innenraumtemperatur. Wie in Pkt. 7.2 dargelegt, kann dieser Forderung durch die Speicherheizgeräte mit kombinierter dynamischer und statischer Entladung (Bauart III) sowie durch die Mischheizspeichergeräte (Pkt. 7.5) weitgehendst entsprochen werden, sofern neben der thermostatisch geregelten Entladung für eine außentemperaturabhängige Aufladung der Geräte mit jeweiliger Erfassung der in den Geräten vom Vortrag allenfalls noch verbliebenen Restwärme gesorgt ist. Damit werden vor allem Wärmeverluste durch unnötige statische Entladung als Folge einer Überladung der Geräte vermieden. Für die Lösung dieses Problems bieten sich eine Reihe von Möglichkeiten an, die von einer einfachen Handsteuerung bis zur vollautomatischen Regelung reichen.

8.11 Handsteuerungen

Bei Handsteuerungen bleibt es dem Benutzer überlassen nach eigener Schätzung des für den kommenden Tag zu erwartenden Wärmebedarfes die Aufladung der Geräte in der vorhergehenden Nacht entsprechend einzustellen. Es steht außer Zweifel, daß eine solche Handsteuerung keine optimalen Ergebnisse bringen kann. Doch zeigen die Erfahrungen, daß damit bei entsprechender Sorgfalt in Anlagen mit nur wenig Speichergeräten befriedigende Ergebnisse erzielt werden können. Es bestehen folgende Möglichkeiten:

a) Leistungssteuerung

Sie wurde am Beginn der Entwicklung der Speicherheizung nahezu ausschließlich verwendet. Danach ist die Leistungsaufnahme der Geräte in mehreren Stufen durch einen am Gerät angebrachten Schalter regelbar, wobei meist drei Leistungsstufen vorgesehen werden. Wesentlich ist hierbei, daß das Gerät dadurch während der gesamten für die Aufladung freigegebenen Zeit mit der betreffenden Leistungsstufe eingeschaltet bleibt.

b) Kerntemperatursteuerung

Die Wärmeaufnahme der Speichergeräte wird durch eine Begrenzung der Ladezeit in Abhängigkeit von der erreichten Kerntemperatur geregelt. In der einfachsten Form wird mit einem Thermostat im Speichergerät die Kerntemperatur erfaßt und dem Bi-Metall des Aufladereglers zugeführt. Durch die stufenlos veränderbare Einstellung des Bi-Metalles kann ein beliebiger Soll-Wert vorgegeben werden, bei dessen Erreichen der Thermoschütz im Speichergerät abschaltet. Eine allenfalls vorhandene Restwärme im Gerät wird damit automatisch erfaßt.

Dem Grund nach handelt es sich dabei um das gleiche Regelungsprinzip wie bei den Warmwasserspeichern nur mit dem Unterschied, daß der Soll-Wert der gewünschten Kerntemperatur und damit die Aufladung des Gerätes nach Schätzung des Benutzers verändert werden kann, während beim Warmwasserspeicher dieser Soll-Wert durch die gewünschte Warmwassertemperatur für ständig festgelegt wird.

c) Ladedauersteuerung

In einer Anlage mit mehreren Speichergeräten wäre eine händische Anpassung jedes Gerätes an die jeweilige Außentemperatur ziemlich umständlich. In diesem Fall kann ein Handzeitschalter eingesetzt werden, an dem die erforderliche Ladedauer für die kommende Nacht, z. B. nach Maßgabe einer Außentemperaturtabelle händisch für die ganze Anlage vorgegeben wird. Der Zeitschalter wirkt auf den Hauptschütz der ganzen Anlage, der gleichzeitig auch der Tarifschütz sein kann. Die Kerntemperaturregler in den einzelnen Geräten sind in diesem Fall auf Vollaufladung einzustellen, sofern nicht zur Anpassung eines Gerätes an spezielle Raumtemperaturverhältnisse eine dauernde verringerte Einstellung des Soll-Wertes nötig ist. Eine Restwärmeerfassung ist damit nur insofern möglich, als die Aufladeregler bei Ausnützung der vollen tariflich vorgegebenen Ladezeit, bei Vorhandensein von Restwärme wohl früher abschalten, dagegen nicht bei kürzerer, durch den Zeitschalter bestimmten Ladedauer. Da diese Zeitschalter so konstruiert sind, daß sie das Ende der Aufladezeit mit 6 Uhr morgens festlegen und die Ladezeit von rückwärts her bestimmen, ergibt sich eine günstige Einfügung in das Belastungstal (siehe Abb. 32).

8.12 Automatische Aufladeregelung

Wird die Ladedauer von der Außentemperatur und von der in den Geräten jeweils vorhandenen Restwärme derart abhängig gemacht, daß damit der Soll-Wert der Kerntemperatur festgelegt wird, so erhält man eine automatische Aufladeregelung. Das Prinzipschaltbild einer solchen Regelung zeigt Abb. 33.

Zur Erfassung der Außentemperatur dienen Wetterfühler entweder in Form thermischer Modelle oder als temperaturabhängige Widerstände (NTC-Widerstände). Zur Erfassung der Kerntemperatur in den Speichergeräten werden Kapillar-Thermostate verwendet, die es gestatten im Interesse einer möglichst unverzögerten Erfassung der richtigen Kerntemperatur nahe am Speicherkern

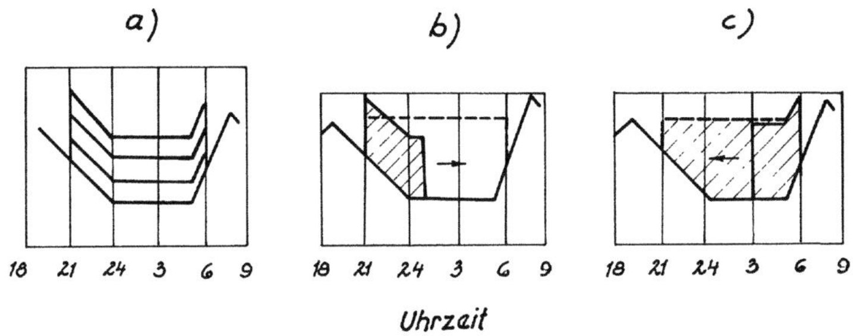

Abb. 32. Einfügung der Speicherheizlast in das Belastungstal bei Leistungssteuerung (a), Kerntemperatursteuerung (b) und Ladedauersteuerung (c)

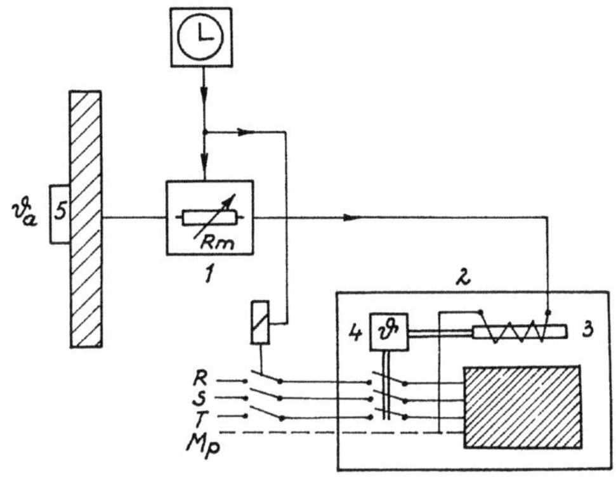

Abb. 33. Wirkungsschema einer automatischen Aufladeregelung mit Erfassung der Außentemperatur und der Restwärme jedes Speicherheizgerätes einer Anlage
1 Steuergerät; 2 Speicherheizgerät; 3 Heizwiderstand am Temperaturfühler des Aufladereglers im Speicherheizgerät; 4 Aufladeregler im Speicherheizgerät; 5 Witterungsfühler; R_m manuell verstellbarer Widerstand für die Justierung der gewünschten Heizstärke

zu messen, wobei Temperaturen bis zu 300 °C entsprechend einer Kerntemperatur von 600 °C tragbar sind. NTC-Widerstände können hingegen nur im relativ kalten Teil des Speichergerätes, d. h. außerhalb der Wärmedämmung untergebracht werden, da sie Temperaturen von mehr als 100 °C nicht vertragen.

Die Verarbeitung der von den Wetterfühlern und von den Temperaturfühlern der Aufladeregler in den Geräten herrührenden Signale kann entweder nach einem Impulssystem über eine entsprechend justierte Widerstandskette (thermische Aufladesteuerung) oder bei elektronischen Steuerungen über eine Brückenschaltung derart erfolgen, daß bei Erreichen des dadurch bestimmten Ladezeitendes die in den Geräten eingebauten Thermoschütze weggeschaltet werden.

Bei der thermischen Aufladesteuerung (z. B. Wicomatic) erfolgt die Erfassung der Außentemperatur durch ein thermisches Modell, das gleichsam einen beheizten Wohnraum nachbildet. Es wird über einen Widerstand beheizt, der durch einen Thermostat dem Verlauf der Außentemperatur entsprechend länger oder kürzer eingeschaltet wird. Je nach Länge der Ausschaltimpulse wird der Heizwiderstand am Temperaturfühler des Aufladereglers im Speichergerät beheizt, wodurch mit steigenden Außentemperaturen dem Gerät eine höhere Kerntemperatur vorgetäuscht und dementsprechend die Ladezeit verkürzt wird.

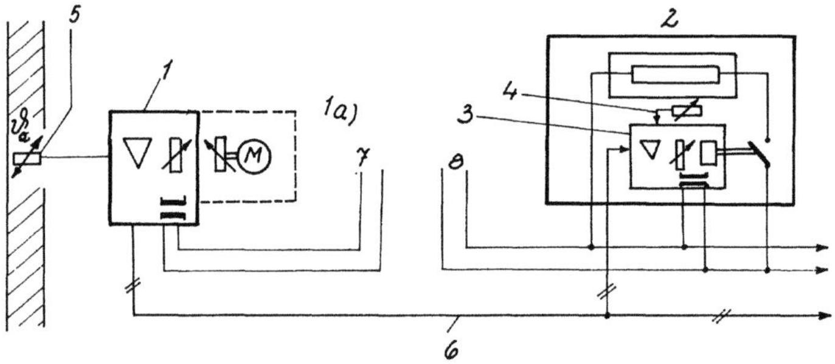

Abb. 34. Wirkungsschema einer elektronischen Aufladeregelung [62]
1 Zentralgerät; 1 a Zeitglied; 2 Speicherheizgerät; 3 Laderegler (im Gerät oder in der Verteilung); 4 Gerätefühler (NTC- oder PTC-Widerstand); 5 Witterungsfühler (NTC- oder PTC-Widerstand); 6 Führungsspannung (Kleinspannung); 7 Steuerung; 8 Aufladung

Prinzipiell völlig gleichartig arbeiten die elektronischen Steuerungen [62], wobei die Widerstandsänderungen eines als Außenfühler dienenden NTC-Widerstandes auf elektronischem Weg (meist unter Verwendung von Tyristorentriacs) in eine entsprechende Führungsspannung umgewandelt werden, die die Aufladeregler in den Geräten entsprechend beeinflußt, d. h. ihre Steuerleistung außentemperaturabhängig verändert und damit die Ladedauer bestimmt.

Bei den elektronischen Aufladeregelungen kann es sich um halbelektronische Regelungen handeln, bei denen mit elektronischer Witterungserfassung in einem Zentralgerät und mit thermischer Gerätesteuerung gearbeitet wird oder um vollelektronische Regelungen (Abb. 34), bei denen auch die Aufladeregler in den Geräten elektronisch die Widerstandsänderungen eines im Gerät eingebauten NTC-Widerstandes entsprechend verarbeiten.

Was die für einen wirtschaftlichen Heizbetrieb wichtige Restwärmeerfassung angeht, so ist bei allen automatischen Aufladeregelungen, die für jedes Gerät einen Aufladeregler vorsehen, der mit der gesamten Regelautomatik zusammenarbeitet, diese Forderung erfüllt. Anders liegt der Fall bei Systemen, die zwar eine außentemperaturabhängige Ladedauer festlegen, jedoch den Ladezustand der Geräte nicht individuell, sondern nur durch Messung der Restwärme eines Gerätes einer Anlage (Pilotgerät) erfassen. Derartige, für

Anlagen mit nur einigen Speichergeräten, vertretbare Lösungen sind jedoch für größere Anlagen mit Interesse eines wirtschaftlichen Betriebes abzulehnen.

Prinzipiell gleichartige Forderungen sind auch an die automatischen Aufladeregelungen für Zentralspeicherheizungen (Luftheizungsanlagen mit keramischen Speicherblöcken oder Warmwasserzentralheizungen mit Elektrodurchlauferhitzern) sowie für Speicherheizungen mit Direktzusatzheizung, z. B. für Fußbodenspeicherheizungen zu erheben. Bei Wärmespeichern mit ausschließlich statischer Entladung, wie dies besonders bei der Fußbodenheizung gegeben ist, gewinnt eine sorgfältige, auf den Wärmebedarf des künftigen Tages abgestellte außentemperaturabhängige Aufladung große Bedeutung, da sonst der Regelbereich der Direktzusatzheizung durch zu große statische Wärmeabgabe überdeckt wird. Bei Zentralspeicherheizungen auf Basis von Warmwasserspeichern gilt dies in ähnlicher Weise, da sonst die unvermeidlichen Abstrahlungsverluste über die Oberfläche der Warmwasserspeicher bei Überladung zu hoch werden.

8.2 Einfluß der Aufladeregelungen von Speicherheizgeräten und Warmwasserspeichern auf den Verlauf der Netzbelastung

8.21 Belastungsgang während der Schwachlastzeit mit und ohne Schwachlastenergielieferung

Vom Standpunkt des Einflusses auf den Belastungsablauf haben sämtliche in Pkt. 8.1 beschriebenen Aufladeregelungen mit Ausnahme der Leistungssteuerung gemeinsam, daß nicht die jeweils benötigte Heizleistung eingeregelt wird, sondern die Ladedauer und daß somit, wenn nicht besondere Vorkehrungen getroffen werden, stets die volle installierte Leistung eingeschaltet wird. Betrachtet man demgegenüber den durchschnittlichen Belastungsgang eines durchschnittlichen Belastungsdiagrammes ohne Elektrospeicherheizung und Warmwasserspeicher, so ist dieser durch einen relativ langsamen Abfall der Last ab 22 Uhr und einen steilen Anstieg ab 5 Uhr morgens gekennzeichnet. Überlagert man zunächst nur die Warmwasserspeicherlast, so ist für sie charakteristisch, daß im Durchschnitt nur relativ wenige Warmwasserspeicher die zur Verfügung stehende achtstündige Ladedauer voll ausnützen. Dies kommt deutlich im Verhältnis zwischen der gesamten zur Verfügung stehenden jährlichen Niedertarifzeit von rund 2900 Stunden und dem durchschnittlichen jährlichen Stromverbrauch pro Warmwasserspeicher von etwa 2000 kWh bei spezifischen Anschlußwerten von 1,3 bis 2,0 kW zum Ausdruck. Danach werden Warmwasserspeicher im Durchschnitt nur zu 60—70% ausgenützt, wenn auch unabhängig davon der Warmwasserspitzenbedarf nur durch Nachladung (Zweikreisspeicher usw.) gedeckt werden kann. Dadurch kommt es zu einem Abfall der Warmwasserspeicherlast zwischen 3 Uhr und 5 Uhr morgens auf etwa 50—60% der gesamten installierten Speicherleistung und einem entsprechend tiefen Belastungstal. Als Abhilfe werden von den Stromlieferungsunternehmen Warmwasserspeicher mit verkürzter Ladezeit (6 Stunden bzw. fallweise auch nur 3½ Stunden) und mit entsprechend höheren Anschlußwerten eingesetzt, womit dieser Belastungsabfall zum Teil ausgeglichen werden kann, sofern diese Maßnahme konsequent durchgeführt wird.

Wird einem solchen Belastungsgang Speicherheizlast mit Kerntemperatursteuerung überlagert, so kann der Belastungsgang noch ungünstiger werden, da auch die Speicherheizgeräte im Durchschnitt die volle Ladedauer nicht ausnützen, selbst dann nicht, wenn eine auf Nachladung zugeschnittene Dimensionierung vorliegt. Das liegt daran, daß die Speicherheizgeräte oft überbemessen werden — allein durch die Leistungsstufung der Geräte —, daß ferner manche Räume nicht ganztägig beheizt werden, obwohl die Heizgeräte für Vollheizung ausgelegt wurden und schließlich, daß durch Wärmegewinne (siehe Pkt. 3.4 über „Freie Wärme") in einzelnen Räumen die Heizgeräte nicht voll entladen werden.

Durch die ungleichmäßige Ausnützung der Geräte innerhalb einer Anlage (mehr oder weniger Restwärmeinhalt) sinkt somit die gesamte gleichzeitige Speicherlast ebenfalls gegen Morgen ab.

8.22 Automatische Aufladeregelungen mit Zeitverschiebung

Als Konsequenz des Belastungsverlaufes laut Pkt. 8.21 gelangt man zu der Forderung nach Aufladesteuerungen mit entsprechender Zeitverschiebung des Aufladebeginns, um das Morgental besser ausfüllen zu können. Die einfachste Form bildet die händische Ladezeitsteuerung nach Pkt. 8.11 mittels Zeitschalter. Die Automatisierung des Vorganges führt zur Ergänzung der vollautomatischen Aufladeregelung nach Pkt. 8.21 durch ein Zeitglied, welches in Abhängigkeit von der Außentemperatur und der Kerntemperatur die Aufladedauer vorgibt. Hierbei kann der Ausschaltzeitpunkt entweder mit 6 Uhr morgens fixiert werden (Rückwärtssteuerung) oder die Aufladedauer auf die Mitte der Freigabezeit (2 Uhr morgens) bezogen werden, derart, so daß mit sinkender Außentemperatur die Ladedauer nach beiden Seiten verlängert wird (spreizende Aufladeregelung).

Diese Zeitglieder bestehen im wesentlichen aus einem durch einen Synchronmotor angetriebenen Potentiometer, das die für die Aufladesteuerung maßgebende Führungsspannung während der Laufzeit kontinuierlich von einem vorgegebenen Höchstwert abbaut [62]. Die Führungsspannung wird der durch den Außentemperaturfühler und dem Kerntemperaturfühler bestimmten Steuerspannung überlagert, so daß zunächst eine zu hohe Kerntemperatur vorgetäuscht wird. Dadurch wird die Einschaltung solange verzögert bis die Zusatzspannung sich soweit verringert hat, daß sie der erwähnten Steuerspannung entspricht, wodurch die Aufladung freigegeben wird. Den durch eine Rückwärtssteuerung sich ergebenden Belastungsverlauf einer größeren Heizungsanlage zeigt Abb. 35. Bemerkenswert ist der Einfluß der Restwärmeerfassung, da Geräte mit relativ niedrigem Restwärmeinhalt früher als Geräte mit hoher Restwärme eingeschaltet werden. Dadurch ergibt sich die gegen Morgen ansteigende Belastungscharakteristik (z. B. Elfamatik).

Soll nun ein Belastungstal möglichst gleichmäßig aufgefüllt werden, ist es notwendig die verschiedenen Aufladeautomatiken in zeitlicher Hinsicht zu kombinieren, d. h. je nach Bedarf Rückwärtssteuerungen, Vorwärtssteuerungen und spreizende Steuerungen den Betreibern der Anlagen vorzuschreiben.

Bei Einsatz von vollautomatischen Aufladeregelungen in neuen Anlagen kann der gewünschte Belastungsverlauf verhältnismäßig gut erreicht werden. Dagegen ist es wesentlich problematischer die große Masse der Einzelanlagen im Althausbau, die meist ohne automatische Aufladeregelung ausgestattet wurden bzw. werden, in den Griff zu bekommen, da sie im wesentlichen nur mit Kerntemperatursteuerung ausgestattet sind. Hier ist von wesentlicher Bedeutung die Forderung nach händischer Ladedauersteuerung, wobei eine Mischung von 30% Kerntemperatursteuerung und 70% Ladedauersteuerung zu empfehlen ist.

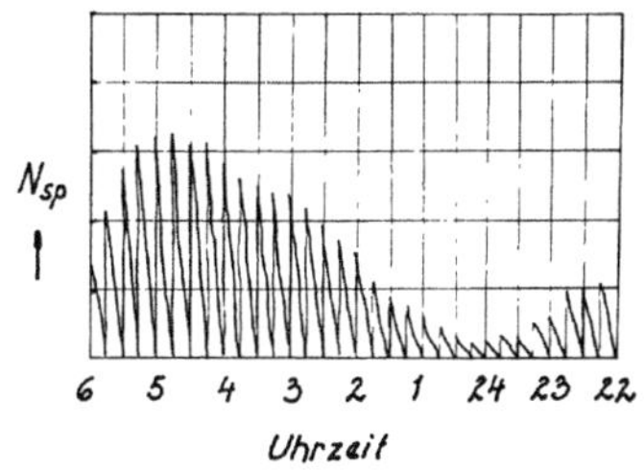

Abb. 35. Belastungsverlauf einer Speicherheizungsanlage mit automatischer Aufladeregelung und Restwärmeerfassung mit Zeitverschiebung (Rückwärtssteuerung)

8.23 Zusammenarbeit zwischen Rundsteueranlagen und Aufladeregelungen

An sich ist die Rundsteuertechnik als direkte Konsequenz der Entwicklung der Schwachlastenergieanwendung zu betrachten. Sie ermöglicht es, die starre Belastungssteuerung mittels Schaltuhren durch eine flexible Steuerung der durch Schwachlastenergieanwendung bestimmten Netzlast zu ersetzen. Neben einer Anpassung des Kraftwerkseinsatzes an den Verbrauch, tritt dadurch eine Anpassung des Belastungsganges an die verfügbare Kraftwerksleistung.

Wird nun eine Rundsteueranlage dazu verwendet die für die Aufladung der Geräte vorgegebenen Freigabezeitabschnitte zur besseren Anpassung an den Belastungsgang in geringerem Umfang nach vor oder zurück zu verschieben, wobei durch Gruppenbildung eine entsprechende Staffelung vorgenommen werden kann, dann ergeben sich keine Schwierigkeiten für die Zusammenarbeit mit den Aufladesteuerungen.

Anders liegt hingegen der Fall, wenn z. B. mittels Rundsteuerung die Aufladung unterbrochen werden soll, z. B., daß zur Vermeidung einer Belastungsspitze etwa um 23 Uhr ein Teil der Ladezeit z. B. in die Zeit zwischen 20 Uhr und 22 Uhr vorverlegt werden soll, womit erhebliche Lastreduktionen möglich sind (siehe Abb. 36). Während Aufladesteuerungen ohne Zeitverschiebung dadurch nicht beeinträchtigt werden, ist bei Aufladesteuerungen mit Zeitverschiebung zu beachten, daß die Zeitsteuerung außer Tritt kommen kann, wenn die Umlaufzeit des Potentiometers zuzüglich der Dauer der Ladezeitunterbrechung fast 24 Stunden erreicht, sofern diese Ladezeitunterbrechung innerhalb von 6 Stunden ab der ersten Freigabe erfolgt. Danach schaltet nämlich das Potentiometer auf Selbsthaltung um, d. h. es kann danach die Zeitsteuerung nicht mehr asynchron werden. Daher hat auch die Freigabe der Nachladung mittels Rundsteueranlage keinen Einfluß auf die Funktion der Zeitsteuerung. Für eine klaglose Zusammenarbeit von Zeitsteuergeräten mit Rundsteueranlagen ist es somit wichtig, daß die Zeitsteuergeräte keine größere Umlaufzeit als etwa 20 Stunden besitzen. Dies gilt in gleicher Weise auch für die Handzeitschalter nach Pkt. 8.11 c).

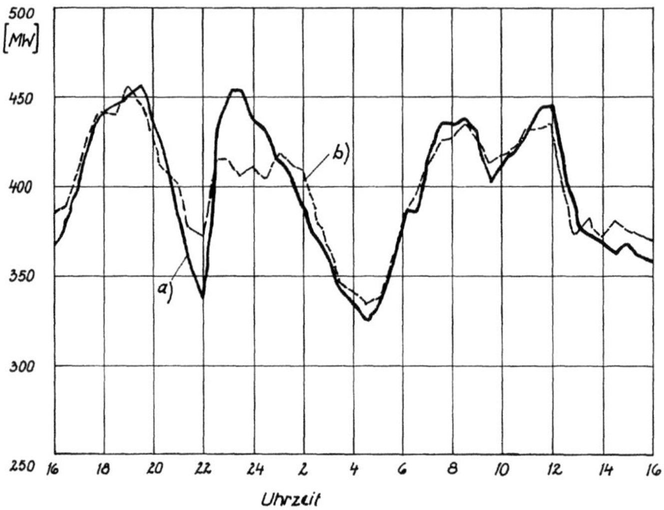

Abb. 36. Reduktion der Nachtspitze mittels Rundsteueranlage (Unterbrechung der Aufladung und Vorverlegung des Aufladebeginns, a) ohne Unterbrechung, b) mit Unterbrechung)

8.3 Automatische Aufladeregelung in Abhängigkeit vom jeweiligen Belastungszustand des Verteilnetzes

Bei allen Aufladeregelungen nach Pkt. 8.1 bzw. 8.2 kann nur eine grobe Anpassung der Leistungsaufnahme einer Speicherheizung an den Belastungsverlauf des sonstigen Bedarfes erreicht werden. Es liegt daher der Gedanke nahe, den Funktionskriterien einer vollautomatischen witterungsabhängigen Aufladeregelung mit Restwärmeerfassung grundsätzlich als weiteres Kriterium die jeweilige Netzbelastung (z. B. Belastung der speisenden Trafostation oder des Umspannwerkes) anzufügen; d. h., daß die jeweilige Leistungsaufnahme der Speicherheizung so gesteuert wird, daß sie sich, abgesehen von den klimatischen Erfordernissen, dem sonstigen Belastungsverlauf so überlagert, daß ein etwa bandförmiger Belastungsverlauf eintritt.

Dieser Weg wird erstmalig beim elektronischen Regelsystem der „Pergomatik“ beschritten (Funktionsschema siehe Abb. 37). In einem Regelverstärker, der Zentraleinheit, wird eine zentrale Steuerspannung gebildet, von der die Heizanlagen eines großen Siedlungsbereiches, z. B. der Versorgungsbereich mehrerer Netztrafos, angesteuert werden. Diese zentrale Steuerspannung wird durch drei Kriterien bestimmt:

Witterung,

Belastung des vorgelagerten Umspannwerkes,

Steuerprogramm; hier besteht die Möglichkeit in einer Programmiereinheit bestimmte Programmwünsche fest vorzugeben, z. B. die völlige Sperrung der Heizleistung während bestimmter spezifischer Lastzeiten.

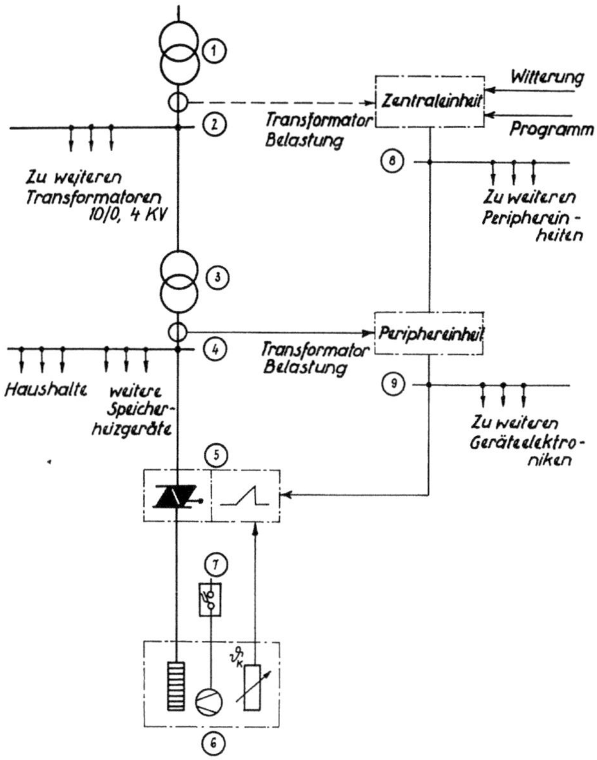

Abb. 37. Funktionsschema der Aufladeregelung „Pergomatik"
1 Transformator, 110/10 kV; 2 Mittelspannungsnetz, 10 kV; 3 Transformator, 10/0,4 kV; 4 Niederspannungsnetz, 400 V; 5 Geräteelektronik mit Triac; 6 Speicherheizgerät; 7 Raumthermostat; 8 Verteilung für zentrale Steuerspannung; 9 Verteilung für periphere Steuerspannung (nach Sachertechnik, Wien)

Diese zentrale Steuerspannung wird auf den Eingang von Periphereinheiten gegeben, die jedem Trafo zugeordnet sind. Sie bilden aus der zentralen Steuerspannung und einem dem Ist-Wert der Trafobelastung proportionalen Signal eine periphere Steuerspannung, die dann über Beidrähte zu den Niederspannungsverteilleitungen in die einzelnen Wohnungen den eingebauten Geräteelektroniken zugeleitet wird. Durch die Erfassung des Belastungszustandes des Trafos wird in den von dort versorgten Wohnungen die zugeschaltete Heizleistung bei wachsender Trafobelastung heruntergeregelt. Die Leistungsregelung der Speicherheizgeräte erfolgt mittels elektronischer Leistungsschalter unter Verwendung von Triacs, die im Nulldurchgang der Netzspannung jeweils gezündet werden, wodurch störende Rückwirkungen auf das Verteilnetz vermieden werden.

Grundsätzlich führt diese Art der Heizleistungsregelung zu einer Teilspeicherheizung, bei der die Speicherkapazität maximal zur Überbrückung der Sperrzeiten ausreichen muß, womit eine erhebliche Senkung der zu installierenden Speicherleistung eintritt. Weiters ist es durch das Steuerprogramm möglich, den Belastungsablauf zwischen Tag und Nacht so zu beeinflussen, daß an Stelle einer 24stündigen Bandbelastung z. B. während der Nacht eine höhere Heizleistung freigegeben und während des Tages eine Reduktion vorgenommen wird. Den individuellen Gegebenheiten eines bestimmten Versorgungsnetzes kann dadurch voll entsprochen werden.

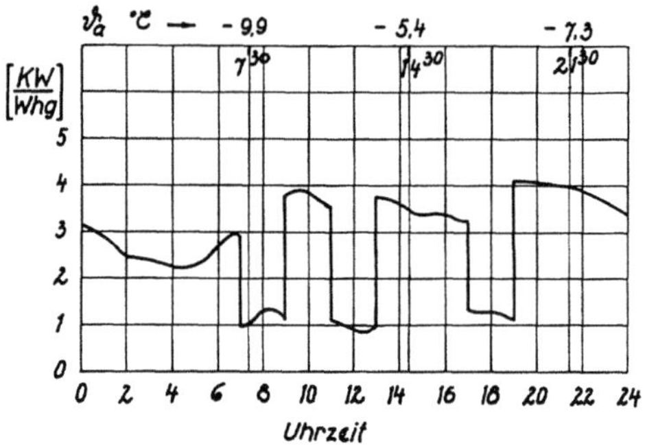

Abb. 38. Belastungsverlauf einer mit der Aufladeregelung „Pergomatik" ausgestatteten Wohnsiedlungen von 48 Wohnungen; spezifische Leistung je Wohnung [63]

Erste durchgeführte Versuche [63] mit dieser Regelung in einer größeren Wohnsiedlung haben ergeben, daß bei dem gewählten Steuerprogramm mit vorrangiger Energieaufnahme während der Nacht und drei täglichen Sperrzeiten von je zwei Stunden, die dem sonstigen nicht beeinflußten Leistungsbedarf der Haushalte überlagerte maximale Heizleistung während des Tages 2,5 kW pro Wohnung und während der Nacht 4 kW pro Wohnung betrug (siehe Abb. 38). Es handelt sich hierbei um gut wärmegedämmte Wohnungen mit einem spezifischen Wärmebedarf von 74 kcal/m^2 h und einer Wohnfläche von 70 m^2.

Diese Meßergebnisse sind schon deswegen bedeutsam, weil danach z. B. für die Auslegung des Niederspannungsnetzes statt rund 10 kW je Wohnung bei Vollspeicherheizung (siehe Pkt. 10) nur 5 kW je Wohnung zugrunde gelegt werden müßten. Ferner zeigen diese Meßwerte wie relativ niedrig bei entsprechender Steuerung der Heizleistungsbedarf je Wohnung gehalten werden kann, woraus sich sehr günstige Konsequenzen für die Gestehungskosten einer derartigen Heizung ableiten lassen. Im übrigen ist noch festzustellen, daß diese Regelung Leistungsspitzen jeder Art weitgehend unterdrückt. Auch nach Beendigung der Sperrzeiten für die Heizung, wenn bei nichtgeregelten Kurzzeitspeicheranlagen normalerweise Leistungsspitzen auftreten, werden solche Auswirkungen bei diesem Regelungssystem unterdrückt.

9. Entwicklung und Grenzen der elektrischen Raumheizung und Warmwasserbereitung auf Basis von Schwachlastenergie als Ergebnis elektrizitätswirtschaftlicher Gegebenheiten

9.1 Elektrizitätswirtschaftliche Gründe für die Förderung der Schwachlastenergieanwendung

Die Bereitstellungskosten elektrischer Energie werden seit jeher durch zwei entscheidende Faktoren gegenüber anderen Energieträgern bestimmt, und zwar

a) durch die außerordentlich hohe Kapitalintensität der Erzeugungs- und Verteilungsanlagen, wodurch die festen Jahreskosten zum zentralen Problem aller elektrizitätswirtschaftlichen Überlegungen geworden sind, und

b) durch die physikalisch begründete fehlende unmittelbare Speicherfähigkeit der elektrischen Energie, wodurch ein vollkommen synchroner Ablauf von Energiebereitstellung und Energiebedarf bedingt ist. Dadurch müssen ständig entsprechende, der jeweiligen Verbrauchsspitze angepaßte Erzeugungskapazitäten vorhanden sein, wodurch das Festkostenproblem noch verschärft wird.

Dementsprechend weit zurückreichend sind daher die Bemühungen der Elektrizitätswirtschaft um die Herstellung ausgeglichener Tagesbelastungsdiagramme, insbesondere um die Ausnützung der während der Nacht zur Verfügung stehenden Erzeugungs- und Übertragungskapazitäten und der damit verbundenen Erhöhung der Benutzungsdauer des gesamten Systems mit entsprechender Senkung des Festkostenanteiles je kWh. Besonders scharf traten diese Probleme in Ländern mit überwiegend hydraulischer Erzeugungsbasis in Erscheinung, da hier neben der Frage der freien Erzeugungskapazitäten auch das Problem der effektiv während der Nacht anfallenden Energie und vor allem auch die Frage der Verwertung der im Sommer sich ergebenden Überschußenergie zu lösen war. Dementsprechend gingen von diesen Ländern zuerst die Bemühungen aus, durch Schaffung günstiger Strompreise für die sogenannte Schwachlastenergie einen entsprechenden Verbrauchsanreiz zu bieten. Sieht man von den im Verlauf der Bildung des Verbundbetriebes entwickelten Möglichkeiten des Austausches von hydraulischer Überschußenergie gegen thermische Überschußenergie zu anderen Tages- bzw. Jahreszeiten ab, so bestand die Möglichkeit zur Ausnützung der angebotenen niederen Strompreise während der sogenannten Niedertarifzeiten entweder nur bei der dreischichtig arbeitenden Industrie, oder durch Entwicklung von speicherfähigen Elektrowärmegeräten. Als klassisches Beispiel ist hier auf die Brauchwassererwärmung mittels Warmwasserspeicher hinzuweisen, die bereits auf eine lange Tradition zurückblicken kann.

Grundsätzlich kommt in diesen Maßnahmen das Streben der Elektrizitätswirtschaft zum Ausdruck mangels eigener einfacher Methoden zur Herstellung eines ausgeglichenen Tagesbelastungsverlaufes, wie sie z. B. die Gaswirtschaft in ihren Tagesspeichern besitzt, das Problem durch Speicherung der verfügbaren Energie bei den Verbrauchern bzw. durch zeitliche Steuerung der dazu nötigen Energielieferung zu lösen.

Im Gegensatz zur Anpassung der Darbietung an den Verbrauch durch den Einsatz von Spitzenkraftwerken, seien es thermische Spitzenwerke oder hydraulische Speicherwerke, tritt eine Auffüllung der Belastungstäler durch bestimmte Verbrauchergruppen, deren Bedarf an den Belastungsverlauf der anderen Verbrauchergruppen vor allem durch die im Zusammenhang damit erfolgte Entwicklung der Rundsteueranlagen angepaßt werden kann.

Elektrizitätswirtschaftlich gesehen ergibt sich dadurch ein Belastungsausgleich nicht nur auf der Ebene der Erzeugung, wie dies z. B. durch Verwendung von Schwachlastenergie für die Pumpspeicherung erfolgt, sondern auch im Bereich der Verteilungsanlagen. Dadurch wird eine Verbesserung der Ausnützung auch in diesem Bereich bewirkt, wobei die zur Energiespeicherung nötigen Investitionen im Gegensatz zur Pumpspeicherung von den Abnehmern getragen werden. Zusammengefaßt bilden diese elektrizitätswirtschaftlichen Überlegungen die Basis für die Entwicklung der auf dem Speicherprinzip beruhenden elektrischen Raumheizung und Warmwasserbereitung mit allen damit verbundenen Konsequenzen für die Geräteentwicklung einschließlich der zugehörigen Steuereinrichtungen.

Es steht außer Zweifel, daß durch die Entwicklung der Stromerzeugung aus Kernenergie und der damit verbundenen neuerlichen Betonung des Festkostenproblems die Forderung nach möglichst hoher Ausnützung der Produktionsanlagen durch Förderung der Schwachlastenergieanwendung erneut an Bedeutung gewinnen wird.

9.2 Verfügbarkeit von Schwachlastenergie nach Maßgabe der Struktur der Erzeugungssysteme

Wie im Pkt. 7.1 bereits festgestellt, besteht für die Verfügbarkeit von Schwachlastenergie aus der Sicht der Stromerzeugung eine Differenzierung in Abhängigkeit von der Art des Erzeugungssystems, die im folgenden genauer untersucht werden soll. Vorausgesetzt werden bei der folgenden Betrachtung die beiden Grenzfälle der ausschließlich hydraulischen Erzeugung aus Lauf- bzw. Jahres- und Tagesspeicherwerken einerseits und der nahezu ausschließlich thermischen Erzeugung mit Grundlast- und Spitzenwerken andererseits. Danach ergeben sich für die Möglichkeit des Auffüllens der Belastungstäler am

Hochwintertag durch Abgabe von Schwachlastenergie für die beiden Systeme durchaus verschiedene Grenzen, wie der Vergleich der in Abb. 39 dargestellten Belastungsdiagramme zeigt [64].

In einem hydraulischen System muß der Rückgang der Laufwassererzeugung und die Erhöhung der Netzlast im Hochwinter durch Jahresspeicherwerke gedeckt werden, die im Spitzenlastbereich und je nach Anteil der Laufwasserkraft auch im Trapezlastbereich des Belastungsdiagrammes zum Einsatz gelangen. Da das Arbeitsvermögen der Speicherwerke durch den Inhalt des Speicherraumes begrenzt ist, würde eine Ausfüllung der zwischen den Spitzen

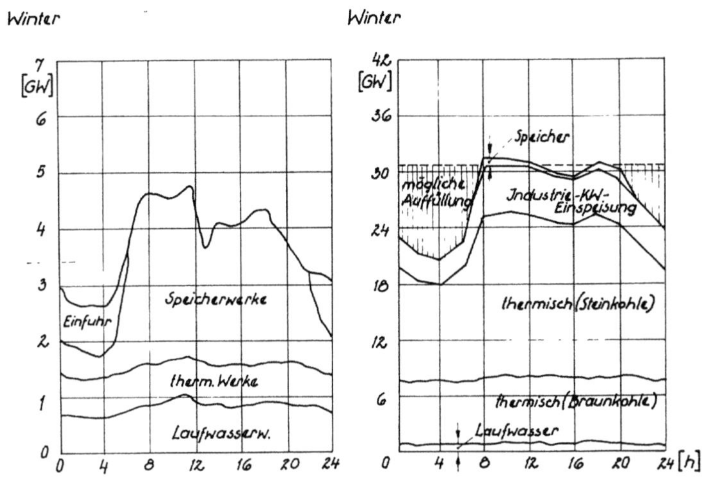

Abb. 39. Einfluß der unterschiedlichen Erzeugungsstruktur auf die Möglichkeit der Ausfüllung von Belastungstälern am Hochwintertag durch Schwachlastenergieabgabe

liegenden Belastungstäler durch Schwachlastenergieanwendungen zwangsläufig zu einer Verbreiterung des Speichereinsatzes auf Kosten der zur Verfügung stehenden Speicherleistung führen. Demnach kann vom Standpunkt des hydraulischen Systems als Schwachlastenergie nur Energie gelten, die als Überschuß aus Laufwasserkraftwerken anfällt, ein Überschuß, der aber zwangsläufig im Hochwinter kaum vorhanden ist.

Im Gegensatz dazu kann in einem vorwiegend thermischen System im Hochwinter durch Verbreiterung des Kraftwerkseinsatzes eine weitgehende Ausfüllung der Belastungstäler erfolgen, d. h., daß effektiv freie Erzeugungskapazität vorhanden ist. Im kombinierten hydraulisch-thermischen System mit hydraulisch gedeckter Grundlast, thermisch gedeckter Trapezlast und hydraulischen Spitzenwerken ist demnach eine Auffüllung der Belastungstäler bis zum Bereich der hydraulischen Spitzenwerke möglich.

In Hinblick auf den Bedarf der Schwachlastspeicherheizung ist jedoch festzustellen, daß im hydraulisch-thermischen System eine allfällige Inanspruchnahme des Bereiches der Spitzenspeicherwerke die Wirtschaftlichkeit des Speichereinsatzes nicht wesentlich beeinträchtigt, da der in Frage kommende Teil der Heizleistung, der durch Speichereinsatz zu decken wäre, nur eine

Benutzungsdauer von etwa 100 h/a aufweist gegenüber der durchschnittlichen, auf das Winterdargebot bezogenen Benutzungsdauer von 1000 bis 1200 h/a eines durchschnittlichen Jahrespeicherwerkes. Die Speicherinanspruchnahme liegt somit innerhalb des ohnedies gegebenen Schwankungsbereiches der effektiven Benutzungsdauer, so daß eine geringfügige Berücksichtigung eines derartigen Speichereinsatzes bei der Tariferstellung durchaus ausreichend wäre.

Vom Standpunkt der Verfügbarkeit von Schwachlastenergie ergeben sich jedoch zwangsläufig in vorwiegend thermischen Erzeugungssystemen wesentlich günstigere Voraussetzungen für die Entwicklung einer auf Schwachlastenergie basierenden elektrischen Raumheizung als in einem im wesentlichen hydraulischen System. Ein hoher thermischer Erzeugungsanteil im Grund- und Trapezlastbereich ist somit eine wesentliche Voraussetzung für derartige Anwendungen.

Wesentlich anders liegen die Verhältnisse vom Standpunkt der Erzeugungsstruktur hinsichtlich des jahreskonstanten Schwachlastenergiedargebotes. In einem thermischen Erzeugungssystem ist im Sommer, bedingt durch den wesentlich umfangreicheren Zeitaufwand für Revisionen und Reparaturen, der mit einem dem geringeren Sommerleistungsbedarf angepaßten, verringerten Kraftwerkseinsatz verbunden ist, zwangsläufig das mögliche Schwachlastenergiedargebot geringer als im Winter. Demgegenüber ist bei der bezogen auf mitteleuropäische Verhältnisse mindestens mehr als doppelt so hohen Aufbringung aus Laufwasserkraftwerken im ganzen durch Laufwasserenergie gedeckten Lastbereich Schwachlastenergie außerhalb der Spitzenzeiten verfügbar. Da sich für diese Energie sehr niedrige Grenzkosten ergeben, war deren Verfügbarkeit der entscheidende Anlaß für die Entwicklung der Nachtstromheißwasserspeicher und insbesondere der auf die Sommermonate beschränkten Elektrokesselanlagen, wobei für Warmwasserspeicher als Verbraucher von jahreskonstanter Schwachlastenergie auch im Winter ausreichend Schwachlastenergie aus Laufwasserkraft bei hohem Laufwasserkraftanteil an der gesamten Energieaufbringung zur Verfügung stand. Diese Gegebenheiten begründen das außerordentlich zähe Festhalten am Nachtstromwarmwasserspeicher in Gebieten mit vorwiegend hydraulischer Erzeugung gegenüber anderen Methoden, wie z. B. Durchlauferhitzern oder Zweikreisspeichern.

Zusammenfassend ist daher festzustellen, daß in einem thermischen System, ausgehend von den Forderungen des Kraftwerksbetriebes nach möglichst bandartigem Maschineneinsatz in erster Linie ein tageszeitlicher Belastungsausgleich durch Absatz von Schwachlastenenergie angestrebt wird. Hingegen sind in einem hydraulischen System aus den dargelegten Gründen die Bestrebungen vornehmlich auf den Absatz von Sommerüberschußenergie, d. h. auf einen jahreszeitlichen Belastungsausgleich und erst in zweiter Linie auf einen jahreskonstanten Schwachlastenergieabsatz gerichtet. Eine ausschließlich auf den Winter beschränkte Schwachlastenergielieferung widerspricht daher den Gegebenheiten eines hydraulischen Erzeugungssystems.

Diese Zusammenhänge erklären die teilweise sehr unterschiedliche Einstellung der einzelnen Elektrizitätsversorgungsunternehmungen zur Frage der Elektrowärmeanwendungen auf Schwachlastenergiebasis, vor allem der elektrischen Raumheizung, die daher ihre großen Fortschritte nicht in Gebieten mit hoher oder nahezu ausschließlicher hydraulischer Erzeugungsbasis erzielen konnte, sondern in Gebieten mit großen thermischen Erzeugungseinheiten. Das Beispiel Norwegens (siehe Pkt. 13) bildet zufolge der dort besonders niedrigen Gestehungskosten der hydraulischen Erzeugung, die eine großzügige Entwicklung der direkten elektrischen Raumheizung ermöglichten, lediglich eine Ausnahme von der Regel.

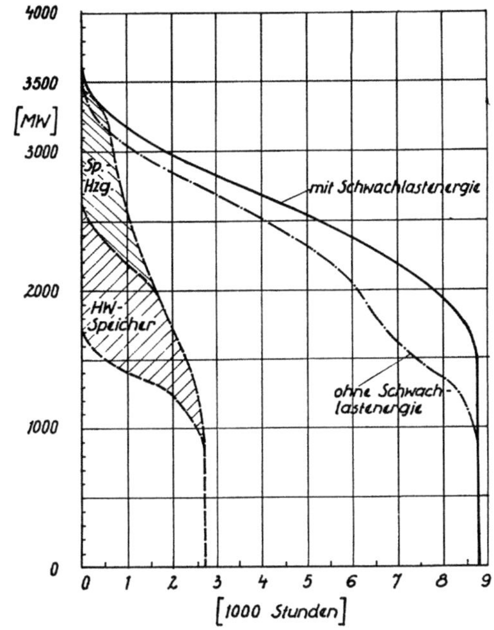

Abb. 40. Vergleich der Jahresdauerlinien des österreichischen Verbundnetzes mit und ohne Schwachlastenergieanwendung

Die vorstehenden Überlegungen über die Verfügbarkeit der Schwachlastenergie gelten uneingeschränkt solange der Kraftwerkseinsatz bzw. die Ausbauplanung sich ausschließlich an den Gegebenheiten des durch den Verlauf des nicht steuerbaren Energiebedarfes bestimmten Belastungsdiagrammes orientiert. Berücksichtigt man jedoch die Wechselwirkung, die sich aus der durch die Schwachlastenergieanwendung ergebenden Entwicklung zu einem fast bandartigen Tagesbelastungsdiagramm im Winter ergibt — siehe auch Pkt. 9.4 — dann ergibt sich die Frage, ob diesen Veränderungen nicht durch entsprechende Änderungen hinsichtlich der Wahl der Kraftwerkstypen beim weiteren Ausbau Rechnung getragen werden muß. Durch einen immer größeren Grundlast- und Trapezlastbereich wird der Einsatzbereich für Spitzenwerke relativ verkleinert, und demzufolge dieser Kraftwerkstyp weniger benötigt. Dies gilt besonders für Pumpspeicherwerke, für die in einem derart ausgeglichenen Winterbelastungsdiagramm keine Einsatzmöglichkeiten bestehen. Am Beispiel der Leistungsdauerlinien des österreichischen Verbundnetzes (Abb. 40), welches sich durch ein bereits weitgehendes nivelliertes

Winterbelastungsdiagramm auszeichnet (siehe Abb. 47), wird dieser Effekt durch Vergleich der Leistungsdauerlinien mit und ohne Schwachlastenergieanwendung deutlich.

Die Erhöhung der Benutzungsdauer des gesamten Systems und die nötige Verbreiterung des Kraftwerkseinsatzes in den höheren Leistungsbereichen, sowie die Verringerung des für Spitzenkraftwerke geeigneten Lastbereiches ist gut erkennbar.

9.3 Bereitstellungsmöglichkeit von Schwachlastenergie nach Maßgabe des Belastungsverlaufes des Licht- und Kraftbedarfes

Nach Pkt. 9.2 ist die Bereitstellungsmöglichkeit von Schwachlastenergie zunächst von den Produktionsmöglichkeiten während der Schwachlastzeiten abhängig. Innerhalb der durch die Erfordernisse eines wirtschaftlichen Kraftwerkseinsatzes, insbesondere von Spitzenwerken gegebenen Grenzen, ist somit für die Elektroheizung und die Warmwasserbereitung auf Speicherbasis der jeweilige Energieinhalt der entsprechend aufgefüllt gedachten Belastungstäler verfügbar, die ihrerseits durch den Verlauf des Licht- und Kraftbedarfes, also des Verbrauches von Spitzen- bzw. Starklastenergie bestimmt werden. Schwachlastenergie ist daher als eine Art Kuppelprodukt der Stromerzeugung anzusehen, das nur innerhalb bestimmter Grenzen verfügbar ist.

Es sind somit zunächst die Einflußgrößen festzustellen, welche für den täglichen Belastungsgang des Licht- und Kraftbedarfes maßgebend sind. Sie bestimmen die erforderliche Lieferbereitschaft, wie sie durch die momentanen, seitens des Energielieferers nicht beeinflußbaren Anforderungen der Konsumenten gegeben sein muß. Diese Anforderung ist sowohl tageszeitlichen als auch jahreszeitlichen Schwankungen nach Maßgabe des allgemeinen Lebensrhythmuses und der Bedürfnisse der industriellen Produktion unterworfen. Danach ergeben sich für den Tagesbelastungsgang qualitativ folgende Zusammenhänge:

Die Morgen- und Abendlichtspitze wird zeitlich durch den allen Abnehmergruppen gemeinsamen Teil der maßgebenden Dunkelstunden bestimmt und ist demnach durch alle Abnehmergruppen bedingt. Der gesamte Belastungsverlauf des hier maßgebenden Hochwinterdiagramms ist durch einen steilen Anstieg etwa ab 5 Uhr morgens bis zur Spitze zwischen 7 und 8 Uhr morgens gekennzeichnet mit darauffolgenden Rückgang auf einen geringeren tagesdurchgängigen Wert, der gegen 16 Uhr wieder auf einen Höchstwert zwischen 18 und 19 Uhr ansteigt und dann bis gegen 24 Uhr sehr schnell auf den verbleibenden Grundbedarf abfällt, der sich aus dem Lichtanteil der dreischichtigen Industrie und der öffentlichen Beleuchtung zusammensetzt.

Der Verlauf des Kraftbedarfes entspricht im wesentlichen den Gegebenheiten der gewerblich industriellen Produktion. Er setzt sich zusammen aus dem durchgehenden Bedarf der dreischichtigen Industrie, dem in den 16stündigen Trapezlastbereich fallenden Bedarf der zweischichtigen Industrie, dem sich der Kraftbedarf des Gewerbes und der einschichtig arbeitenden Industrie überlagert. Dieser setzt erst ab etwa 7 Uhr ein, geht während der Mittagspause auf Null, erreicht kurz vor Arbeitsschluß etwa gegen 17 Uhr einen Höchstwert und geht dann endgültig auf Null.

Das Verhältnis der Werkshöchstlast N_{WH} zur Mindestnachtlast $N_{N\,min}$ ist somit im wesentlichen bestimmt durch die Summe des gleichzeitigen Licht- und Kraftbedarfes aller Abnehmergruppen zum gleichzeitigen Leistungsbedarf der Abnehmergruppen „dreischichtige Industrie“ und „öffentliche Beleuchtung“, wobei beim Kraftbedarf der dreischichtigen Industrie ein durch die Umstände des Nachtschichtbetriebes bedingter geringer Rückgang gegenüber dem Tagesleistungsbedarf eintritt.

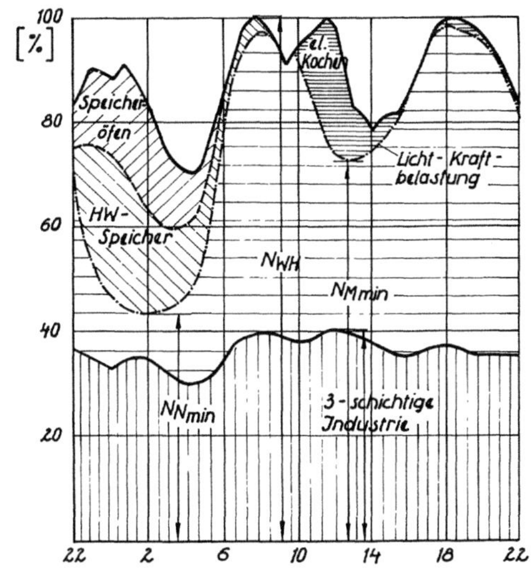

Abb. 41. Analyse eines typischen Hochwinterbelastungsdiagramms eines EVUs nach Maßgabe der auf den Licht- und Kraftbedarf bzw. auf Schwachlastenergie entfallenden Anteile

Das Verhältnis der Werkshöchstlast N_{WH} zur Mittagsmindestleistung $N_{M\,min}$ ist danach durch den gleichzeitigen Licht- und Kraftbedarf aller Abnehmergruppen gegenüber dem gleichzeitigen Kraftbedarf der Abnehmergruppen „dreischichtige Industrie“ und „zweischichtige Industrie“ gegeben. Die Lichtbelastung entfällt während des Mittagstales im wesentlichen ebenso wie der Kraftbedarf des Gewerbes der einschichtigen Industrie und der Haushalte sowie der Landwirtschaft.

Somit ist die Form des Licht-Kraftdiagrammes grundsätzlich durch eine 24stündige Grundlast, eine 16- bis 17stündige Trapezlast und die dieser Trapezlast aufgesetzte Früh- und Abendlichtspitze bestimmt (Abb. 41). Das Verhältnis $N_{WH} : N_{M\,min}$ ist maßgebend für die Möglichkeit der Auffüllung des Mittagstales durch das elektrische Kochen und das Verhältnis $N_{WH} : N_{N\,min}$ ist maßgebend für die Unterbringungsmöglichkeit von Heißwasserspeichern und Speicherheizungen.

Dieses durch obige Relationen gekennzeichnete Licht-Kraftbelastungsdiagramm bildet den Rahmen für alle als Schwachlastenergieanwendungen geltenden Elektrowärmeanwendungen, wobei im Vordergrund das elektrische

Kochen, die Heißwasserspeicher und die Speicherheizung stehen, Anwendungen, die im wesentlichen für die Abnehmergruppe „Haushalt" und für bestimmte Gewerbezweige und öffentliche Einrichtungen (Elektrogroßküchen, Speicherbacköfen, Warmwasserbereitung in Großspeichern, elektrische Beheizung von Verkaufslokalen, Büros und Schulen) in Frage kommen.

9.4 Grenzen der Schwachlastenergiebereitstellung für die Haushalte aus der Sicht der Verteilanlagen

Mit den durch Pkt. 9.2 und Pkt. 9.3 gegebenen Relationen sind die Grenzen, die für die Bereitstellung von Schwachlastenergie bestehen, skizziert. Theoretisch steht somit der dadurch limitierte potentielle bzw. effektive Energieinhalt der Belastungstäler für die Lieferung von Schwachlastenergie zur Verfügung. Entsprechend dem aus Pkt. 9.1 sich ergebenden Grundsatz, wonach die Lieferung von Schwachlastenergie der Erhöhung der Benützungsdauer durch bessere Ausnützung vorhandener Erzeugungs- und Übertragungskapazitäten dienen soll, ergeben sich jedoch dafür bei Betrachtung der Belastungsverhältnisse in den einzelnen Netzebenen zufolge lokaler Differenzierung durchaus abweichende Möglichkeiten. Dies bedeutet, daß vom Standpunkt der Erzeugung verfügbare Schwachlastenergie z. B. über ein vorhandenes H/M-Umspannwerk nicht abgegeben werden kann, weil die Nachtlast im Bereich dieses Umspannwerkes schon zu hoch ist oder daß im nachgeschalteten Mittel- vor allem aber im Niederspannungsnetz zuwenig freie Kapazität vorhanden ist.

Dieser Fall kann vor allem dort eintreten, wo eine vorwiegend durch Haushalte bestimmte Abnehmerstruktur z. B. in kleineren städtischen Versorgungsgebieten, vorliegt. Dann wird nämlich das für die Speicherheizung und für die Heißwasserspeicher zur Verfügung stehende Belastungstal im lokalen Belastungsdiagramm im wesentlichen durch das Verbrauchsverhalten der Haushalte bestimmt. Dabei ist natürlich unterstellt, daß in erster Linie die Haushalte in größerem Umfang für die Anwendung von Speicherheizung und Warmwasserspeichern in Frage kommen. Dabei darf aber nicht übersehen werden, daß auch für die Raumheizung im Gewerbe und in öffentlichen Gebäuden die Speicherheizung eine beachtliche Rolle spielen kann, wie die Erfahrungen zeigen.

Grundsätzlich gelangt man dadurch aber zu der Frage, wie weit die Lieferung von Schwachlastenergie demnach Investitionen in den Verteilnetzen rechtfertigt bzw. welche Lösungen zur Deckung der damit verbundenen zusätzlichen Kosten gesucht werden müssen (z. B. durch Baukostenbeiträge seitens der Abnehmer). Die maximale Ausnützung der verfügbaren Schwachlastenergie ist daher eng mit diesem Problem verknüpft.

Untersucht man nun die Entwicklungsmöglichkeit der Speicherheizung vor allem in Hinblick auf ihren künftigen Beitrag bei der Wohnraumheizung, gelangt man zwangsläufig zu der Frage, wie weit dafür innerhalb der Abnehmergruppe Haushalt selbst bzw. auf Grund der durch ihr Verbrauchsverhalten bestimmten Belastungstäler Raum dafür vorhanden ist. Damit kann praktisch die untere Grenze der Entwicklungsmöglichkeiten bestimmt werden, wobei aber die allenfalls bestehenden, vorhin erwähnten Engpässe in den lokalen Verteilanlagen zu berücksichtigen bzw. Maßnahmen zu ihrer Beseitigung in Rechnung zu ziehen sind.

Für eine derartige globale Abschätzung kann von der Leistungsbereitstellung im 110-kV-Netz ausgegangen werden. Aus einer Gegenüberstellung der je Haushalt nach Maßgabe des Elektrifizierungsgrades bereitzustellenden Höchstlastenanteile, ergibt sich die für Speicherheizungen verfügbare Leistung.

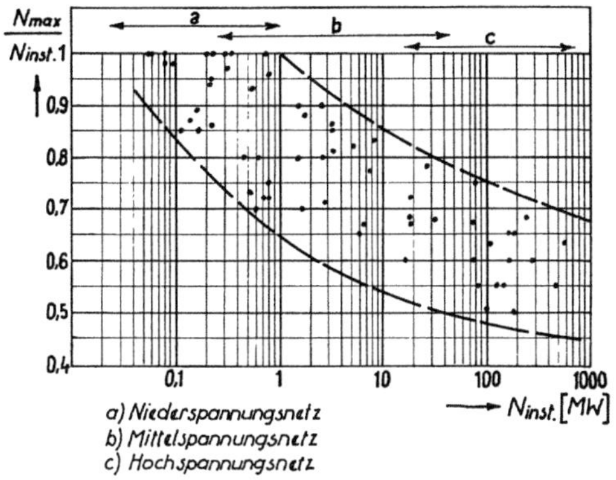

Abb. 42. Gleichzeitigkeitsfaktoren der Speicherheizung in verschiedenen Netzebenen [69]

Dabei wird folgende Klassifikation der Haushalte zugrunde gelegt:

Elektrifizierungsgrad A: teilelektrischer Haushalt, ausgestattet mit allen üblichen Elektrogeräten, jedoch ohne Elektroherd und ohne Elektro-Warmwasserbereitung.

Elektrifizierungsgrad B: vollelektrischer Haushalt: Ausstattung wie A, jedoch mit Elektroherd.

Elektrifizierungsgrad C: vollelektrische Ausstattung wie A, jedoch mit Elektroherd und elektrischer Warmwasserbereitung.

Elektrifizierungsgrad D: allelektrischer Haushalt: wie vollelektrischer Haushalt nach C, jedoch mit Elektroheizung mit den Varianten:
a) mit Speicherheizung und Warmwasserspeicher;
b) mit Speicherheizung und Durchlauferhitzer.

Für den auf das 110-kV-Netz bezogenen spezifischen Anteil an der Werkshöchstlast können für teil- und vollelektrisch ausgerüstete Haushalte nach vorliegenden Untersuchungen [65, 66, 67] die nachstehenden in Tab. 20 angeführten Richtwerte genannt werden. Weiters sind darin auch Schätzwerte für die Zunahme der Höchstlastanteile bis zum Jahre 1990 enthalten. Für die spezifische Speicherheizlast der allelektrischen Haushalte bezogen auf das 110-kV-Netz wurden die Angaben nach [69] verwendet, die auf Grund umfangreicher Messungen in der BRD ermittelt wurden. Sie sind aus Abb. 42 ersichtlich.

Die Angaben der Abb. 42 setzen eine entsprechende Kombination von Aufladesteuerungen nach Pkt. 8.3 voraus, die eine weitgehende Anpassung der Speicherlast an das Belastungstal gestatten und die Verwendung von Direktheizgeräten für die Beheizung von Nebenräumen. Vergleicht man die z. B. im österreichischen Verbundnetz installierte Elektrospeicherleistung mit ihrem gleichzeitigen Anteil an der gesamten Nachtbelastung, ergibt sich etwa ein Verhältnis von etwa 0,7. Zur Sicherheit wurde für das 110-kV-Netz von einem Speicherlastanteil je allelektrischer Wohnung von 6,5 kW ausgegangen. Unter dem Einfluß von Warmwasserspeichern erhöht sich dieser Wert auf 7,5 kW.

Tabelle 20. *Auf das 110-kV-Netz bezogene Werkshöchstlastanteile verschieden elektrifizierter Haushalte*

	1970			1990		
	teilelektr. kW	vollelektr. kW	allelektr. (Speicherheizung) kW	teilelektr. kW	vollelektr. kW	allelektr. (Speicherheizung) kW
Morgenspitze	0,2—0,3	0,5	0,5	0,5	0,7	0,7
Mittagspitze	0,1—0,2	0,7—0,9	0,7—0,9	0,2—0,4	1,1	1,1
Abendspitze	0,4—0,5	0,6—0,8	0,8—1,0	0,6—0,7	0,9	1,0
Nachtspitze						
beiWW-Speicher	—	1,1—1,3	—	—	1,5	—
bei WW-Speicher und Speicherheizung	—	—	7,5	—	—	7,5
bei Speicherheizung und WW-Durchlauferh.	—	—	6,5	—	—	6,5

Zu den teilelektrischen Haushalten ist zu bemerken, daß deren Morgen- und Abendspitzenanteil unter dem Einfluß leistungsintensiver Geräte, vor allem von Wasch- und Geschirrspülmaschinen, relativ stärker steigen dürfte als beim vollelektrischen Haushalt, wodurch die Differenzierung dieser beiden Abnehmergruppen im wesentlichen durch die Mittagsspitze bestimmt wird.

Geht man davon aus, daß die Abendspitze die absolute Werkshöchstlast und damit auch die während der Nacht maximal verfügbare Leistung bestimmt, so ist zunächst die Mischung des Anteiles an teilelektrischen und vollelektrischen Haushalten wesentlich, die sich überdies im Laufe der Zeit zugunsten des vollelektrischen Haushaltes verändert. Zur Abschätzung der möglichen Sättigungswerte wurde von einem Verhältnis teilelektrische Haushalte zu vollelektrische Haushalte = 60 : 40 ausgegangen, das sich bis 1990 auf 40 : 60 verändern soll. Bestimmend für den dann vorhandenen Anteil teilelektrischer Haushalte wird der Umfang der Gasversorgung sein. Danach erhält man die in Abb. 43 dargestellten Relationen aus der Sicht der Belastung im 110-kV-Netz bei verschiedenen Kombinationen, unter der Voraussetzung, daß lediglich die von den Haushaltabnehmern herrührenden Belastungstäler für Speicherheizungen verfügbar sind.

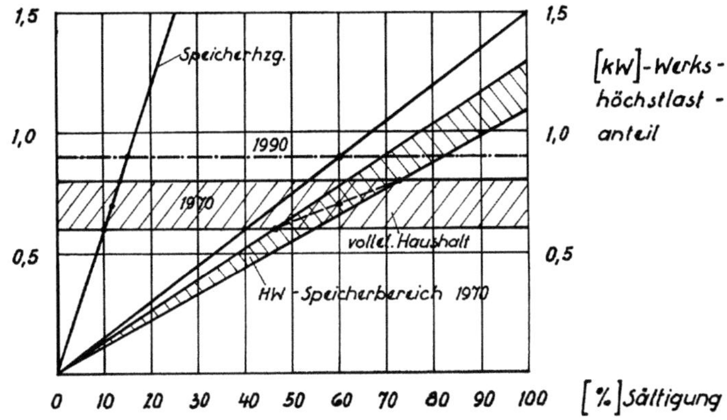

Abb. 43. Mögliche Sättigungsprozentsätze für Warmwasserspeicher und Speicherheizungen

Somit ergeben sich folgende mögliche Prozentsätze für die Sättigung mit Warmwasserspeichern bzw. Speicherheizungen:

	1970	1990
Mittlere mögliche Sättigung für Heißwasserspeicher	60%	60%
Mittlere mögliche Sättigung für Speicherheizungen	11%	15%

Diese Werte sind voraussetzungsgemäß als Alternativwerte zu betrachten, d. h. entweder Ausnützung der freien Nachtleistung nur für Warmwasserspeicher oder nur für Speicherheizung. Man sieht daraus, daß für die Speicherheizung relativ niedrige Sättigungsprozentsätze aus einem Belastungsausgleich innerhalb der Abnehmergruppe Haushalt resultieren und daß die angenommene Zunahme der Höchstlastanteile nur einen bescheidenen Entwicklungsspielraum schafft. In Ländern, in denen der Warmwasserspeicher eine große Rolle spielt, wie z. B. in der Schweiz oder in Österreich, sinkt ferner dadurch der für die Speicherheizung zur Verfügung stehende Bereich im Belastungsdiagramm beträchtlich, wie das Beispiel des gesamtösterreichischen Belastungsdiagrammes (siehe Abb. 47) zeigt. Abgesehen von diesen aus der Sicht der Fortleitungs- und Verteilungsanlagen abgeleiteten Werten müssen noch die Einschränkungen beachtet werden, die sich gemäß Pkt. 9.2 in Hinblick auf den Einsatzbereich der Speicherwerke im Belastungsdiagramm ergeben.

Sollen somit die gegenständlichen Sättigungsbereiche überschritten werden, so muß freie Leistung, die durch das Verbrauchsverhalten anderer Abnehmergruppen sich ergibt, verfügbar sein. Das ist im wesentlichen freie Leistung, die auf den Belastungsrückgang des Gewerbes sowie der ein- und zweischichtigen Industrie zurückzuführen sind. Die so entstehenden Belastungstäler können zwar nicht voll für die Haushalte ausgenützt werden, da sie für

Speicherheizungen im Gewerbe sowie für öffentliche Gebäude usw. zum Teil benötigt werden, es können dennoch beachtliche Reserven darin liegen. Daraus ergibt sich schließlich, daß nach Ausschöpfung vorhandener Belastungstäler durch eine vorangegangene starke Expansion der Speicherheizung die weitere Entwicklung nur nach Maßgabe der Erhöhung der spezifischen Höchstlastanteile der Haushaltabnehmer und der absoluten Zunahme der Belastungstäler, die sich aus der Entwicklung des Gewerbes und der ein- bzw. zweischichtigen Industrie ergibt, möglich ist. eine Erhöhung der Sättigungswerte ist weiters durch reduzierte Speicherleistungen mittels Tagesnachladung usw. möglich. Weiters kann durch die Entwicklung der direkten elektrischen Raumheizung innerhalb der Abnehmergruppe Haushalt zusätzliche Nachtleistung verfügbar werden, da die Direktheizung während der Nacht im allgemeinen weniger Leistung benötigt.

9.5 Ermittlung der Sättigungswerte für Schwachlastenergieanwendungen aus den individuellen Belastungsdiagrammen

Als Beispiel für die verschiedenartigen individuellen Gegebenheiten in den einzelnen Versorgungsgebieten, welche die Sättigungswerte für die Elektrospeicherheizung beeinflussen, seien einige konkrete Untersuchungen angeführt. In Abb. 44 sind das Hochwintertagesdiagramm eines regionalen EVUs mit hohem Anteil an Warmwasserspeicherlast für das Jahr 1970 und das prognostizierte Tagesdiagramm für das Jahr 1980 dargestellt, das unter der Annahme einer annähernd proportionalen Entwicklung der Gesamtbelastung, jedoch mit maximaler Ausschöpfung des für Schwachlastenergieanwendung zur Verfügung stehenden Raumes, entwickelt wurde. Aus dem Flächeninhalt des Schwachlastenergiebereiches ergeben sich folgende Werte für die verfügbare Schwachlastenergie am kältesten Tag, wobei ein proportionaler Zuwachs der Warmwasserspeicherlast für das Jahr 1980 vorausgesetzt ist:

	1970 MWh/d	1980 MWh/d
Gesamte genützte bzw. verfügbare Schwachlastenergie	1 125	3 150
davon beansprucht durch Warmwasserspeicher	600	1 060
davon beansprucht für Speicherheizung	525	1 090

Unter Zugrundelegung eines Verbrauches von Speicherarbeit von 100 kWh am kältesten Tag für eine durchschnittliche Speicherheizungsanlage (Wohnung) und von 6 kWh pro Tag für einen Warmwasserspeicher ergeben sich folgende Zahlen für die entsprechend ausgestatteten Haushalte in den beiden betrachteten Jahren, wobei die Ziffern für das Jahr 1970 durch die entsprechenden Angaben der Gerätestatistik bestätigt werden:

	1970	Sättigung	1980	Sättigung
Haushalte mit Speicherheizung	5 250	1,7%	20 900	6,5%
Haushalte mit Warmwasserspeicher	100 000	32,0%	180 000	56,0%

Unter dem Einfluß einer verhältnismäßig hohen Grundlast von 42% der Netzhöchstlast und eines hohen Anteiles an Warmwasserspeichern gelangt diese Prognose somit unter Berücksichtigung einer dem allgemeinen Bedarfszuwachs entsprechenden Entwicklung der Warmwasserspeicherlast für Speicherheizungen zu einem verhältnismäßig niedrigen Sättigungsgrad von 6,5% im Jahre 1980, obwohl dann ein praktisch vollkommen aufgefülltes Tagesbelastungsdiagramm vorliegen wird.

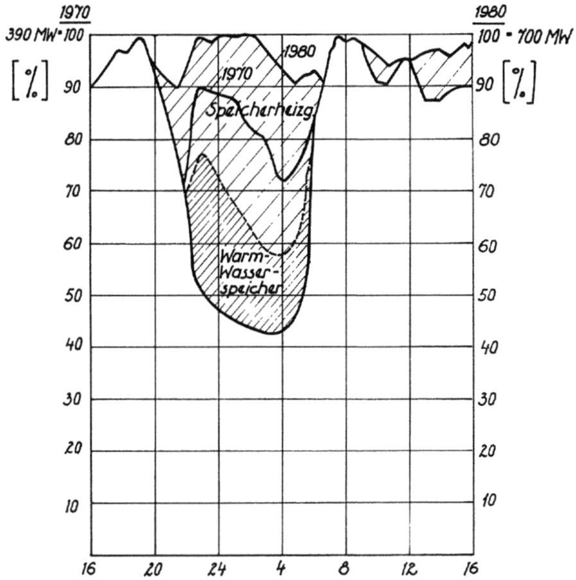

Abb. 44. Prognosediagramm für die mögliche Entwicklung der Speicherheizung bei einem EVU mit hoher Grundlast und starkem Warmwasserspeicheranteil (STEWEAG)

Vergleicht man die aus dem Diagramm der Abb. 44 ableitbaren Sättigungsmöglichkeiten für Speicherheizungen und Warmwasserspeicher z. B. mit dem Belastungsdiagramm der Wiener Stadtwerke (WSE) nach Abb. 45, so zeigen sich in diesem Diagramm wesentlich höhere Sättigungsmöglichkeiten für die Heizung. Kennzeichnend ist vor allem die außerordentlich niedrige Grundlast während der Nacht. Dadurch konnte eine wesentlich stärkere Auffüllung durch Schwachlastenergieanwendung erfolgen, wobei überdies angesichts des hohen Anteiles gasversorgter Haushalte in Wien der Heißwasserspeicher nur eine geringe Rolle spielt. Bei insgesamt 830 000 Haushalten betrugen die entsprechenden Sättigungswerte im Jahre 1973:

mit Warmwasserspeichern ausgerüstete Haushalte	15,0%,
mit Speicherheizung ausgerüstete Haushalte	8,0%.

Der Tagesbelastungsfaktor im Hochwinter lag bei 0,91. Der wesentlich höhere Anteil an elektrisch heizenden Haushalten ist somit sowohl durch die geringe Warmwasserspeichersättigung als auch durch die niedrigere Grundlast bedingt.

Bei dieser Abnehmerstruktur ist eine prognostizierte Steigerung an elektrisch beheizten Haushalten auf etwa 12% im Jahre 1980 realistisch, wobei jedoch diese Steigerung in Hinblick auf die erfolgte Auffüllung des Belastungsdiagrammes nur innerhalb des Zuwachses an freier Nachtleistung im Rahmen der gesamten Bedarfsentwicklung möglich ist.

Zum Vergleich sei hier eine Prognose für die Bundesrepublik Deutschland angeführt[70]. Diese Prognose geht von der fiktiven Höchstlast des west-

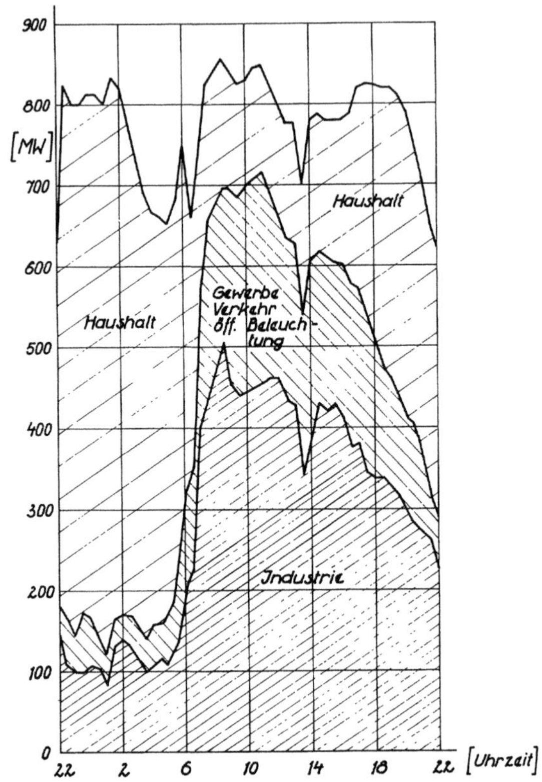

Abb. 45. Hochwinterbelastungsdiagramm der Wiener Stadtwerke (WSE)

deutschen Verbundnetzes im Jahre 1971 aus, fiktiv deshalb, da sie für die Belastung durch Speicherheizungen auf die minimale Tagesmitteltemperatur von — 10 °C umgerechnet wurde. Bei einer Ende 1971 in der BRD installierten Speicherleistung von 13 300 MW und einer durchschnittlichen Freigabezeit von 8 Stunden erhält man bei Berücksichtigung eines Ausnützungsfaktors der Speicherheizung von 0,5 für den kältesten Tag, eine für die Speicherheizung benötigte elektrische Arbeit von 53 GWh. Der hier verwendete Ausnützungsfaktor berücksichtigt die in Pkt. 9.4 erwähnte Tatsache, daß die installierte Speicherleistung auch am kältesten Tag von einer vollen achtstündigen Inanspruchnahme der installierten Leistung entfernt ist, wozu klimatische Differenzierungen, Überdimensionierung usw. erheblich beitragen.

Unter der Annahme, daß der Grundlastanteil prozentual gleich bleibt, und bei einer im Jahre 1980 zu erwartenden Anzahl elektrisch zu beheizender Wohnungen von 1,95 Millionen errechnet sich bei Berücksichtigung des Bedarfes an Speicherheizung für das Gewerbe und öffentliche Gebäude eine nötige Speicherleistung von 43 GW bzw. eine Speicherarbeit am kältesten Tag von 172 GWh. Die beiden Belastungsdiagramme für das Jahr 1971 und 1980 zeigt Abb. 46.

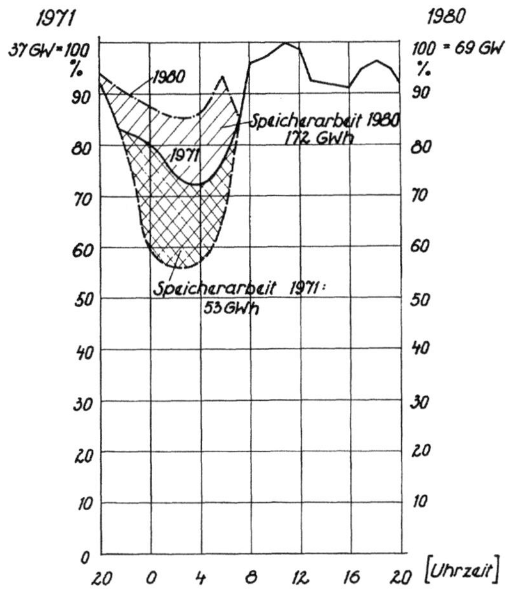

Abb. 46. Prognose für die mögliche Entwicklung für die Speicherheizung bis 1980 aus dem Hochwinterdiagramm des westdeutschen Verbundnetzes für 1971 [70]

Danach ist eine Zunahme der mit Speicherheizung ausgerüsteten Wohnungen von rund 4% im Jahr 1971 auf 9—10% des Wohnungsbestandes der BRD im Jahre 1980 durchaus möglich, wobei noch ein beachtlicher Anteil freier Nachtenergie verfügbar bleibt, so daß auch ein höherer Sättigungswert denkbar ist. Das Diagramm zeigt sehr deutlich, daß durch das Fehlen eines größeren Anteiles an Nachtstromwarmwasserspeichern für die Speicherheizung wesentlich höhere Energiequoten für die Speicherheizung zur Verfügung stehen.

Demgegenüber zeigt das Belastungsdiagramm des österreichischen Verbundnetzes (Abb. 47) eine völlig andere Situation. Wie daraus ersichtlich bilden neben der Speicherheizlast (installierte Leistung rund 1200 MW) die Heißwasserspeicher (installierte Leistung 1000 MW) einen Großverbraucher, der die Möglichkeiten der Speicherheizung erheblich einschränkt, aber als jahresdurchgängige Belastung sich einer traditionellen Förderung erfreut. Dadurch zeichnet sich bereits bei einer bestehenden Sättigung von rund 3,5% für die Speicherheizung ein weitgehend ausgeglichenes Wintertagesbelastungsdiagramm ab. Beachtlich ist der daraus resultierende hohe Anteil an Schwachlastenergieanwendung gemessen an der gesamten Abgabe an das öffentliche Netz. Danach entfielen im Jahre 1972 von insgesamt 24 TWh rund 0,84 TWh auf Speicherheizung und rund 2 TWh auf Warmwasserspeicher, was insgesamt 12% der gesamten Abgabe entspricht und sich auch in einer beträchtlichen Erhöhung der Jahresbenutzungsdauer niederschlägt.

Nach [70] kann allgemein die für Speicherheizungen bzw. für Schwachlastenergielieferungen verfügbare Energiemenge wie folgt ermittelt werden.

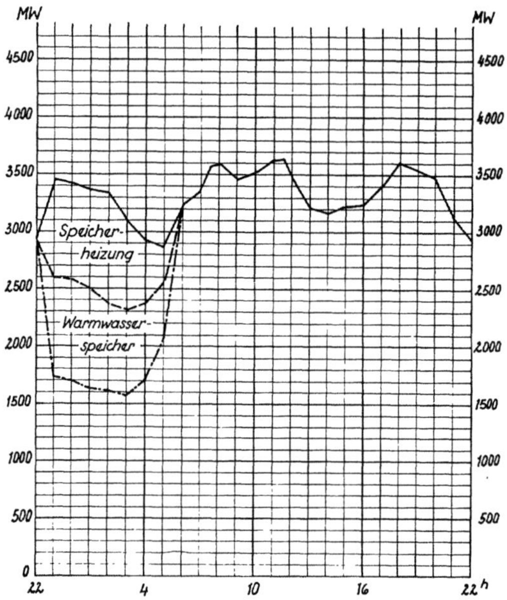

Abb. 47. Tagesbelastungsdiagramm des österreichischen Verbundnetzes (Januar 1973) mit den geschätzten Anteilen für Speicherheizung und Warmwasserspeicher [60]

Grundlage bildet die Höchstlastkurve des betreffenden Versorgungsgebietes, d. h. die Hüllkurve aller Tagesbelastungsdiagramme.

Verwendete Größen und Bezeichnungen:

N_{max} = Netzhöchstlast abzüglich des durch hydraulische Speicherwerke gedeckten Anteiles

$N_{Sp\,zul}$ = zulässige zu installierende Speicherleistung

t_v = Zeitspanne innerhalb welcher die Aufladung für Speicherheizungen ganz oder teilweise freigegeben wird

t_{sp} = Aufladezeit für die einzelnen Speicherheizungsanlagen

E_v = theoretisch verfügbare Schwachlastenergie während der Zeit t_v

a = Ausnutzungsgrad der theoretisch verfügbaren Schwachlastenergie

v = Verfügbarkeitsgrad eines Netzes

Der theoretische Verfügbarkeitsgrad v kann wie folgt definiert werden:

$$v = \frac{E_v}{N_{max} \cdot t_v}.$$

Der Verfügbarkeitsgrad liegt bei Netzen mit stark ausgenützten Belastungstälern zwischen 0,1—0,3, sonst bei 0,5—0,6. E_v ergibt sich aus der Differenzfläche zwischen der durch N_{max} bestimmten Höchstlastlinie und der Fläche des Höchstlastdiagrammes innerhalb der Zeit t_v. Da der Verfügbarkeitsgrad aus praktischen Gründen nicht kleiner als 0,1 sein kann, ist v um diesen Betrag zu reduzieren. Unter Berücksichtigung des Ausnutzungsgrades a der installierten Speicherleistung, der bezogen auf das 110-kV-Netz zwischen 0,5—0,7 liegen kann — der höhere Wert wird bei allgemein knapper Dimensionierung der Speicherheizungen und bei Gewährung von Tagesnachladungen zu erwarten sein —, erhält man den zulässigen installierten Speicheranschlußwert bei bekanntem Verfügbarkeitsgrad mit:

$$N_{Sp\ zul} = N_{max} \cdot \frac{t_v \cdot (v - 0,1)}{t_{sp} \cdot a}.$$

Zusammenfassend kann aus diesen Untersuchungen allgemein festgestellt werden:

a) Für jedes Versorgungsunternehmen ist die Tiefe der Belastungstäler im Tagesdiagramm, welche die Verfügbarkeit von Schwachlastenergie unter Bedachtnahme auf die seitens der Erzeugung gegebenen Grenzen bestimmen, durch die Struktur seiner Abnehmerschaft bestimmt. Je höher der Anteil an dreischichtiger Industrie an der Werkshöchstlast ist, um so geringer ist der Verfügbarkeitsgrad v. Andererseits vergrößert ein hoher Trapezlastbereich, d. h. ein hoher Anteil von ein- und zweischichtiger Industrie sowie von gewerblichen Abnehmern den Verfügbarkeitsgrad für Schwachlastenergie. Je höher hingegen der Anteil an Haushaltabnehmern gegenüber diesen Gruppen ist, um so geringer werden die möglichen relativen Sättigungswerte für Speicherheizungen und Heißwasserspeicher.

b) Ist der Verfügbarkeitsgrad eines Netzes durch überproportionale Zuwachsraten der Schwachlastenergieanwendung, vor allem der Speicherheizungen, bereits nahe seinem zulässigen Mindestwert von 0,1, so kann die weitere Entwicklung nur etwa proportional der Zuwachsrate der gesamten Netzhöchstlast erfolgen.

c) Erfolgt in einem Versorgungsgebiet die elektrische Warmwasserbereitung vorwiegend mittels Speichern, so wird der absolut mögliche Anteil an mit Speicherheizung ausgerüsteten Wohnungen entsprechend eingeschränkt.

Einen Überblick über die vom Standpunkt des Verhältnisses zwischen schwächster Nachtlast und Tageshöchstlast maximal möglichen Entwicklungsquoten für Schwachlastenergieanwendungen in einigen europäischen Ländern bzw. über die Entwicklung dieses Verhältnisses in der Vergangenheit und in der Zukunft gibt schließlich Tab. 21, die das Ergebnis einer Untersuchung der UNIPEDE [39] darstellt (ergänzt um die Werte für Österreich).

Tabelle 21. *Entwicklung des Winter-Tages-Nacht-Belastungsverhältnisses von 1960 bis 1985 in verschiedenen europäischen Ländern*

Land	Jahr	Tagesspitze MW	geringste Nacht-belastung MW	Differenz Tag-Nacht-Belastung MW	Verhältnis $\frac{\text{Nacht}}{\text{Tag}}$ %
England	1960	25 699	9 212	16 487	35,8
	1965	33 385	14 246	19 139	42,7
	1970	38 310	21 223	17 087	55,4
	1975	50 000	31 500	18 500	63,0
	1980	60 500	40 535	19 965	67,0
	1985	66 000	46 200	19 800	70,0
Belgien	1960	2 470	1 430	1 040	58,0
	1965	3 550	2 130	1 420	60,0
	1970	4 870	3 075	1 790	63,2
	1975	7 000	4 600	2 400	65,7
	1980	9 600	6 600	3 000	68,8
	1985	13 800	9 700	4 100	70,4
Dänemark	1960	1 260	330	930	26,2
	1965	1 970	670	1 300	34,0
	1970	2 880	1 170	1 710	40,6
	1975	4 650	2 380	2 270	51,2
	1980	7 650	4 500	3 150	58,8
	1958	11 600	8 400	3 200	72,4
Finnland	1960	1 340	780	560	58,2
	1965	2 310	1 590	720	68,8
	1970	3 530	2 600	930	73,7
	1975	5 550	4 160	1 390	75,0
	1980	8 400	6 500	1 900	77,5
	1985	12 000	9 600	2 400	80,0
Frankreich	1960	12 900	7 100	5 800	55,0
	1965	17 500	10 800	6 700	61,7
	1970	23 300	15 400	7 900	66,1
	1975	35 700	24 900	10 800	69,7
	1980	53 300	40 700	12 600	76,4
	1985	77 600	63 700	13 900	82,1
Norwegen [1]	1960	7 000	5 000	2 000	71,0
	1965	9 000	7 000	2 000	78,0
	1970	12 000	9 500	2 500	79,0
	1975				
	1980				
	1985				
Österreich	1960	1 640	1 140	500	0,70
	1965	2 100	1 440	660	0,69
	1970	3 000	2 110	890	0,71
	1975	5 000	4 000	1 000	0,79
	1980	6 800	5 600	1 600	0,81
	1985	8 200	7 000	1 200	0,85
Schweiz	1960	3 050	1 770	1 280	58,0
	1965	3 810	2 180	1 630	57,0
	1970	4 880	2 790	2 090	57,0
	1975	6 300	3 680	2 620	58,0
	1980	7 300	4 550	2 750	62,0
	1985	8 500	6 200	2 300	73,0

[1] Keine Prognosewerte vorhanden.

10. Auswirkungen der Energiebereitstellung für elektrische Raumheizung auf Speicherbasis auf die Kosten und die Gestaltung der Fortleitungs- und Verteilungsanlagen

10.1 Grundsätzliches zum Ausbau der Übertragungsanlagen zur Bereitstellung von Schwachlastenergie; Spezifische Werte für die Leistungsbereitstellung

Geht man zunächst von der Forderung aus, wonach Schwachlastenergieanwendung nur so lange vertretbar ist, als dadurch weder in den Erzeugungs- noch in den Verteilungsanlagen zusätzliche feste Kosten verursacht werden, dann ergeben sich gemäß Pkt. 9.4 vor allem in Verteilnetzen mit stark homogener Abnehmerstruktur Sättigungsgrenzen, die vor allem bei der elektrischen Speicherheizung sehr niedrig sind. Bei Überschreiten dieser Sättigungsgrenzen kann zwar in den vorgelagerten Versorgungsstufen, bedingt durch das Verbrauchsverhalten anderer Abnehmergruppen, noch ausreichend freie Kapazität vorhanden sein, in der betreffenden Versorgungsstufe selbst wird jedoch eine stärkere Netzauslegung nötig, woraus zusätzliche feste Kosten erwachsen. Mit der Forderung diese zusätzlichen festen Kosten möglichst gering zu halten, ist das grundsätzliche Problem gekennzeichnet, dem man sich bei der Schwachlastenergieanwendung innerhalb der von der Energieaufbringung gegebenen Grenzen bei der Energieverteilung gegenübersieht und bei dessen Lösung im wesentlichen vier Möglichkeiten zusammenwirken:

Netzkostendegression mit steigender Belastungsdichte,
Rationellere Gestaltung von Netzen für hohe Belastungsdichten,
Verbesserung der Netzausnützung durch Erhöhung der Benutzungsdauer der verfügbaren Netzkapazität,
Baukostenbeiträge der Abnehmer.

Bei der Wahrnehmung dieser Möglichkeiten muß jedoch grundsätzlich zwischen bestehenden und neu zu errichtenden Netzen unterschieden werden. Während die technisch-wirtschaftliche Problematik bei der Errichtung neuer Netze für hohe Versorgungsdichten relativ leicht überschaubar ist, hängt das wirtschaftliche Ergebnis der Aktivierung bestehender Netze in Richtung auf höhere Belastungsdichten viel stärker von den lokalen Gegebenheiten und von der Nachfrage der Abnehmer ab.

Geht man von der Tatsache aus, daß die Gruppe der Haushaltabnehmer die dominierende Rolle bei diesen Betrachtungen spielt, vor allem was die Gestaltung der Niederspannungsverteilnetze angeht, so ist für die hier anzustellenden Untersuchungen zunächst von den Unterschieden auszugehen, die durch die verschiedenen Elektrifizierungsgrade der Haushalte bestimmt sind. Entsprechend Pkt. 9.4 ergibt sich eine Klassifizierung nach Maßgabe der dem Grad der Elektrizitätsanwendung entsprechenden durchschnittlichen Leistungsbereitstellung pro Haushalt wie folgt:

A. Teilelektrischer Haushalt
B. Vollelektrischer Haushalt
C. Allelektrischer Haushalt

Durch die zunehmende Verwendung leistungsintensiver Großgeräte, wie Waschmaschinen, Geschirrspülmaschinen, Wäschetrockner usw., hat der Elektroherd als Unterscheidungskriterium zwischen dem teilelektrischen und dem vollelektrischen Haushalt punkto Leistungsbereitstellung jedoch stark an Gewicht verloren, so daß eher die Frage der elektrischen Warmwasserbereitung ins Gewicht fällt.

Bei der Auslegung neuer Verteilnetze beschränkt sich daher die Unterscheidung praktisch nur noch auf die Alternativen Haushalt ohne Elektroheizung oder mit Elektroheizung, wobei die unterschiedliche Leistungsbereitstellung nach Art der Elektroheizung (Vollspeicherheizung, gemischte Heizung oder direkte Heizung) zu berücksichtigen ist.

Vom Standpunkt des spezifischen Energieumsatzes und damit des wirtschaftlichen Ergebnisses bleibt jedoch eine Differenzierung nach den drei angegebenen Gruppen bestehen.

Für die Gestaltung der Niederspannungsverteilnetze gelangt man danach etwa zu folgenden Auslegungsgrößen; zum Vergleich sind auch die korrespondierenden Werte für die Haushalte mit direkter elektrischer Heizung und gemischter Heizung angeführt.

	Wohnung im Mehrfamilienhaus	Einfamilienhaus
Teil- bzw. vollelektrischer Haushalt	2— 3 kW	3— 4 kW
Allelektrischer Haushalt		
a) mit Vollspeicherheizung	12—15 kW	25—35 kW
b) mit Speicherheizung mit Nachladung	10—12 kW	20—30 kW
c) mit gemischter Heizung	7— 9 kW	15—22 kW
d) mit direkter Heizung	6— 8 kW	10—15 kW

Bei Beurteilung dieser Werte ist zu beachten, daß sie außer den Werten für die Speicherheizungsvarianten über den an der Niederspannungsschiene der Trafostation gemessenen gleichzeitigen Leistungen liegen. Abgesehen von den erheblichen Unterschieden zwischen allelektrischem Haushalt und vollelektrischem Haushalt wird die starke Differenzierung zwischen der Wohnung im Mehrfamilienhaus und dem Einfamilienhaus deutlich, die sich aus der durchschnittlich größeren Wohnfläche und den wärmetechnisch wesentlich ungünstigeren Bedingungen des Einfamilienhauses ergibt.

Zum Vergleich sei eine schwedische Untersuchung [71] angeführt, die folgende durchschnittliche Auslegungswerte, bezogen auf die Trafostation, empfiehlt:

	Wohnung im Mehrfamilienhaus	Einfamilienhaus
Vollelektrischer Haushalt	1,6 kW	2,2 kW
allelektrischer Haushalt mit direkter Heizung	5,0 kW	8,0 kW

Die gleichzeitige Leistung je vollelektrischen Haushalt loko Trafostation in Abhängigkeit von der Anzahl der Haushalte kann danach wie folgt errechnet werden:

		für n gleich 100:
Wohnungen in Mehrfamilienhäusern	$p = 1{,}4 = \frac{3{,}6}{\sqrt{n}}$ [kW]	1,76 kW
für Einfamilienhäuser	$p = 1{,}9\, n + \frac{5}{\sqrt{n}}$ [kW]	2,40 kW

Hierbei ist p die gleichzeitige Leistung je Haushalt und n die Anzahl der Haushalte bzw. Objekte. Nach dieser Beziehung wird bei etwa 100 Wohnungen der Grenzwert fast erreicht.

10.2 Anlagekosten der Verteilnetze für Siedlungen ohne elektrische Raumheizung in Abhängigkeit von der Siedlungsdichte

Betrachtet man zunächst generell die Anlagekosten von Niederspannungsverteilnetzen samt Trafostationen für Siedlungen ohne elektrische Raumheizung, so sei hier auf eine grundlegende Untersuchung des Verbandes der Elektrizitätswerke Österreichs (VEÖ) verwiesen [72], die mit dem Ziel einer möglichst einfachen und übersichtlichen Pauschalierung der üblicherweise von den Abnehmern zum Ausbau der Verteilnetze zu leistenden Baukostenbeiträgen durchgeführt wurde. In über mehrere Jahre sich hinziehenden Untersuchungen wurden die Anlagekosten von mehreren tausend Anschlußfällen (Siedlungen und Einzelanschlüsse) und die Kosten für die verschiedenen in Frage kommenden Ausführungen der Niederspannungsverteilnetze und der Trafostationen sowie der Einbindung in die Mittelspannungsnetze untersucht.

Als Ergebnis konnte die in Abb. 48 dargestellte Abhängigkeit der durchschnittlichen Anlagekosten je Wohnungseinheit in Abhängigkeit von der

Siedlungsdichte S_D ermittelt werden. Als Bezugsgröße für die Siedlungsdichte S_D wurde hier in Hinblick auf die Größenordnung der Siedlungsfläche von durchschnittlichen Wohnsiedlungen — abgesehen von Satellitenstädten — die Wohnungsanzahl je 0,1 km² an Stelle von km² gewählt. Erfaßt sind hierbei der gesamte Aufwand für das Niederspannungsverteilnetz, die zugehörigen Trafostationen und ein Anteil am Mittelspannungsnetz von durchschnittlich

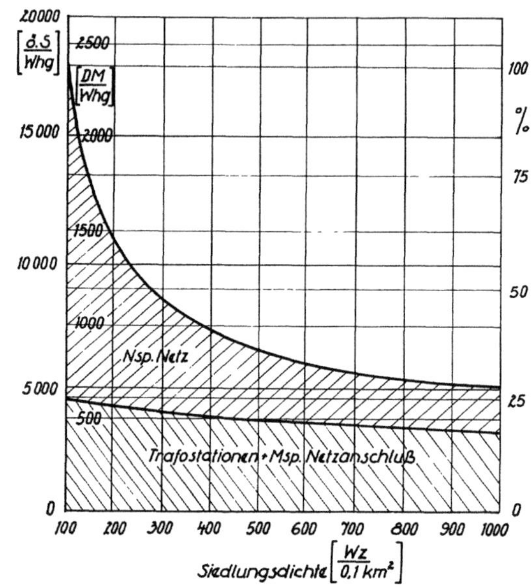

Abb. 48. Spezifische Anlagekosten von Niederspannungskabelnetzen samt Trafostationen und rund 400 m Mittelspannungsnetzeinbindung in Abhängigkeit von der Siedlungsdichte S_D

400 m Leitungslänge pro Trafostation, der sich als durchschnittlicher Aufwand für die Einbindung einer neuen Trafostation in ein bestehendes Mittelspannungsnetz ergab. Die Leistungsbereitstellung je Wohnung bezogen auf die Niederspannungsschiene der Trafostation wurde mit 2,2 kW festgelegt. Ein Wert der um etwa 30% über den durchschnittlich gemessenen Werten liegt. Der auf grundsätzlichen theoretischen Überlegungen beruhende Kurvenverlauf stimmt im Rahmen eines angemessenen Streubereiches mit den effektiv festgestellten Einzelwerten gut überein.

Die auf das Niederspannungsnetz und auf die Trafostationen samt Mittelspannungsnetzeinbindung entfallenden Kostenanteile sind in der Abb. 48 gesondert markiert. Die absolut hohen Kosten der Einfamilienhaussiedlung und die starke Kostendegression beim Übergang zur Mehrfamilienhaussiedlung treten deutlich hervor.

10.3 Anlagekosten und Gestaltung von Verteilnetzen für allelektrische Siedlungen mit Speicherheizung; Kostendegression gegenüber vollelektrischer Versorgung

Unter Verwendung der Werte für die nötige Leistungsbereitstellung für elektrisch heizende Haushalte nach Pkt. 10.1 ergibt sich bei gleichbleibender Siedlungsdichte je nach Heizungsvariante ein drei- bis siebenfacher Wert gegenüber dem Haushalt ohne elektrische Heizung bzw. im Falle des Einfamilienhauses sogar ein etwa fünf- bis zehnfacher Wert. Da eine Erhöhung der Leistungsfähigkeit der Niederspannungsverteilnetze in diesem erforderlichen Ausmaß mit wirtschaftlichen Mitteln ausgeschlossen ist, gelangt man zu einer indirekten Erhöhung der Übertragungsspannung in Form einer stärkeren Heranziehung und damit Verdichtung des Mittelspannungsnetzes für die lokalen Verteilaufgaben, verbunden mit einer entsprechenden Erhöhung der Anzahl der Trafostationen. Im Prinzip liegt eine ähnliche Aufgabenstellung vor wie in Niederspannungsverteilnetzen zur Versorgung von Gebieten mit hoher Belastungsdichte in Stadtkernen, die zu einer Verringerung der Versorgungsradien der Trafostationen und zu einer Kostendegression je kW bereitzustellender Leistung führt.

In diesem Fall ist jedoch die Erhöhung der Belastungsdichte im wesentlichen eine Funktion der größeren Siedlungsdichte bei relativ gleichbleibendem Verbrauch je Abnehmer, d. h. somit eine Funktion günstiger geographischer Gegebenheiten, während im Fall des Überganges von der voll- zur allelektrischen Versorgung die Siedlungsdichte gleich bleibt. Die aus einer stärkeren Auslegung der Verteilanlagen resultierenden Mehrkosten sind daher einer unverändert bleibenden Anzahl von Hausanschlüssen zuzuordnen. Diese Überlegungen gelten grundsätzlich auch für allelektrische Siedlungen, die mit direkter elektrischer Heizung ausgerüstet sind; die entsprechenden Zusammenhänge werden in Pkt. 12. noch eingehend untersucht.

Als Ergebnis der Durchrechnung einer Reihe ausgeführter bzw. projektierter allelektrischer Siedlungen konnten die aus Tab. 21 ersichtlichen spezifischen Anlagekosten je Wohnung für das Verteilnetz ermittelt werden. Es handelt sich hierbei um Großsiedlungen in Westdeutschland [73] und in Österreich [74]. Die Projekte sind darin nach der Siedlungsdichte geordnet, wobei als Bezugsgröße wie schon in Abb. 48 nicht km², sondern 0,1 km² verwendet wurde; dies deshalb, um wie bereits in Pkt. 10.2 erwähnt eine der absoluten Wohnungszahl W_z und der absoluten Größe der Siedlungsfläche S_F besser kohärente Größe zu erhalten. Als weiteres Kriterium für den Siedlungscharakter ist in der Tabelle auch der Verbauungsgrad V_g (Verhältnis zwischen bebauter Fläche zu gesamter Siedlungsfläche S_F) angegeben. Hohe Siedlungsdichte mit kleinem Bebauungsgrad ist charakteristisch für die Hochhausverbauung, während niedrige Siedlungsdichte bei hohem Verbauungsgrad einer Flachverbauung entspricht.

Was die Anlagekosten angeht, so wurde versucht auf Grund der vorhandenen Angaben über den Anlagenaufwand und Baujahr durch entsprechende Aufwertung alle Kosten auf Preisbasis 1973 umzurechnen, wobei das zu diesem Zeitpunkt bestehende Kursverhältnis zugrunde gelegt wurde. Die Aufwertungsfaktoren liegen je nach Baujahr zwischen 1,2 und 1,3.

Die angegebenen Kosten umfassen das gesamte Niederspannungsnetz, die Trafostationen und das Mittelspannungsnetz im Siedlungsbereich. In zwei Fällen, wo das Mittelspannungsnetz bis zum nächst gelegenen Umspannwerk einkalkuliert wurde, wurden entsprechende Korrekturen zur Herstellung einheitlicher Preisbasis vorgenommen. Aus der prozentualen Aufteilung der Kosten auf Niederspannungsnetz, Trafostation und Mittelspannungsnetz ist

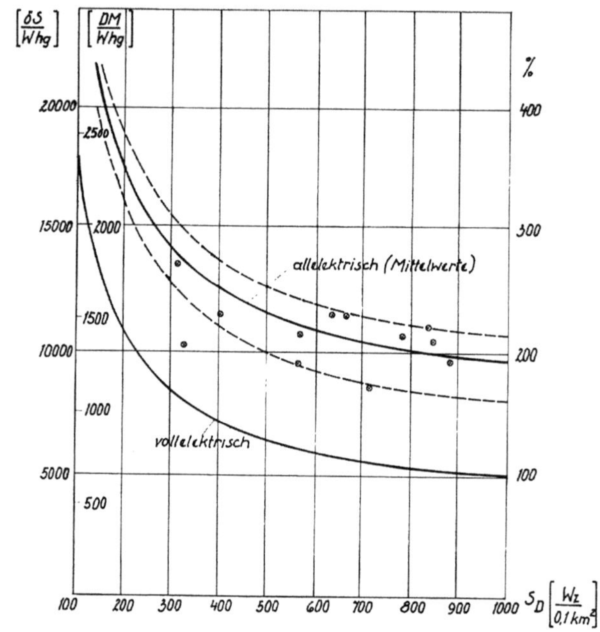

Abb. 49. Spezifische Anlagekosten von Verteilnetzen für allelektrische Siedlungen (Niederspannungsnetz, Trafostationen und Mittelspannungsnetz im Siedlungsbereich) verglichen mit den Anlagekosten für vollelektrische Siedlungen nach Abb. 48

die Kostenverlagerung zu den Trafostationen und zum Mittelspannungsnetz gut erkennbar.

Auffallend ist an dem gesamten Ergebnis die relativ geringe Abhängigkeit der Mehrkosten für das allelektrische Verteilnetz von der Siedlungsdichte, ein Umstand, der aber insofern erklärbar ist, wenn man bedenkt, daß sich vor allem die Niederspannungsnetzlänge mit steigender Siedlungsdichte wenig ändert und der Mehraufwand durch größere bzw. zusätzliche Trafostationen bedingt ist, ein Mehraufwand, der jedoch zum Teil durch die Kostendegression bei den Stationen kompensiert wird.

Bemerkenswert sind in der Tab. 22 die zwangsläufig sehr hohen Verbrauchsdichten, die selbst die Verbrauchsdichten von dicht verbauten Großstadtkernen, wie sie bei vollelektrischer Versorgung erreicht werden, übertreffen.

Überträgt man die Werte der Tab. 22 in das Diagramm der Abb. 48, so ergeben sich die in Abb. 49 dargestellten Kostenrelationen zwischen den

Tabelle 22. *Spezifische Anlagekosten für das Verteilnetz von allelektrischen Siedlungen* (Kosten des Niederspannungsnetzes, der Trafostationen und des Mittelspannungsnetzes innerhalb des Siedlungsbereiches aufgewertet auf Preisbasis 1973)

Bezeichnung der Siedlung	Wohnungsanzahl W_z	Siedlungsdichte S_D W_z/0,1 km²	Verbauungsgrad Vg %	Verbrauchsdichte GWh/0,1 km² und Jahr	Spezifische Netzkosten je Wohnung: Gesamtkosten je Wohnung öS	Gesamtkosten je Wohnung DM	Kostenanteil in %: Msp.-Netz	Trafos	Nsp.-Netz
Berlin-Amalienhof (BRD)	671	1 600	22,3	19,2	10 000,—	1 400,—	18	60	22
Köflach-AHG (Österreich)	160	1 350	22,6	16,2	9 500,—	1 320,—	23	68	29
Deutschlandsberg (Österreich)	148	881	18,3	6,8	10 100,—	1 400,—	33	58	9
Hamburg (BRD)	979	870	13,5	10,4	9 500,—	1 320,—	21	51	28
Zeltweg-Bessemerfeld (Österreich)	176	838	20,9	10,0	10 200,—	1 420,—	29	49	22
Dortmund-Hacheney (BRD)	166	830	20,7	10,0	10 900,—	1 520,—	18	71	11
Liezen-West (Österreich)	154	780	15,1	9,4	10 600,—	1 480,—	30	59	11
Essen-Freisenbruch (BRD)	463	710	18,0	8,5	8 300,—	1 160,—	20	50	30
Fohnsdorf (Österreich)	150	633	11,2	7,6	11 500,—	1 600,—	20	66	14
Essen-Bergmannsfeld (BRD)	1 714	570	14,0	6,8	9 300,—	1 300,—	16	73	11
Zeltweg-Farrach (Österreich)	360	400	12,9	4,8	11 600,—	1 620,—	21	57	22
Essen-Isingerfeld (BRD)	1 125	330	9,7	4,0	10 100,—	1 400,—	18	72	10
Kehl-Wolfsgrube	500	310	13,6	3,7	13 800,—	1 920,—	47	31	12
Einfamilienhaus-Siedlungen, Durchschnitt	100	100	10,0	1,2	25 000,—	1 500,—	45	40	15

Netzen für vollelektrische und allelektrische Versorgung. Die Streuungen um die Mittelwertskurve für die allelektrische Versorgung sind zwar, bedingt durch die individuellen Unterschiede des Siedlungscharakters, relativ hoch, aber es zeigt sich doch deutlich sowohl bei den deutschen als auch bei den österreichischen Werken eine einheitliche Tendenz der spezifischen Kosten. Danach ist in Abhängigkeit von der Siedlungsdichte mit zusätzlichen Anlagekosten gegenüber der vollelektrischen Versorgung von etwa 100% fallend auf etwa 50% bei niedriger Siedlungsdichte zu rechnen. Zu einer gleichartigen Feststellung — durchschnittlich etwa 100% Mehrkosten bei allelektrischer Versorgung — gelangt auch die bereits erwähnte schwedische Untersuchung [71].

Die sich daraus für die allelektrische Versorgung ergebende netztechnische Konzeption ist dadurch gekennzeichnet, daß das Niederspannungsnetz als Verteilnetz seine Aufgabe verliert und nur noch Anschlußaufgaben erfüllt, während die eigentliche Energieverteilung das Mittelspannungsnetz über eine vervielfachte Zahl von Trafostationen mit kleinsten Versorgungsradien übernimmt. Diese Verlagerung der Aufgabenerstellung zeigt sich auch deutlich in den spezifischen Niederspannungs- und Mittelspannungskabellängen je Trafostation, wie sie bei einer typischen Großstadtversorgung und einer allelektrischen Siedlung anzutreffen sind.

	Kabellänge je Trafostation	
	Niederspannungsnetz	Mittelspannungsnetz
Großstadt	3 500 m	1 000 m
allelektrische Siedlung	140 m	150 m

Das Schwergewicht der Anlagekosen verlagert sich dadurch, wie die Tab. 21 zeigt, zu den Trafostationen. Da sich die reinen Trafokosten kaum verringern lassen, muß daher im Interesse der Anlagekostensenkung alles, was neben dem Trafo zu einer Umspannstation gehört, kritisch geprüft werden, inwieweit es überhaupt nötig ist oder ob es vereinfacht werden kann.

Hier ist vor allem auf die Ergebnisse der umfangreichen grundlegenden Untersuchungen des Arbeitskreises „Moderne Netze" der VDEW [73] hinzuweisen, die in konsequenter Verfolgung der sich aus der allelektrischen Versorgung ergebenden Möglichkeiten und Konsequenzen zur Konzeption des sogenannten „Anschlußnetzes" geführt haben, in welchem wie vorhin erwähnt, dem Niederspannungsnetz nur noch Anschlußaufgaben erwachsen und die eigentlichen Verteilfunktionen das Mittelspannungsnetz übernimmt. Ein solches Netzschema für eine allelektrische Siedlung [75] zeigt Abb. 50. Wesentlich ist für die Auslegung allelektrischer Netze, daß die Belastung und der Lastfluß eindeutig definiert sind und irgendwelche Reserven für eine spätere Entwicklung nicht einkalkuliert werden müssen.

Für die Trafostationen in solchen Netzen stellt die fabriksfertige blechgekapselte Trafostation, die sogenannten Kompaktstation, bei der es keine

Schalteinrichtungen auf der Mittelspannungsseite mehr gibt, sondern die Kabel einfach mit Hilfe von trennbaren Elementen angeklemmt sind, die preisgünstigste Lösung dar. Untersuchungen haben ergeben, daß Lastschalter in Netzstationen im Durchschnitt nur alle fünf Jahre einmal zu Schalthand-

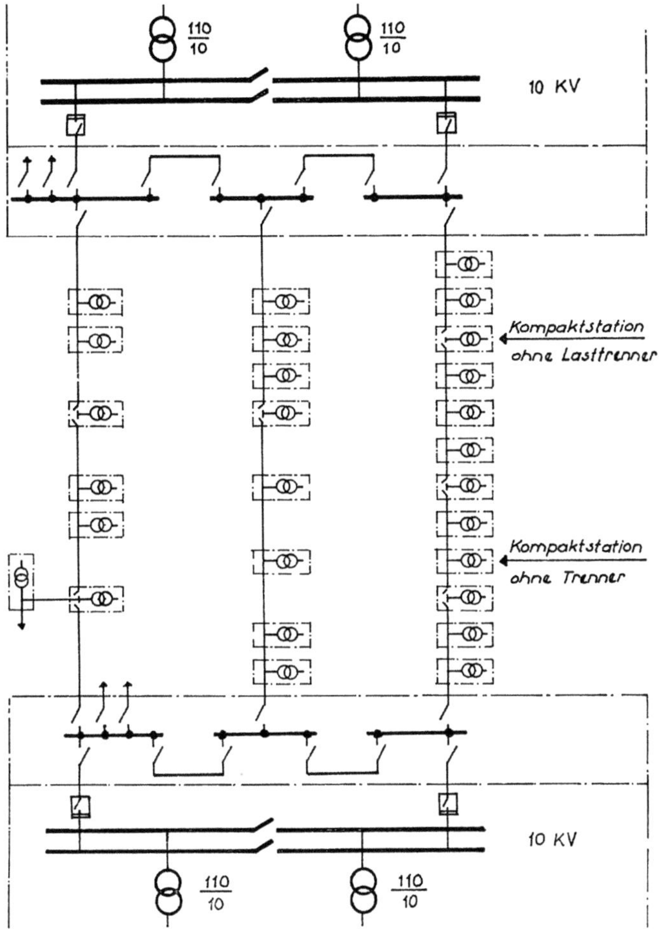

Abb. 50. Schema des Verteilnetzes für die allelektrische Großsiedlung „Isinger Feld“ [75]

lungen benötigt werden, so daß es nicht sinnvoll erscheint, jede Trafostation, sondern nur jede dritte oder vierte Trafostation damit auszurüsten.

Einen Kostenvergleich für Netzstationen für 10 kV und 20 kV mit installierten Trafoleistungen von 400 kVA zeigt die Abb. 51. Die spezifischen kVA-Kosten können danach erheblich gesenkt werden. In bestehenden vermaschten Netzen setzt die Realisierung dieser Einsparungsmöglichkeiten den schrittweisen Übergang auf Strahlennetzbetrieb voraus.

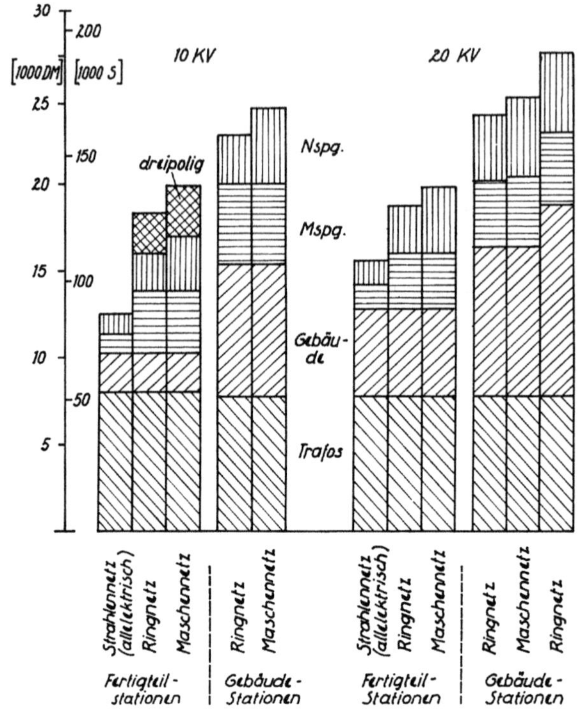

Abb. 51. Kostenvergleich für Netzstationen für 10 kV und 20 kV

10.4 Einfluß der Anlagekosten der vorgelagerten Versorgungsstufen auf die gesamten Anlagekosten der allelektrischen Versorgung; mögliche Kostendegression

Solange in den vorgelagerten Versorgungsstufen „Hochspannungsnetz" und „Hoch/Mittelspannungsumspannwerke" noch ausreichend freie Übertragungskapazität zur Bereitstellung der erforderlichen Schwachlastenergie vorhanden ist, bleiben die Mehrkosten der allelektrischen Versorgung auf die Werte gemäß Pkt. 10.3 beschränkt. Mit steigender Siedlungsgröße ergeben sich jedoch Belastungen für die vorgelagerten H/M-Umspannwerke und das Hochspannungsnetz, die die während der Schwachlastzeit vorhandene verfügbare freie Leistung übersteigen können. Liegt eine direkte 110/10-kV-Umspannung vor, so wird im allgemeinen ein größerer Belastungsspielraum vorhanden sein, so daß Siedlungen bis zu etwa 1000 Wohnungen, entsprechend 10—12 MW, noch ohne Ausbau dieser Umspannung versorgt werden können.

Bei Vorhandensein von Zwischenumspannungen, z. B. 30/10 kV, 60/20 kV oder 20/5 kV, wird infolge der absolut niedrigeren Umspannerleistungen in derartigen Umspannwerken die verfügbare freie Leistung wesentlich kleiner sein, so daß bei Siedlungsgrößen von etwa 300 bis 400 Wohnungen, entsprechend 3—4 MVA, die freie Umspannerleistung bereits erschöpft sein wird und entsprechende Verstärkungen nötig werden. Dies wird um so eher der Fall sein, wenn die Abnehmerschaft des betreffenden Versorgungsbereiches sich vorwiegend aus Haushalten zusammensetzt und somit niedrige Sättigungsgrenzen im Sinne von Pkt. 9.4 für die Speicherheizung gegeben sind.

Es erhebt sich daher die Frage, ob auch bei Einbeziehung eines nötigen Ausbaues des Hochspannungsnetzes und der Hoch-Mittelspannungsumspann-

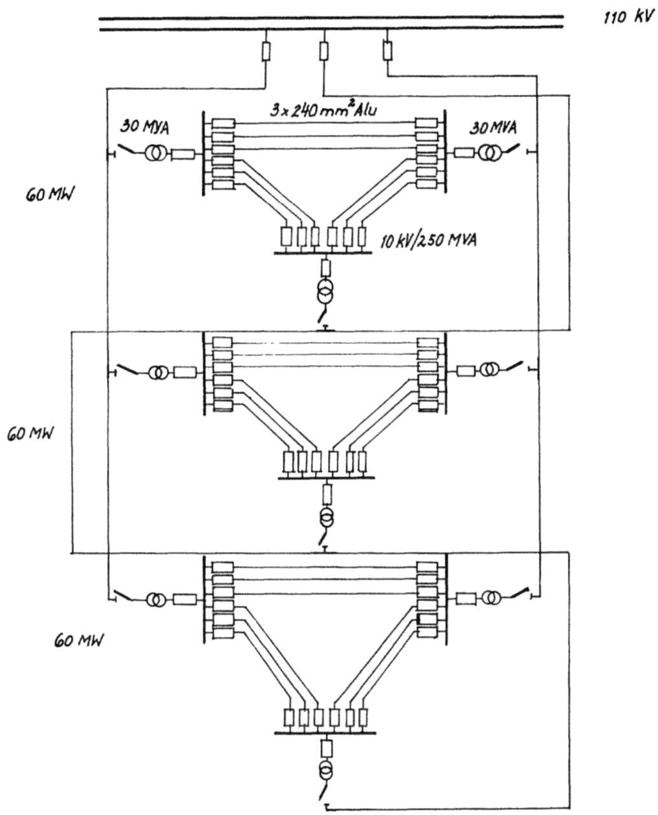

Abb. 52. Hoch- und Mittelspannungsnetzkonzeption für die Stadt Wulfen für allelektrische Versorgung (76 a)

werke bei einer der allelektrischen Versorgung entsprechenden Vervielfachung der Versorgungsdichte und bei zweckmäßiger Netzgestaltung eine ähnliche Kostendegression erzielt werden kann, die zu tragbaren Anlagemehrkosten für ein derartiges Versorgungssystem führt. Grundsätzlich sind die hier gegebenen Probleme und Lösungsmöglichkeiten gleichartig, wie sie sich bei Gestaltung der Verteilnetze für allelektrische Siedlungen nach Pkt. 10.3 ergeben. So wie dort an Stelle des Niederspannungsverteilnetzes das Mittelspannungsnetz tritt, so muß zwangsläufig bei konsequenter Weiterentwicklung des 110-kV-Netz zumindest einen Teil der bei teilelektrischer bzw. vollelektrischer Versorgung dem Mittelspannungsnetz vorbehaltenen Verteilfunktionen übernehmen. Daraus resultiert analog eine Verkleinerung der Versorgungsradien der H/M-Umspannwerke und ein verstärkter Ausbau der 110-kV-Kabelnetze.

Als eindrucksvolles Beispiel für die bei einer derartigen allelektrischen Lösung anzuwendenden Methoden kann die Planung des allelektrischen Versorgungssystems der Stadt Wulfen gelten [76]. Die Stadt Wulfen wird als neue Stadt am Nordrand des Ruhrgebietes errichtet. Sie soll im Endausbau 14 000 Wohnungen auf 5 km² Siedlungsfläche mit 50 000 Einwohnern um-

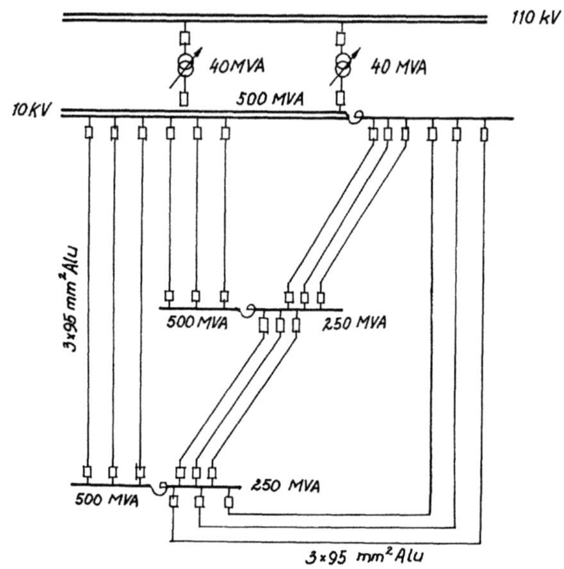

Abb. 53. Hoch- und Mittelspannungsnetzkonzeption für die Stadt Wulfen für die Variante teilelektrische Versorgung [76 a]

fassen. Die durchschnittliche Siedlungsdichte beträgt danach 3000 Wohnungen/km²; nach der unter Pkt. 10.2 gegebenen Definition entspricht dies einem Wert für $S_D = 300$. Der gesamte Ausbau einschließlich aller Folgeeinrichtungen, wie Schulen, Geschäfte usw., wird sich auf 20 Jahre erstrecken bei einer jährlichen Baurate von 700 bis 800 Wohnungen. Der jährliche Stromverbrauch samt den Folgeeinrichtungen wird im Endausbau bei 245 GWh liegen, was einer Verbrauchsdichte von 49 GWh/km² entspricht.

Es standen sowohl die allelektrische Versorgung als auch die Wärmeversorgung mit Gas- bzw. Fernheizung zur Diskussion. Zur Feststellung der Netzmehrkosten einer allelektrischen Versorgung des künftigen Stadtgebietes war daher die Erstellung eines Netzkonzeptes für beide Varianten nötig. Ausgangspunkt für die Versorgung von Wulfen bildet ein in der Nähe gelegenes 220/110-kV-Umspannwerk, das über ausreichende Kapazität zur Bereitstellung der bei allelektrischer Versorgung nötigen Leistung von 180 MW verfügt bzw. im Hinblick auf die lange Bauzeit verfügen wird. Für den Netzkostenvergleich wurden daher die gesamten Ausbaukosten ab der 110-kV-Sammelschiene dieses Umspannwerkes zugrunde gelegt und hiervon die beiden in den Abb. 52 und 53 dargestellten Netzkonzeptionen ausgearbeitet. Für das teilelektrische Netz ergibt sich hierbei, bezogen auf die Ortsnetzsituation, eine Leistungsbereitstellung von 40 MW im Endausbau und für das allelektrische Netz von 180 MW.

Während das Netz für die teilelektrische Versorgung nach konventionellen Gesichtspunkten ausgelegt wurde, hat man beim Netz für die allelektrische Versorgung neue Wege beschritten [76 a]. Wie aus dem Netzschema hervorgeht, wird das Netz in drei Gruppen geteilt, die jeweils über drei ausgelagerte und getrennt schaltbare, ungeregelte 110/10-kV-Umspanner — Typenleistung 30 MVA — versorgt werden. Sie werden lediglich über Trennschalter an die 110-kV-Kabel gelegt. Bei Ausfall eines Umspanners wird durch Umschaltung auf der 10-kV-Seite die gesamte Last auf die beiden im Betrieb bleibenden Umspanner der betreffenden Netzgruppe geschaltet. Da die 110-kV-Kabel 100 MVA übertragen können, speist jedes dieser Kabel drei Umspanner, die ihrerseits in den verschiedenen Netzgruppen liegen.

Bei Ausfall eines Kabels und der daran angeschlossenen drei Umspanner verbleibt für jede Netzgruppe ebenfalls noch ausreichende Umspannerleistung. Das 10-kV-Netz wird offen betrieben, so daß die Kurzschlußleistung auf 250 MVA begrenzt wird. Die Netzkonzeption für die Variante teilelektrische bzw. vollelektrische Versorgung ist in Abb. 53 dargestellt. Den Vergleich der Anlagekosten der beiden Varianten zeigt Tab. 23.

Tabelle 23. *Anlagekostenvergleich für das Versorgungsnetz der Stadt Wulfen* (Preisbasis 1969) (präliminierte Werte)

	Gesamtnetzkosten Mio. DM	spezifische Kosten je Wohnung DM	spezifische Kosten je kW DM	 öS
a) Allelektrische Versorgung				
110 kV-Umspannwerk und 110-kV-Kabelnetz	10,9	780,—	60,—	430,—
10-kV-Kabel- und -Schaltanlagen, Trafostationen und Niederspannungsnetze	14,3	1 020,—	80,—	580,—
	25,3	1 800,—	140,—	1 010,—
b) Teilelektrische Versorgung				
110/10-kV-Umspannwerk und 10-kV-Anspeisekabel	3,4	245,—	86,—	620,—
10-kV-Kabel, 10-kV-Schaltstationen, Trafostationen und Niederspannungsnetze	14,6	1 040,—	364,—	2 620,—
	18,0	1 285,—	450,—	3 240,—

Es ergab sich, daß mit Mehrkosten von nur 40% dank einer fortschrittlichen Netzkonzeption die 4,5fache Leistung in diesem Versorgungssystem bereitgestellt werden kann, wobei die spezifischen Mehrkosten je Wohnung nur DM 525,— betragen. Die spezifischen kW-Kosten sinken beim allelektrischen System auf 30%. Während die Kosten der sogenannten „inneren Erschließung" für beide Fälle nahezu gleich sind, liegen die Kosten der „äußeren Erschließung" bei der allelektrischen Versorgung rund dreimal so hoch, d. h., die gesamten Netzmehrkosten entfallen im wesentlichen auf diese Anlagenteile. Einer konventionellen, mit zwei 40-MW-Trafos ausgerüsteten 110/10-kV-Umspannung in einem 220/110-kV-Umspannwerk stehen bei der allelektrischen Versorgung auf einem Versorgungsraum von nur 5 km² neun 110/10-kV-Kleinumspannwerke einfachster Bauart gegenüber, die aus einem umfangreichen 110-kV-Kabelnetz angespeist werden.

Man kann daher feststellen, daß bei einer, den Gegebenheiten der allelektrischen Versorgung, insbesondere einer hohen Verbrauchsdichte angepaßten unkonventionellen Netzgestaltung, eine starke Degression in den spezifischen Anlagekosten erzielt werden kann.

Verglichen mit der möglichen Kostendegression von Stromerzeugungsanlagen kann man somit beim Übergang auf allelektrische Versorgung und der damit verbundenen Vervielfachung der Verbrauchsdichte im gesamten Verteilnetz spezifische Kostendegressionen in mehrfacher Höhe erzielen. Voraussetzung ist jedoch unbedingt nicht nur ein fortschrittlicher Netzbau, sondern auch eine konsequente Absatzplanung bzw. -förderung, die einen geschlossenen allelektrischen Ausbau von Siedlungsgebieten gestattet [68].

An dieser Stelle sei auch noch auf eine schwedische Untersuchung [89 a] hingewiesen, die sich mit der zu erwartenden Belastungsdichte in Gebieten mit bzw. ohne elektrischer Heizung befaßt. Danach werden folgende Werte erwartet:

	Belastungsdichte in kW/km²	
	ohne elektrischer Heizung	mit elektrischer Heizung
Gebiete mit		
Einfamilienhäusern	2— 8	8— 30
Mehrfamilienhäusern	4— 10	15— 40
Büros und Geschäfte	10—100	40—150
Kleinindustrie	5— 10	20— 40

Ein Vergleich von optimal ausgelegten Verteilnetzen von Gebieten mit und ohne elektrischer Heizung zeigt, daß die Zuwachskosten für allelektrische Netze bei skr 10,— bis skr 15,— bzw. öS 42,— bis öS 63,— pro m² beheizter Gebäudefläche liegen. Verglichen mit den Zuwachskosten nach Tab. 22 ergibt sich unter Zugrundelegung einer durchschnittlichen Wohnfläche von 70 m² gute Übereinstimmung.

10.5 Kosten und Möglichkeiten des Ausbaues bestehender Verteilnetze für allelektrische Versorgung

Die Schwierigkeit, dieser letztgenannten Forderung beim Ausbau der allelektrischen Versorgung in bestehenden Versorgungsnetzen entsprechen zu können, steht an der Spitze aller damit zusammenhängenden Probleme. Im wesentlichen handelt es sich gegenüber der Allelektrifizierung von neuen Siedlungen um folgendes:

a) Gegenüber neuen allelektrischen Siedlungen kann von den Möglichkeiten des rationellen Netzausbaues und den Auswirkungen der aus der Verbrauchsverdichtung ableitbaren Anlagekostendegression nur zum Teil Gebrauch gemacht werden, da eine starke Bindung an den gegebenen Anlagenbestand vorliegt.

b) In neuen Siedlungsgebieten ist von vornherein meist eine eindeutige Entscheidung hinsichtlich einer umfassenden allelektrischen Versorgung zu erreichen, da hierfür meist nur ein oder zwei Siedlungsträger maßgebend sind.

c) Der bei der Verstärkung bestehender Verteilnetze unvermeidliche, verlorene Aufwand durch teilweisen Entfall an sich noch funktionstüchtiger Anlagen ist bei neuen Netzen nicht gegeben.

Die Aktivierung bestehender Netze für allelektrische Versorgung setzt eine stufenweise Vorgangsweise voraus, die auf weite Sicht zu einem gleichartigen Netzzustand wie bei kompletten Neuanlagen führen sollte. Die Bedeutung eines derartigen möglichst sorgfältig geplanten Ausbaues kann angesichts der Bedeutung des Althausbestandes und des darauf entfallenden hohen Anteiles an Einzelofenheizungen nicht hoch genug eingeschätzt werden. Am Beginn steht die Ausnützung der vorhandenen freien Übertragungskapazität, die jedoch aus den unter Pkt. 9.2 dargelegten Gründen verhältnismäßig rasch ausgeschöpft ist, da Siedlungsgebiete mit homogener Abnehmerstruktur nur relativ geringe Sättigungswerte für die elektrische Raumheizung zulassen. Hand in Hand geht damit die Verstärkung der Trafoleistungen und vor allem die Verdichtung des Stationsnetzes, wodurch sich die Leistungsfähigkeit der Niederspannungsnetze entsprechend erhöht.

Für die Finanzierung solcher Maßnahmen stehen Baukostenbeiträge der Abnehmer und die verbleibenden Beträge aus dem zusätzlichen Stromverkauf zur Verfügung. Unerläßliche wirtschaftliche Voraussetzung ist jedoch eine kurzfristig möglichst weitgehende Realisierung der allelektrischen Versorgung innerhalb des betreffenden neuen Stationsbereiches, um die Vorfinanzierung klein zu halten. Unter dieser Voraussetzung kann auch in Netzen mit geringer Siedlungsdichte (Streusiedlungsgebiet) in beschränktem Rahmen eine allelektrische Versorgung realisiert werden. Wesentlich ist bei allen diesen Maßnahmen die Ausschöpfung aller technischen Möglichkeiten zur Erstellung einfacher, billiger Einschubtrafostationen im Sinne von Pkt. 10.3. Ein derartiger Netzausbau ist bis zur Auslastung des Mittelspannungsnetzes und vor allem der H/M-Umspannwerke auf lange Sicht finanzierbar.

Das weitere Ausbauproblem tritt, vor allem in Netzen mit zwei Mittelspannungen mit Zwischenumspannungen relativ kleiner Leistung wesentlich früher auf, wobei die Errichtung von neuen allelektrischen Siedlungen das auslösende Moment sein kann. Dabei kann es sich entweder um die Errichtung neuer Zwischenspannwerke oder um die Verstärkung bestehender Zwischenumspannwerke handeln. Im ersten Fall wird im Sinne der erwähnten Untersuchungen des VDEW-Arbeitskreises „Moderne Netze“ [73] zu prüfen sein, inwieweit nicht angesichts der geringen, zur Diskussion stehenden Übertragungsentfernungen an Stelle eines neuen Zwischenumspannwerkes zunächst die Verlegung zusätzlicher 10-kV-Anspeiskabel mit starkem Querschnitt ab einem bestehenden 110-kV-Umspannwerk, verbunden mit der Möglichkeit einer späteren Einfügung eines weiteren 110/10-kV-Umspannwerkes die zweckmäßigere Lösung darstellt.

Unter der Voraussetzung freier Leistung in einem bestehenden 110/10-kV-Umspannwerk und bei geringen Übertragungsentfernungen von 1 bis 2 km ist der direkte 10-kV-Anschluß meist weniger aufwendig für die Herstellung einer allelektrischen Versorgung als die Schaffung einer Zwischenumspannung, so daß es sogar sinnvoll ist, im Laufe der Belastungsentwicklung notwendig werdende Neueinspeisungen in die untere Mittelspannungsebene auch unter Beibehaltung zweier gegebener Mittelspannungen direkt aus dem 110-kV-Netz vorzunehmen.

Ist der Ausbau von Zwischenumspannungen aus geographischen bzw. Platzgründen nicht zu umgehen, dann wäre äußerste Einfachheit durch Verzicht auf Einrichtung einer oberspannungsseitigen Sammelschiene in den Zwischenumspannwerken anzustreben. Trafos und oberspannungsseitige Anspeiskabel (z. B. für 30 kV) werden in Block geschaltet und durch Distanzschutzeinrichtungen, die auf die zugeordneten Leistungsschalter in beiden Umspannwerken wirken, geschützt.

11. Gestehungskosten für die Bereitstellung von Schwachlastenergie für elektrische Raumheizung und Warmwasserbereitung; der allelektrische Haushalt im Vergleich zu anderen Elektrifizierungsfällen

11.1 Gestehungskosten der Schwachlastenergie vom Standpunkt der Erzeugung; Vergleich mit den Nutzwärmepreisen konventioneller Energieträger

Ausgehend von der Prämisse, wonach keine zusätzlichen Erzeugungsanlagen für die Bereitstellung von Schwachlastenergie anfallen dürfen, beschränken sich die Gestehungskosten der Schwachlastenergie auf die arbeitsabhängigen Kosten der Erzeugung. Das bedeutet für ein thermisches Erzeugungssystem Grenzkosten in Höhe der Brennstoffkosten je erzeugter kWh, in einem ausschließlich hydraulischen Erzeugungssystem hingegen Grenzkosten, die gleich null sind.

Damit sind für beide Systeme die Grenzkosten der Schwachlastenergie und damit die für Preiskalkulationen maßgebliche Preisuntergrenze definiert. Unabhängig von dieser Abstraktion ergeben sich noch abnehmerabhängige Kosten, wie Meß- und sonstige Gemeinkosten und die Kosten der Übertragungsverluste, die jedoch für diese grundsätzlichen Aussagen außer Betracht bleiben können. Hingegen ergibt sich bei einem hydraulisch-thermischen System zwangsläufig eine Kostendifferenzierung nach jahreskonstanter und jahresinkonstanter Schwachlastenergie. Für die jahreskonstante Schwachlastenergie werden die Grenzkosten durch die durchschnittlichen arbeitsabhängigen Kosten des gesamten Jahresdargebotes, d. h. somit im Sinne der obigen Feststellung durch die Brennstoffkosten bestimmt, woraus sich rückgerechnet ein entsprechender Mischpreis je kWh Schwachlastenergie ergibt. Für die jahresinkonstante Schwachlastenergie ändert sich hingegen dieser Mischpreis je nach Größe des thermischen bzw. hydraulischen Anteiles, d. h. nach Art der Schwachlastenergiedarbietung durch hydraulische oder thermische Kraftwerke im betrachteten Jahresteil. Für die Beurteilung der langfristigen Grenzkosten, d. h. also im Hinblick auf Kapazitätserweiterungen des thermischen oder hydraulischen Anteiles, gelten sinngemäß die gleichen Überlegungen.

Mit diesen Feststellungen können allgemein seitens der Gestehungskosten die Preisuntergrenzen für Schwachlastenergie fixiert werden.

Eine genauere Aussage muß jedoch von der jeweiligen spezifischen Aufbringungsstruktur ausgehen und insbesondere von der Feststellung, welche Primärenergieträger die arbeitsabhängigen Kosten der Erzeugung bestimmen. Während diese Frage im rein hydraulischen Erzeugungssystem einfach zu beantworten ist, wird in kombinierten Erzeugungssystemen eine Untersuchung nötig sein, welcher Kraftwerkstyp für die Schwachlastenergieerzeugung eingesetzt wird. Mit zunehmender Auffüllung des Belastungsdiagrammes müssen naturgemäß nicht nur Grundlastwerke (z. B. auf Braunkohlenbasis), sondern auch im Trapezlastbereich arbeitende Werke (z. B. auf Heizöl- oder Erdgasbasis) dafür herangezogen werden. Besondere Bedeutung gewinnt eine derartige Betrachtung aber für die Aussage, inwieweit die zwangsläufig vorwiegend für den Grundlastbereich bestimmten Kernkraftwerke für Schwachlastenergiebereitstellung herangezogen werden bzw. auch im Trapezlastbereich arbeiten können.

Die derzeit noch erforderliche Orientierung der Kosten der Schwachlastenergie bei stark aufgefüllten Belastungsdiagrammen an den Brennstoffkosten der mit Steinkohle, Heizöl oder Erdgas arbeitenden Kraftwerke würde somit auf lange Sicht durch eine Orientierung an den Brennstoffkosten der Kernkraftwerke ersetzt werden. Die Gestehungskosten der Schwachlastenergie werden damit unabhängig von den klassischen Energieträgern für die elektrische Raumheizung, wodurch sich eine völlig neue Konkurrenzsituation zwischen elektrischer Raumheizung und konventionellen Heizsystemen ergibt.

Abgesehen davon, daß es sich hier um eine Entwicklung auf lange Sicht handelt, die durch immer stärkeres Eindringen der Kernenergie in den Grundlastbereich, gleichgültig ob es sich um ein konventionell thermisch-nukleares oder ein hydraulisch-nukleares Erzeugungssystem handelt, gekennzeichnet ist, werden die mit konventionellen Brennstoffen im Trapezlastbereich arbeitenden Kraftwerke bzw. die großen hydraulischen Speicherwerke, wie z. B. in der Schweiz, immer mehr in den oberen Lastbereich des Belastungsdiagrammes geschoben werden. Die Grenzen des Einsatzbereiches zwischen Kernkraftwerken und anderen Kraftwerkstypen werden notwendigerweise von der wirtschaftlichen Grenzbenutzungsdauer bestimmt sein. Gerade diesbezüglich ergeben sich aber durch die im Jahre 1973 erfolgten massiven Preiserhöhungen für Heizöl, denen zwangsläufig auch entsprechende Preiserhöhungen bei Erdgas und Steinkohle folgen werden, neue Gesichtspunkte für die Grenznutzungsdauer von Kernkraftwerken. Wenn man allgemein bisher Benutzungsdauerwerte von 5000 bis 5500 h/a für ein Kernkraftwerk gefordert hat, wird unter diesen veränderten Umständen ein wirtschaftlicher Einsatz der Kernenergie im Vergleich zu den genannten Primärenergieträgern bereits bei 4000—4500 h/a möglich sein. Demnach wird die Kalkulation des Preises für Schwachlastenergie in Form einer Mischpreiskalkulation immer stärker durch die Brennstoffkosten der Kernenergie mitbestimmt werden. Geht man daher beim Ansatz der Preise für Schwachlastenergie von den Kosten des jeweils teuersten Primärenergieträgers aus, so wird sich zwangsläufig im Laufe der Entwicklung aus der Schwachlastenergielieferung ein zusätzlicher beachtlicher elektrizitätswirtschaftlicher Vorteil ergeben.

Neben diesem von den Gestehungskosten her bestimmten Ergebnis ist jedoch noch die allgemeine Konkurrenzsituation der Schwachlastenergie gegenüber den konventionellen Energieträgern zu untersuchen. Eine Betrachtung der Vergangenheit zeigt, daß die Entwicklung der Elektrospeicherheizung zu einem konkurrenzfähigen Heizsystem und in ähnlicher Weise die Warmwasserbereitung auf Speicherbasis nicht nur vom angebotenen günstigen Preis für Schwachlastenergie bestimmt war, sondern auch von der vom Standpunkt der Verbraucher ständig günstiger werdenden Relation zu den Nutzwärmepreisen der konventionellen Energieträger. Abb. 54 zeigt die Entwicklung dieser Nutz-

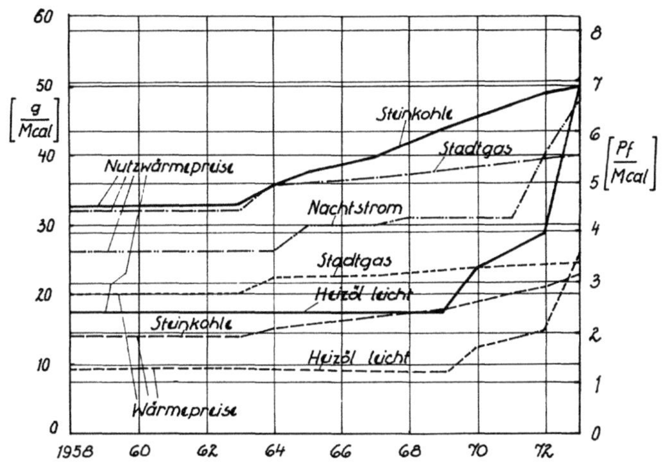

Abb. 54. Entwicklung der Nutzwärmepreise für konventionelle Energieträger (ohne Nebenkosten) und der Nachtstrompreise

wärmepreisrelationen. Dabei wurden für den Vergleich die Nutzwärmepreise mit Hilfe der Nutzungsgrade laut Pkt. 3.2 errechnet und einheitlich alle Werte auf Mcal bezogen.

Aus der Abb. 54 ergibt sich, daß vor allem durch die im Jahre 1973 erfolgten Preiserhöhungen die Relationen entscheidend zugunsten der Schwachlastenergie verändert wurden.

11.2 Gestehungskosten der Stromlieferung an allelektrische Haushalte gegenüber teil- und vollelektrischen Haushalten; Netzzuwachskosten beim Übergang auf allelektrische Versorgung

Folgt man auch für die Fortleitungs- und Verteilungsanlagen der Forderung, daß die Lieferung von Schwachlastenergie keine zusätzlichen festen Kosten verursachen darf, so wäre in vielen Fällen (siehe Pkt. 9) sehr bald die zulässige Sättigungsgrenze erreicht, da die regional vorhandenen freien Übertragungskapazitäten im allgemeinen meist früher ausgeschöpft sind, als die für einen großen Netzbereich zur Verfügung stehende freie Erzeugungskapazität.

Eine konsequente Entwicklung der allelektrischen Versorgung auf Basis von elektrischer Speicherheizung im Rahmen der durch die Erzeugungskapazität gezogenen Grenzen für die Schwachlastenergiebereitstellung bedingt daher zwangsläufig einen entsprechenden Ausbau der Verteilnetze, eine Maßnahme, der die Feststellungen nach Pkt. 10.3 über die beträchtliche Netzkostendegression beim Übergang von der vollelektrischen Versorgung zur allelektrischen Versorgung entscheidend entgegenkommen. Voraussetzung dafür ist jedoch eine konsequente Ausnützung der durch die auf das drei- bis fünffache erhöhten Verbrauchsdichte sich ergebenden Möglichkeiten für eine rationelle Netzgestaltung im Sinne von Pkt. 10.4. Dann ist auch bei einem auf allelektrische Versorgung abgestellten Ausbau der Mittelspannungs- und Hochspannungsnetze mit bedeutenden Senkungen der spezifischen Netzkosten zu rechnen, wie auch durch andere Untersuchungen [77, 71] nachgewiesen wird.

Einer Quantifizierung dieser Zusammenhänge zwischen Netzkostendegression und spezifischer Umsatzerhöhung bzw. Erhöhung der Verbrauchsdichten dient die nachstehende Untersuchung. Vergleicht man die charakteristischen Abnahmeverhältnisse von Haushaltabnehmern mit verschiedenen Elektrifizierungsgraden (Klassifikation nach Pkt. 9.4) hinsichtlich Verbrauch und Anteil an der Werkshöchstlast (wobei angenommen ist, daß die Werkshöchstlast mit der Abendspitze zusammenfällt), so gelangt man zu den aus Tab. 24 ersichtlichen Richtwerten.

Tabelle 24. *Spezifischer Verbrauch und Werkshöchstlastanteil für verschiedene Elektrifizierungsgrade von Haushalten*

Elektrifizierungsgrad	durchschnittlicher Anteil an der Werkshöchstlast (Abendspitze im 110-kV-Netz) kW	durchschnittlicher Jahresverbrauch kWh	Benutzungsdauer des Werkshöchstlastanteiles h/a
A. Teilelektrischer Haushalt:			
Ausrüstung mit üblichen Klein- und Großgeräten, jedoch ohne Elektroherd und elektrische Warmwasserbereitung (entspricht Ausstattung bei Gasvollversorgung)	0,4—0,5	1 000	2 000— 2 500
B. Vollelektrischer Haushalt:			
Ausrüstung wie A, jedoch mit Elektroherd	0,6—0,8	2 400	2 750— 4 600
C. Vollelektrischer Haushalt:			
Ausrüstung wie A, jedoch mit Elektroherd und Warmwasserbereitung mit Durchlauferhitzer	1,0—1,3	4 000	3 070— 4 400
D. Allelektrischer Haushalt:			
Ausrüstung wie C, und Elektroheizung mit Schwachlastenergie			
a) Wohnung im Mehrfamilienhaus	1,0—1,3	13 000	10 000—13 000
b) Einfamilienhaus	1,2—1,5	25 000	17 000—21 000

Die Benutzungsdauerwerte für den Fall D sind natürlich als fiktive Werte zu betrachten, die lediglich ein Maß für die durchschnittliche Festkostenbelastung je kWh bilden. Unter Verwendung der Verbrauchswerte der Tab. 24 sowie der mittleren spezifischen Netzkosten nach Abb. 49 in Pkt. 10.3 können die durchschnittlichen spezifischen Netzkosten je abgegebener kWh für das Niederspannungsnetz einschließlich Trafostationen und Anschlüssen an das Mittelspannungsnetz für verschiedene Elektrifizierungsgrade in Abhängigkeit von der Siedlungsdichte errechnet werden. Bei den Netzkosten wurde gemäß Pkt. 9.4 nur eine Differenzierung nach allelektrischer und anderer (gleichgültig ob voll- oder teilelektrisch) Versorgung vorgenommen, da die Auslegung der Netze durch die in den Haushalten verwendeten Großgeräte (Waschmaschinen, Geschirrspülmaschinen usw.) unabhängig davon, ob ein Elektroherd vorhanden ist oder nicht, bestimmt wird.

Für die Ermittlung der festen Jahreskosten des Verteilnetzes wurden 8% p. a. kalkulatorische Zinsen, eine Abschreibungszeit von 30 Jahren, 2% Betriebs- und Instandhaltungskosten für die Fälle A bis C und 1,5% für den Fall D zugrunde gelegt, da eine anlagenkostenproportionale Zunahme dieser Kostenbestandteile sicher nicht gegeben ist. Zusammengefaßt ergeben sich daher für die Fälle A bis C einerseits und für den Fall D andererseits folgende Jahresfaktoren:

	Elektrifizierungsgrad A, B, C	Elektrifizierungsgrad D
Verzinsung und Tilgung	8,9%	8,9%
Betrieb und Instandhaltung	2 %	1,5%
Gesamter Jahresfaktor	10,9%	10,4%

Das Ergebnis dieser Durchrechnung zeigt Abb. 55. Die außerordentlich starke Netzkostendegression je abgegebener kWh, insbesondere die stark abnehmenden Zuwachskosten beim Übergang zu höheren Elektrifizierungsgraden, insbesondere beim Übergang zur allelektrischen Versorgung, wird besonders deutlich und bestätigt vor allem einschlägige Untersuchungen [78, 79].

Als Variante dieser gegenständlichen Rechnung wurde auch der Fall untersucht, daß die gegenständlichen Netzkosten bei Neuanschlüssen in voller Höhe durch Baukostenbeiträge der Abnehmer aufgebracht werden. Die Finanzierung der vorgelagerten Versorgungsstufen würde hingegen wie im ersten Fall voll über den Strompreis erfolgen. In seiner Auswirkung auf die Gestehungskosten ist der Baukostenzuschuß als Finanzierungszuschuß zu behandeln, wodurch die kalkulatorische Verzinsung der durch den Baukostenzuschuß gedeckten Anlagekosten entfällt und dementsprechend die Jahresfaktoren für die Elektrifizierungsgrade A—C auf 2,9% und für D auf 2,4% sinken; die entsprechenden Werte sind in Abb. 55 als Variante markiert.

Bei Betrachtung des Diagrammes der Abb. 55 darf nicht erwartet werden, daß sich für gleiche Verbrauchsdichten gleiche spezifische Verbrauchskosten je kWh ergeben, da die spezifischen Verteilnetzkosten je Wohnung für die Elektrifizierungsgrade A—C gleich hoch sind und sich erst gegenüber dem Fall D ein Kostensprung ergibt. Die Siedlungsdichte kann daher nur als relatives und nicht als absolutes Kriterium für die spezifischen Verteilkosten angesehen werden, wobei zu beachten ist, daß bei den getroffenen Annahmen die höheren Verbrauchsdichten steigender Schwachlastenergieanwendung

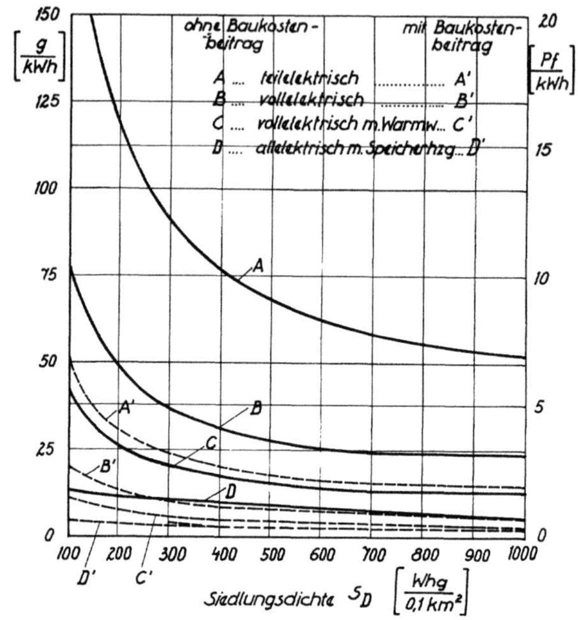

Abb. 55. Jahreskosten des Verteilnetzes je kWh (Niederspannungsnetz mit Trafostation und Mittelspannungsnetz im Siedlungsbereich je kWh) in Abhängigkeit von Elektrifizierungsgrad und Siedlungsdichte ohne bzw. mit Erbringung von Baukostenbeiträgen

zuzuschreiben sind. Die spezifische Netzauslegung für eine bestimmte Siedlungsdichte ändert sich somit beim Vergleich der Elektrifizierungsfälle A—C überhaupt nicht, so daß hier lediglich der Effekt einer verbesserten Ausnützung vorliegt. Erst beim Übergang zum Elektrifizierungsgrad D wird auch die Anlagenkostendegression wirksam.

Zur Verdeutlichung der Zusammenhänge vor allem in Hinblick auf Vergleiche mit den Verteilkosten von Fernwärmenetzen sind in der Abb. 56, die aus Abb. 55 abgeleitet wurde, die spezifischen Verteilkosten je MWh und Jahr in Abhängigkeit von der Verbrauchsdichte V_D in GWh/0,1 km² dargestellt, wobei die Elektrifizierunggrade gleichsam als Parameter zu betrachten sind. Verwendet wurden in dieser Abbildung die korrespondierenden Werte der Abb. 55, ohne Baukostenbeitragsleistungen seitens der Abnehmer. Bemerkenswert sind die daraus ersichtlichen geringen Zuwachskosten beim Übergang zu höheren Verbrauchsdichten bzw. zu den höheren Elektrifizierungsgraden.

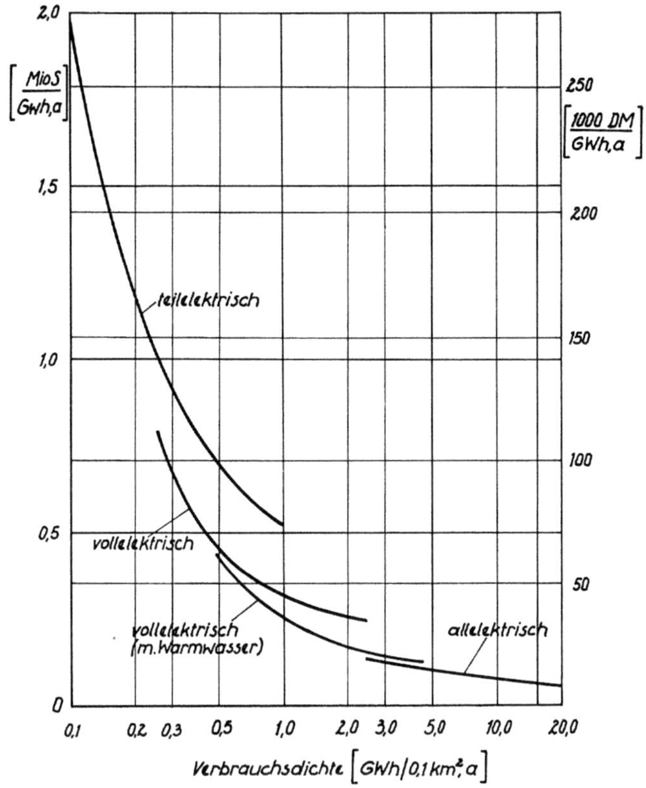

Abb. 56. Jährliche spezifische Verteilkosten (Umfang nach Abb. 55) in Abhängigkeit von der Verbrauchsdichte und nach Maßgabe der Elektrifizierungsgrade

Diese ausschließlich auf das Niederspannungsnetz mit zugehörigen Trafostationen und auf das Mittelspannungsnetz im Siedlungsbereich abgestellte Betrachtung ist zu ergänzen durch die spezifischen kWh-Kosten für die vorgelagerten Versorgungsstufen „Erzeugung" und „Fortleitung". Für die mittleren Jahreskosten der verschiedenen Kraftwerkstypen können als Richtwerte folgende Ziffern angegeben werden [78, 79, 80, 81]:

Tabelle 25. *Spezifische Baukosten und feste Jahreskosten für verschiedene Kraftwerkstypen*

Kraftwerkstyp	Spezifische Baukosten je kW installierter Leistung (Preisbasis 1973)		mittlere feste Jahreskosten je kW Werkshöchstlastanteil	
	öS	DM	S/kW	DM/kW
Jahresspeicherwerk	9 000—11 000	1 250—1 530	950,—	132,—
Laufwasserkraftwerk	10 000—11 000	1 400—1 510	2 200,—	305,—
konventionelle thermische Kraftwerke	4 000— 5 500	620— 760	680,—	94,—
Kernkraftwerke	7 000— 8 000	970—1 100	1 120,—	156,—

Bei der Ermittlung der festen Kosten je kW Werkshöchstlastanteil wurde von folgenden Ansätzen ausgegangen:

Verzinsung 7,5% p. a., Abschreibungszeit 40 Jahre für hydraulische Kraftwerke und 25 Jahre für thermische Kraftwerke;
nutzbare Laufkraftwerksleistung im Hochwinter 45% der Ausbauleistung;
Betriebs-, Instandhaltungs- und Gemeinkosten 1,5% für hydraulische Kraftwerke und 3,5% für thermische Kraftwerke;
Reservefaktor für thermische Kraftwerke 1,15.

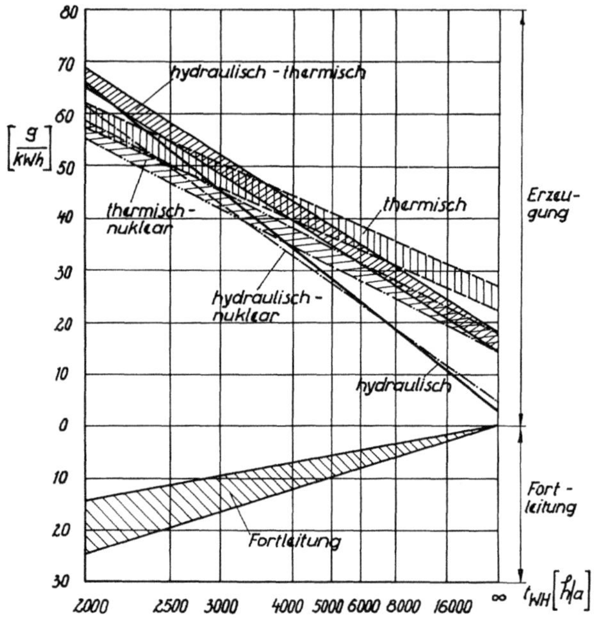

Abb. 57. Spezifische Gestehungskosten der elektrischen Energie in Abhängigkeit von der Benutzungsdauer des Werkshöchstlastanteiles bei verschiedenen Erzeugungsstrukturen

In den festen Jahreskosten je kW beanspruchter Kraftwerksleistung zur Zeit der Werkshöchstlast nach Tab. 25 ist somit die Reservehaltung für die thermischen Kraftwerke sowie der Rückgang der hydraulischen Erzeugung im Hochwinter entsprechend berücksichtigt.

Ausgehend von den Werten der Tab. 25 wurde zur Ermittlung der resultierenden spezifischen Erzeugungskosten für verschieden kombinierte Erzeugungssysteme eine Reihe charakteristischer Kombinationen nach Maßgabe des Anteiles der einzelnen Kraftwerkstypen an der Deckung der Winterhöchstlast und der Aufbringung der Jahresarbeit untersucht. Die entsprechenden Basiswerte zeigt Tab. 26.

Die einzelnen Systembezeichnungen sind dabei nicht als ausschließlich zu verstehen, da z. B. im hydraulischen System schon aus praktischen Gründen des Verbundbetriebes in geringem Umfang auch thermisch erzeugte Energie zur Verwendung gelangt.

Tabelle 26. *Relative Anteile der einzelnen Kraftwerkstypen an der Bedarfsdeckung bei verschiedenen Erzeugungsstrukturen*

Kraftwerksarten	Anteil an der Werkshöchstlast Winter %	Sommer %	Jahresbenutzungsdauer der Winterwerkshöchstlastanteile h/a	Anteile an der Aufbringung der Jahresarbeit %
a) Hydraulisch-thermisches System				
Speicherwerke	8,1	9,5	2 500	3,7
Laufwasserwerke	20,0	53,5	12 500	43,5
konventionelle Dampfkraftwerke	71,9	27,0	4 000	52,8
Gesamte Werkshöchstlast	100,0	90,0	5 500	100,0
b) Hydraulisches System				
Speicherwerke	55,0	20,0	2 500	25,0
Laufwasserwerke	30,0	60,0	12 000	65,0
konventionelle Dampfkraftwerke	15,0	10,0	3 650	10,0
	100,0	90,0	5 500	100,0
c) Thermisches System				
Speicherwerke	10,0	10,0	2 000	3,6
Dampfkraftwerke	90,0	80,0	5 300	86,4
	100,0	90,0	5 500	100,0
d) Hydraulisch-nukleares System				
Speicherwerke	28,0	10,0	1 500	7,7
Kernkraftwerke	30,0	20,0	6 000	32,0
Laufwasserwerke	26,0	52,0	11 500	54,5
konventionelle Dampfkraftwerke	16,0	8,0	2 000	5,8
	100,0	90,0	5 500	100,0
e) Thermisch-nukleares System				
Speicherwerke	10,0	14,0	2 500	4,5
Dampfkraftwerke	60,0	51,0	5 000	54,5
Kernkraftwerke	30,0	25,0	7 500	41,0
	100,0	90,0	5 500	100,0

Unter Zugrundelegung der Werte der Tab. 25 und 26 wurde das Diagramm der Abb. 57 entwickelt, aus der in Abhängigkeit von der Benutzungsdauer die jeweiligen kWh-Durchschnittspreise für die verschiedenen Erzeugungssysteme abgelesen werden können. Selbstverständlich kann dieses Diagramm in erster Linie nur die relativen Unterschiede wiedergeben und erst in zweiter Linie Richtwerte für die absoluten Erzeugungskosten. Dies um so mehr, als vor allem hinsichtlich der arbeitsabhängigen Kosten der konventionellen Dampfkraftwerke mit Rücksicht auf den großen Unterschied der Wärmepreise von Braunkohle und Heizöl schwer ein mittlerer Wärmepreis angegeben werden kann. Deswegen wurden für die konventionellen thermischen Kraftwerke, wie aus dem Diagramm ersichtlich, die beiden Grenzwärmepreise von öS 110,— und öS 140,—/Gcal bzw. von DM 15,— und DM 20,—/Gcal zugrunde gelegt. Was die angegebenen Benutzungsdauerwerte betrifft, so ist zu beachten, daß sich Benutzungsdauerwerte ergeben können, die die maximale Jahresbenutzungsdauer von 8760 Stunden übersteigen, wenn man den maßgebenden Werkshöchstlastanteil während der Starklastzeit (z. B. während der Abendspitze) dem gesamten, durch Schwachlastenergieanwendung erhöhten Verbrauch eines Abnehmers bzw. eines Haushaltes gegenüberstellt. Diese Benutzungsdauerwerte sind zwar als fiktiv anzusehen, aber sie können als Maß für die durchschnittliche Festkostenbelastung je kWh gelten. In das Diagramm der Abb. 57 wurden auch einige Richtwerte für die Kosten der Fortleitung (Hoch- und Mittelspannungsnetz) aufgenommen, wie sie sich auf Grund von Erfahrungswerten ergeben. Legt man die Benutzungsdauer der Werkshöchstlastanteile der einzelnen Elektrifizierungsgrade nach Tab. 24 zugrunde, so erhält man aus Abb. 57 unabhängig von der Siedlungsdichte bzw. Verbrauchsdichte die mittleren Gestehungskosten je kWh für die Erzeugung und Fortleitung bzw. die gesamten Gestehungskosten wie folgt:

Tabelle 26 a. *Durchschnittliche gesamte Gestehungskosten für die Stromlieferung an Siedlungen in Abhängigkeit vom Elektrifizierungsgrad*

Elektrifizierungsgrad		A	B	C	D
Gestehungskosten je kWh für das Niederspannungsnetz samt Trafostationen und Mittelspannungsnetz im Siedlungsbereich (für eine Siedlungsdichte von 400 nach Abb. 55)	g/kWh	76,0	31,0	17,0	10,0
Gestehungskosten für Fortleitung (lt. Abb. 57, Mittelwert)	g/kWh	17,0	12,0	8,5	3,5
Gestehungskosten je kWh für die Erzeugung (für das hydraulisch-thermische System, oberer Grenzwert lt. Abb. 57)	g/kWh	62,0	47,5	40,0	34,0
Verluste 10%	g/kWh	15,5	9,1	6,6	4,8
Variante a) Summe gesamter Gestehungskosten	g/kWh	170,5	99,6	72,1	52,3
	Pf/kWh	23,8	13,4	10,0	7,3
Gestehungskosten für das hydraulisch-nukleare System (nach Abb. 57)	g/kWh	55,0	37,0	29,0	13,5
Verluste 10%	g/kWh	14,8	7,0	5,5	2,7
Variante b) Summe gesamter Gestehungskosten	g/kWh	162,8	77,0	60,0	29,7
	Pf/kWh	22,6	10,6	8,3	4,1

Als Variante b) wurden in der Tab. 26 a statt der Gestehungskosten für das hydraulisch-thermische System auch die Gestehungskosten für das hydraulisch-nukleare System angesetzt. Dieses System bringt etwas günstigere Ergebnisse, weil dort die höhere Benützungsdauer zu einer stärkeren Kostendegression führt und die arbeitsabhängigen Kosten niedriger sind. Bei Variante a) wurde beim Elektrifizierungsgrad D berücksichtigt, daß es sich bei der Stromlieferung für die Speicherheizung vornehmlich um thermisch erzeugte Energie handelt.

Die Ergebnisse der Tab. 26 a zeigen eine starke Kostendegression mit steigendem Elektrifizierungsgrad. Es ist hier auf die getroffene Annahme hinzuweisen, wonach in allen vier Fällen der Werkshöchstlastanteil durch den Anteil an der Tageshöchstlast bestimmt wird und somit für die Speicherheizung keine zusätzlichen Investitionen in den vorgelagerten Versorgungsstufen erforderlich sind.

Allgemein kann man auf Grund dieser Werte in Hinblick auf Verbrauchsverdichtungen durch stärkere Elektrifizierung der Haushalte insbesondere durch Schwachlastenergieanwendung folgendes feststellen:

a) Verglichen mit den durchschnittlichen Verkaufserlösen sind die Gestehungskosten der Stromlieferung an teilelektrisch ausgerüstete Siedlungen nicht kostendeckend. Diese Feststellung ist vor allem in Hinblick auf die Gasvollversorgung von Siedlungsgebieten von grundsätzlicher Bedeutung.

b) Die erhebliche Gestehungskostendegression je kWh beim Übergang vom teilelektrischen über den vollelektrischen zum allelektrischen Haushalt zeigt die große elektrizitätswirtschaftliche Bedeutung der Voll- bzw. Allelektrifizierung von neuen Siedlungen.

c) Der bedeutende Einfluß der Baukostenbeiträge als Mittel zur Gestehungskostensenkung wird durch die Abb. 55 unterstrichen. Bei geringer spezifischer Abnahme (Fall A und B) stellt die Leistung von Baukostenbeiträgen eine unerläßliche wirtschaftliche Notwendigkeit für eine gestehungskostendeckende Versorgung dar. Der gestehungskostensenkende Einfluß der Baukostenbeiträge nimmt hingegen mit steigendem Umsatz stark ab, womit die Bedeutung der allelektrischen Versorgung großer Siedlungen im Sinne einer Gestehungskostensenkung einmal mehr unterstrichen wird.

d) Der prozentuale Gestehungskostenanteil der vorgelagerten Versorgungsstufen erhöht sich mit steigendem Umsatz und erreicht bei Fall D bereits 80% der Gestehungskosten. Es kommt darin die mit der Verbrauchsverdichtung Hand in Hand gehende Verlagerung der Gestehungskosten auf die vorgelagerten Versorgungsstufen zum Ausdruck, als Folge der beim Verteilnetz möglichen starken Kostendegression, die bei den höheren Versorgungsstufen zurückgeht und insbesondere bei der Erzeugung nur noch geringe Werte aufweist. Es ist dies ein Ergebnis, das schon in den Untersuchungen nach [79 a] prognostiziert wurde.

Abschließend ist besonders festzustellen, daß im Sinne der getroffenen Voraussetzungen die dargelegten Ergebnisse hinsichtlich der allelektrischen Versorgung mittels Schwachlastenergie nur entsprechen, wenn keine Verstärkung von vorgelagerten Versorgungsstufen bzw. von H/M-Umspannwerken erforderlich werden. Werden solche Maßnahmen im Zuge von Großsiedlungsprojekten erforderlich, so fallen zusätzliche feste Kosten an. Die mit öS 700,— bis öS 900,—/kVA installierter Trafoleistung zu veranschlagenden Investitionskosten solcher Maßnahmen ergeben eine zusätzliche Belastung bei den festen Kosten von 5 g bis 6 g/kWh. Preisgünstiger und in Form eines zusätzlichen Baukostenbeitrages leichter unterbringbar erscheint jedenfalls eine Lösung nach

Pkt. 10.5 mit direktem Anschluß an das nächste 110/10-kV-Umspannwerk. Bei Einzel- bzw. Gruppenanschlüssen in bestehenden Niederspannungsverteilnetzen unter Ausnützung vorhandener Übertragungskapazitäten entsprechen die Zuwachskosten je kWh im wesentlichen den Zuwachskosten der Abb. 55 für den Fall der Erbringung von Baukostenbeiträgen. Werden hingegen Einschubstationen nötig, dann können unter Voraussetzung der vorhin skizzierten Vorgangsweise in solchen Fällen und bei Berechnung von angemessenen Baukostenbeiträgen in Höhe der spezifischen Anlagekosten solcher Stationsbereiche die Zuwachskosten je kWh auf gleicher Höhe gehalten werden.

Zusammenfassend ist somit festzustellen, daß die aus der allelektrischen Ausstattung resultierende Vervielfachung der Verbrauchsdichte zu einer starken Netzkostendegression bei neuen Siedlungen und damit zu sehr niedrigen spezifischen Zuwachskosten führt. Problematischer ist hingegen der Übergang zur allelektrischen Versorgung in bestehenden Netzkomplexen vor allem mit zwei Mittelspannungsebenen. In beiden Fällen stellt die Leistung von Baukostenbeiträgen ein unerläßliches Instrument für die Wirtschaftlichkeit der allelektrischen Versorgung dar.

12. Grundsätzliche elektrizitätswirtschaftliche Gesichtspunkte für die direkte elektrische Raumheizung

12.1 Maßgebliche elektrizitätswirtschaftliche Kenngrößen; Zusammenhang mit den klimatischen Gegebenheiten

Wie aus Pkt. 7.1 hervorgeht, stellt die elektrische Raumheizung auf Speicherbasis ein nahezu ausschließlich aus elektrizitätswirtschaftlichen Überlegungen geborenes Heizsystem dar, das durch die Möglichkeit günstige konkurrenzfähige Strompreise auch in Ländern mit verhältnismäßig hohen leistungsabhängigen Kosten der Stromerzeugung anzubieten, eine relativ starke Verbreitung, vor allem in Westdeutschland und in Österreich, gefunden hat. Es ist auf lange Sicht durchaus entwicklungsfähig, kann aber in Hinblick auf die laut Pkt. 9.3 bzw. Pkt. 9.5 gegebenen Grenzen nicht als ein Heizsystem betrachtet werden, das allein für sich die steigende Nachfrage nach elektrischer Raumheizung auf Dauer befriedigen kann. Die Speicherheizung ist daher als eine, auf speziellen elektrizitätswirtschaftlichen bzw. energiewirtschaftlichen Voraussetzungen basierende Lösung für die elektrische Raumheizung anzusehen, der bei anders gelagerten Verhältnissen, wie z. B. in Skandinavien, in den USA und zum Teil auch in Westeuropa, wie schon in Pkt. 5.1 erwähnt, die direkte elektrische Raumheizung gegenübertritt.

Angesichts dieser Situation erhebt sich die Frage, ob eine allgemeine Aussage über die elektrizitätswirtschaftlichen Möglichkeiten der direkten elektrischen Raumheizung in Hinblick auf die dazu nötigen Voraussetzungen und gestehungsmäßigen Konsequenzen sowie auf die Konkurrenzaspekte möglich ist. Es handelt sich hierbei zweifellos um ein sehr komplexes Problem, das einer gesamtwirtschaftlichen Betrachtung, vor allem im Zusammenhang mit den Anlagekosten der Heizsysteme und den Kosten der Wärmedämmung bedarf. Überdies ergeben sich durch die geradezu revolutionären Veränderungen der Kosten für die Primärenergieträger entscheidende Verschiebungen gegenüber den Anfang der siebziger Jahre noch gültigen Ausgangspositionen.

Aus der Sicht der elektrizitätswirtschaftlichen Gestehungskosten steht man bei der direkten elektrischen Raumheizung einer völlig anderen Situation als bei der Speicherheizung gegenüber. Während hier lediglich eine Deckung der arbeitsabhängigen Kosten gefordert werden mußte, bildet die direkte elektrische Raumheizung bzw. stellen die direkt beheizten Haushalte und sonstigen mit diesem Heizsystem arbeitenden Abnehmer eine Abnehmergruppe dar, von der, wie von allen anderen Abnehmern, ausgenommen die erwähnten Schwachlastenergiebezieher, volle Kostendeckung für die beanspruchte elektrische Leistung und Arbeit verlangt werden muß. Inwieweit hier eine Zuwachskostenrechnung angestellt werden kann, soll zunächst dahingestellt bleiben. Als maßgebende elektrizitätswirtschaftliche Basisgrößen zur Kennzeichnung der für die Gestehungskostenermittlung maßgeblichen Verbrauchsverhältnisse dieser Abnehmergruppe können definiert werden:

a) die maximale gleichzeitige Leistung des typischen direkt elektrisch beheizten mit elektrischer Warmwasserbereitung ausgestatteten Haushaltes;

b) der Anteil dieser gleichzeitigen Leistung an der jeweiligen Höchstlast in den einzelnen Kostenstufen, insbesondere an der Werkshöchstlast des gesamten Verteilnetzes bzw. der Kostenstufe Erzeugung;

c) die jährliche Benutzungsdauer des Werkshöchstlastanteiles der Gruppe „Direkt elektrisch beheizte Haushalte";

d) das Verhältnis zwischen Winter- und Sommerlast bzw. das Verhältnis von jahreskonstanten Verbrauch zu jahresinkonstanten Verbrauch.

Die vorstehenden Kenngrößen sind, soweit es sich um den Heizungsanteil handelt, abgesehen von der Betriebsweise jeder Heizung an sich eine Funktion der klimatischen und baulichen Gegebenheiten. Hinsichtlich der sonstigen Anteile der beanspruchten Leistung und Arbeit, vor allem für die Warmwasserbereitung, entsprechen sie dem Verhalten des typischen vollelektrischen Haushaltes.

Prüft man nun den relativen Einfluß unterschiedlicher klimatischer Gegebenheiten auf diese Kenngrößen, kann man folgendes feststellen:

a) Abhängigkeit des maximalen Heizleistungsbedarfes vom Klima. Für den maximalen zuschlagsfreien stündlichen Wärmebedarf gilt gemäß Pkt. 6.1 vereinfacht geschrieben allgemein die Beziehung

$$Q_{ho} = q_{ho} (\vartheta_i - \vartheta_{amin}) = q_{ho} \cdot \Delta \vartheta_{max}.$$

Darin ist

q_{ho} = von den Gebäudekonstanten abhängiger stündlicher Wärmebedarf je Grad Temperaturdifferenz,

ϑ_i = geforderte Innenraumtemperatur,

ϑ_{amin} = niedrigste Außenlufttemperatur als Tagesmittel des kältesten Tages.

ϑ_{amin} kann in Europa (ohne Rußland) zwischen — 8 °C (Großbritannien) und — 30 °C (Nordschweden) schwanken; Werte um 22 °C werden in der Klimazone IV innerhalb einiger Gebiete Österreichs und der Schweiz erreicht, die sich danach für Q_{ho} ergebenden spezifischen Differenzen werden jedoch durch die unterschiedliche Bauart und insbesondere durch die stärkere durchschnittliche Wärmedämmung in kälteren Klimazonen zum Teil ausgeglichen. Während in Westeuropa allgemein nur Einfachfenster verwendet werden, bildet in Mittel- und Nordeuropa das Doppelfenster die Norm. q_{ho} und $\Delta\vartheta$

können daher als gegenläufige Größen angesehen werden, deren Produkt somit nur kleinen Schwankungen unterliegt.

Daraus folgt, daß der maximale stündliche Wärmebedarf und damit die gleichzeitige Heizleistung je Abnehmer von klimatischen Unterschieden nur wenig beeinflußt werden. Dagegen ist wohl auf die grundsätzlichen wärmetechnischen Unterschiede hinzuweisen, die aus geometrischen Gegebenheiten (siehe Pkt. 6.2 und Pkt. 15.1) resultieren; demnach ist z. B. beim Einfamilienhaus mit einem 30—50% höheren spezifischen Wärmebedarf gegenüber einer durchschnittlichen Neubauwohnung in einem Mehrfamilienhaus zu rechnen. Angesichts des relativ hohen Anteils von Einfamilienhäusern in Mittel-, West- und Nordeuropa sowie in den USA, ergeben sich dadurch auch in elektrizitätswirtschaftlicher Hinsicht zwei deutlich zu unterscheidende Gruppen innerhalb der elektrisch beheizten Haushalte.

b) Abhängigkeit des jährlichen Heizenergieverbrauches vom Klima. Nach Pkt. 6.6 ergibt sich der jährliche Heizenergieverbrauch nach Zusammenfassung der klimatisch nicht relevanten Größen mit

$$B_j = C_1 \cdot C_2 \cdot q_{ho} \cdot G_t$$

bzw. der auf die Heizgradtagzahl bezogene Heizenergieverbrauch zu

$$\frac{B_j}{G_t} = C_1 \cdot C_2 \cdot q_{ho}.$$

Wie bereits in Pkt. 6 festgestellt, ist in klimatischer Hinsicht der jährliche Heizenergiebedarf lediglich von der Heizgradtagzahl abhängig bzw. der auf die Heizgradtagzahl bezogene Verbrauch ist unabhängig von klimatischen Gegebenheiten. Ein im Sinne von a) kleineres q_{ho} (bessere Wärmedämmung bei niedrigeren Außentemperaturen) wirkt der größeren Heizgradtagzahl natürlich entgegen.

c) Benutzungsdauer der maximalen Heizleistung. Da die Abhängigkeit des konstruktiv maßgebenden stündlichen Wärmebedarfes von den klimatischen Gegebenheiten im Sinne von a) gering ist, führt eine höhere Heizgradtagzahl zu einer höheren Benutzungsdauer. Dementsprechend fällt ein größerer Anteil des Heizstromverbrauches auf die Sommermonate.

Dazu seien in Tab. 27 die klimatischen Kenngrößen einiger Großstädte angegeben.

Da in den verschiedenen Ländern voneinander abweichende Definitionen von den Heizgradtagzahlen gelten — z. B. in Norwegen und Schweden Heizbeginn erst unter + 10 °C, mittlere Raumtemperatur + 17 °C —, wurden alle Werte auf die Definition, wie sie für Deutschland gilt (Heizbeginn unter + 12 °C, mittlere Raumtemperatur + 19 °C) umgerechnet. Die landeseigenen Werte für die skandinavischen Länder sind in Klammer danebengesetzt.

Es wäre jedoch falsch, aus einem Vergleich der auf dieselbe Definition umgerechneter Heizgradtagzahlen zu folgern, daß z. B. in Norwegen die Benutzungsdauer der Heizung entsprechend höher wäre, weil dies bedeuten würde, daß die Heizgradtagdefinition den tatsächlichen Heizbedürfnissen in Norwegen nicht gerecht wird. Auf Grund der skandinavischen Heizgradtagdefinition kann daher wohl geschlossen werden, daß etwas geringere Ansprüche an den Heizkomfort gestellt werden, und daß demnach der spezifische Heizenergieverbrauch relativ kleiner ist als in Mitteleuropa.

Tabelle 27. *Klimatische Kenngrößen einiger Großstädte* (Heizgradtagzahlen laut VDI 2067 bzw. auf diese Basis umgerechnete Werte)

	Mittleres Temperaturminimum °C	mittlere jährliche Temperatur °C	mittlere jährliche Temperatur während der Heizperiode °C	Heizgradtage lt. Def. in der BRD	Heizgradtage lt. Def. in Skandinavien
Stockholm	— 22	+ 7,1	+ 3,4	4450	(3760)
Oslo	— 20	+ 7,5	+ 3,6	4350	(3780)
Hamburg	— 11,5	+ 8,5	+ 4,5	3850	
Berlin	— 15,0	+ 8,4	+ 4,3	3477	
London	— 8	+ 9,9	+ 6,7	2943	
Paris	— 11	+ 10,3	+ 5,6	2520	
Wien	— 15	+ 9,2	+ 4,4	3447	
München	— 16	+ 7,4	+ 4,0	3730	
Zürich	— 17	+ 7,3	+ 3,9	3690	
New York	— 17	+ 11,1	+ 5,8	3148	

12.2 Jahresbenutzungsdauer und gleichzeitige Höchstlast der direkten elektrischen Raumheizung; Anteil an der Werkshöchstlast

Von den Kenngrößen laut 12.1 stellt die Jahresbenutzungsdauer der für den allelektrischen Haushalt bereitgestellten Leistung das zentrale Problem dar. Hier ist zu unterscheiden, ob lediglich die Benutzungsdauer der Heizleistung oder die Benutzungsdauer der gesamten bereitzustellenden Leistung zu verstehen ist. Geht man vom Begriff des allelektrischen Haushaltes aus, der seinen gesamten Energiebedarf nur elektrisch deckt, dann ist nur eine ganzheitliche Berechnungsweise gerechtfertigt. Weiters ist klarzustellen, ob die Benutzungsdauer der Leistung eines einzelnen Abnehmers oder dessen Leistungsanteil an der Werkshöchstlast bzw. ob die Benutzungsdauer der gleichzeitigen Höchstlast der betreffenden Abnehmergruppe gemeint ist. Schließlich ist noch die Frage des Höchstlastanteiles in den einzelnen Spannungsebenen zu prüfen.

Geht man zunächst davon aus, daß die in Pkt. 10.3 dargelegten Möglichkeiten für die Gestaltung von Verteilnetzen für elektrisch beheizte Wohnsiedlungen in nur wenig veränderter Form auch bei Ausrüstung mit direkter elektrischer Heizung gelten, dann ist die Frage der gleichzeitigen Leistung des einzelnen Abnehmers, die zweifellos niederer sein muß als bei der Speicherheizung, von untergeordneter Bedeutung. Wohl aber ist interessant, mit welchem Anteil diese gleichzeitige Leistung in die Höchstlast der einzelnen Versorgungsstufen (Höchstlastziffer bzw. Gleichzeitigkeitsfaktor) und vor allem aber in die Höchstlast der Erzeugung eingeht. Entsprechend dem Sinken dieses Anteiles vom Abnehmer bis zur Kostenstufe Erzeugung nimmt die Benutzungsdauer zu, wobei noch die durch regionale klimatische Unterschiede bedingte zeitliche Verschiebung der absoluten lokalen Höchstlasten gegenüber der Höchstlast des Gesamtnetzes wirksam wird.

Wenn somit oft von der niedrigen Benutzungsdauer der für direkte elektrische Heizung bereitzustellenden Leistung gesprochen wird, so ist klarzustellen, daß elektrizitätswirtschaftlich gesehen nicht die Benutzungsdauer der

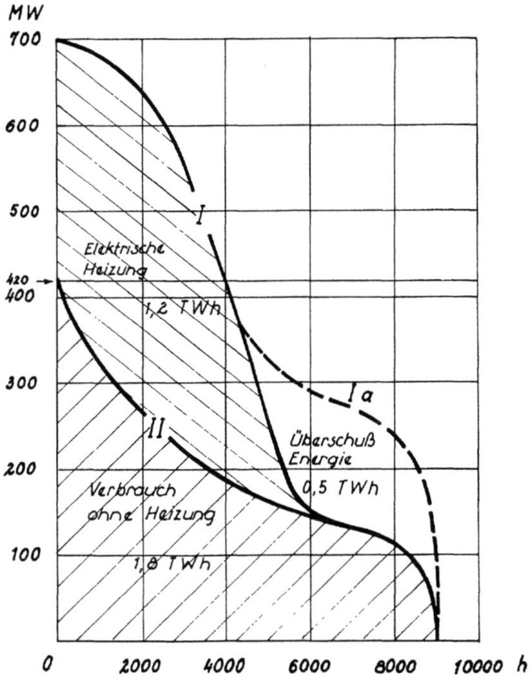

Abb. 58. Jahresdauerlinie der Oslo-Lysverkers (Elektrizitätsversorgung der Stadt Oslo)

installierten Leistung des einzelnen Abnehmers, die bei etwa 1300 h/a liegt, maßgebend ist, sondern die Benutzungsdauer der gleichzeitigen Leistung aller Elektrizitätsanwendungen eines allelektrischen Haushaltes bzw. des Anteiles dieser gleichzeitigen Leistung an der Werkshöchstlast.

Bezogen etwa auf die Mittelspannungsebene liegt vom Standpunkt der Benutzungsdauer der Heizung allein etwa das gleiche Problem vor, wie bei einer mit Dampf oder Warmwasser betriebenen Fernheizung, so daß es naheliegt, einen entsprechenden Vergleich mit der Benutzungsdauer der Wärmehöchstlast anzustellen. Im allgemeinen wird bei Fernheizwerken mit einem Gleichzeitigkeitsfaktor von 0,75, bezogen auf den Anschlußwert nach DIN 4701, gerechnet, so daß sich eine Benutzungsdauer von 2200 bis 2300 h/a ergibt.

Wird eine zentrale Regelung der Wärmeleistung nach Art der Berliner Fernheizung [42] vorgesehen, so verringert sich der gleichzeitige Höchstlastanteil auf etwa 60% des Wärmeanschlußwertes nach DIN 4701, woraus dann eine

Benutzungsdauer von 2700 bis 2900 Stunden resultiert. An sich spielt bei dieser Abminderung auch der im Pkt. 61 beschriebene Strempeleffekt [42] eine Rolle. Auf jeden Fall führt aber die von Strempel vertretene zentrale Regelung der Fernheizung gegenüber einer örtlichen Regelung zu einem fast bandartigen Wärmebezug, woraus sich Hinweise für eine entsprechende Regelung einer direkten elektrischen Raumheizung z. B. über Rundsteueranlagen zur Vermeidung von Anheizspitzen ableiten lassen.

Als weiterer wichtiger Faktor ist bei diesen Überlegungen die Verbesserung der Benutzungsdauer durch die jahresdurchgängige Warmwasserbereitung einzubeziehen. Auch diesbezüglich können die Erfahrungen der Warmwasserfernheizung, wonach der Wärmeanschlußwert sich kaum erhöht, wenn auch die Warmwasserversorgung mit einbezogen wird, auf die direkte elektrische Raumheizung bei entsprechender Regelung übertragen werden.

Schließlich ist noch auf einen besonderen Effekt hinzuweisen, der deutlich in der Leistungsdauerlinie der Elektrizitätsversorgung der Stadt Oslo [82], die einen sehr hohen Anteil an direkter elektrischer Raumheizung aufweist, zum Ausdruck kommt (Abb. 58). Es handelt sich dabei um die zeitliche Verschiebung der maximalen Heizlast gegenüber der gesamten Werkshöchstlast, wie deutlich zu erkennen ist. Daraus läßt sich auf eine gute Einfügung der Heizlast in die Hochwintertagsbelastungsdiagramme schließen, derart, daß zur Zeit der Netzspitze die Heizlast nicht bei ihrem Maximalwert liegt. Gefördert wird dieser Effekt durch einen entsprechend leistungsorientierten Haushalttarif. Weiters ist in dieser Dauerlinie bemerkenswert der relativ flache Verlauf im Bereich der Maximalleistungen, der deutlich auf ein gut ausgeglichenes Tagesbelastungsdiagramm im Hochwinter schließen läßt.

Aus dem Zusammenwirken aller dieser Effekte ergibt sich aus der Abb. 58 die überraschend hohe Benutzungsdauer des Anteiles der maximalen Heizlast an der Werkshöchstlast von 4400 h/a. Rechnet man diesen Wert im Verhältnis der effektiven Heizgradtagzahlen laut Tabelle um (Oslo 3780 gegenüber Wien mit 3447), so ergäbe sich unter sonst gleichen Voraussetzungen für Wien eine Benutzungsdauer von 3800 h/a für den Leistungsanteil der Gruppe der direkt elektrisch beheizten Haushalte an der Werkshöchstlast im 110-kV-Netz. Selbst wenn man die auf gleiche Basis bezogenen Heizgradtagrelationen verwendet, obwohl dies wie schon erwähnt angesichts der anderen Heizgewohnheiten in Oslo den Vergleich verzerrt, ergibt sich noch eine äquivalente Benutzungsdauer für Wien von 3570 h/a.

12.3 Meßergebnisse von ausgeführten Anlagen mit direkter elektrischer Heizung; Folgerungen hinsichtlich der elektrizitätswirtschaftlichen Kenngrößen

Ein Vergleich der Überlegungen laut Pkt. 12.2 mit Meßergebnissen ausgeführter Anlagen, die mit direkter elektrischer Raumheizung mit thermostatischer Einzelraumtemperaturregelung ausgestattet sind, ergibt die nachstehend angeführten Werte. Hierbei ist zu beachten, daß in allen Fällen die Messung der gleichzeitigen Leistung entweder an der Niederspannungsschiene der zugehörigen Trafostation (bei mehreren Anspeisekabeln) oder in einzelnen Anspeisekabeln erfolgten. Sofern bei diesen Messungen auch der Zeitpunkt der Werkshöchstlast im Gesamtnetz registriert wurde, konnte der Anteil an dieser Höchstlast angegeben und damit auch der Gleichzeitigkeitsfaktor, bezogen auf die Hochspannungsebene, festgestellt werden.

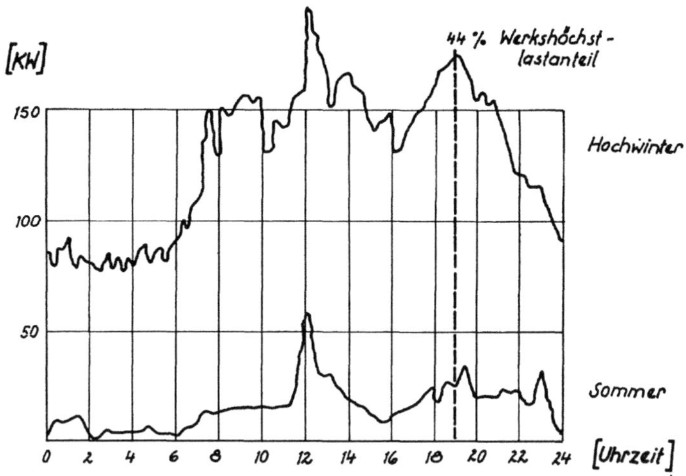

Abb. 59. Belastungsverlauf von 51 direkt elektrisch beheizten Wohnungen am Hochwintertag und am Hochsommertag [83]

a) Messungen an 15 gut wärmegedämmten Objekten (Wärmedurchgangszahl der Außenwände k = 0,3) mit insgesamt 51 Wohnungen im Bereich der EBES-Antwerpen [83] mit folgenden Daten:

	Gesamte Objekte	Anschlußwert pro Wohnung
Gesamte installierte Heizleistung	396 kW	7,8 kW
Elektroküchen	305 kW	5,5 kW
Warmwasserbereitung direkt	400 kW	8,3 kW
Warmwasserbereitung mit Speichern	75 kW	2,9 kW
	1 176 kW	

Aus dem Vergleich des Belastungsverlaufes dieser Objektgruppe am Hochwintertag und am mittleren Sommertag (Abb. 59) läßt sich der Einfluß der Heizung gut erkennen.

Die Meßwerte stellen viertelstündige Maxima dar, gemessen am Hausanschluß jedes Objektes. Die Messungen erfolgten bei Außentemperaturen von — 8 °C bis — 11 °C. Es ergeben sich danach die folgenden Werte:

	Gesamte Objekte	Mittelwert pro Wohnung
Installierte Heizleistung	396 kW	7,8 kW
Werkshöchstlastanteil der Heizung	159 kW	3,1 kW
Gleichzeitigkeitsfaktor der installierten Heizleistung	40%	
Benutzungsdauer des Werkshöchstlastanteiles der Heizung	3 120 h/a	
Gesamte gleichzeitige Leistung	197 kW	3,9 kW
Gesamte gleichzeitige Leistung zur Zeit der Werkshöchstlast	176 kW	3,5 kW
Jährlicher Stromverbrauch	630 000 kWh	12 300 kWh
Benutzungsdauer der gesamten gleichzeitigen Leistung zur Zeit der Werkshöchstlast	3 670 h/a	

b) Meßergebnisse einer Wohnsiedlung mit 69 Wohnungen in Mehrfamilienhäusern in Klagenfurt (Österreich) im Versorgungsgebiet der KELAG [84]. Durchschnittliche Wohnfläche 80 m² je Wohnung; k-Wert der Außenwände 0,6; Verbundfenster; Auslegung der Heizung für — 18 °C; G_t = 3780.

Installierte Leistung	Gesamte Siedlung	Mittelwert pro Wohnung
Heizleistung	759,6 kW	11,0 kW
Beleuchtung und Großgeräte (ohne Warmwasserbereitung)	762,0 kW	11,0 kW
Warmwasserbereitung (Durchlauferhitzer und Kleinspeicher)	1 794,0 kW	26,0 kW
Summe	3 215,6 kW	48,0 kW
Maximale gleichzeitige Heizleistung	202,0 kW	2,92 kW
Gesamte gleichzeitige Leistung	284,0 kW	4,12 kW
Gesamte gleichzeitige Leistung zur Zeit der Werkshöchstlast	262,0 kW	3,8 kW
Jährlicher Stromverbrauch für Heizung	538 000 kWh	7 795 kWh
Jährlicher Stromverbrauch für sonstigen Bedarf	230 000 kWh	3 320 kWh
Benutzungsdauer des Werkshöchstlastanteiles	2,950 h	
Niedrigste Außentemperatur	— 11,7 °C	

Das Tagesbelastungsdiagramm für den kältesten Tag und für einen Sommertag (Juni) zeigt Abb. 60.

Der Verlauf der Werte für den monatlichen Stromverbrauch sowie für die Monatshöchstleistung und deren monatliche Benutzungsdauer sowie der tiefsten Monatsaußentemperaturen dieser Siedlung ist aus Abb. 61 ersichtlich. In der Abb. 60 ist vor allem auf die Zunahme der monatlichen Benutzungsdauer entsprechend der Erhöhung des Tagesbelastungsfaktors mit steigendem Stromverbrauch hinzuweisen, wodurch bei einem Verhältnis von maximalen zum minimalen monatlichen Stromverbrauch von 6 zu 1 nur die 3,2fache Leistung bereitzustellen ist.

c) Messungen der Electricitè de France in zwei Appartementhaussiedlungen.

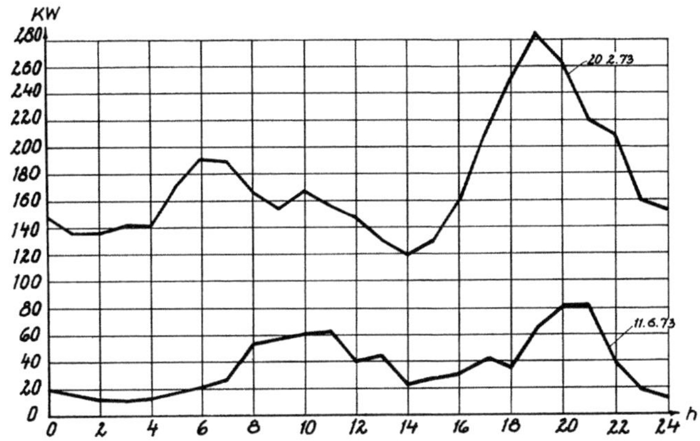

Abb. 60. Tagesbelastungsdiagramme einer Wohnsiedlung mit 69 direkt elektrisch beheizten Wohnungen in Klagenfurt (Österreich) [84]

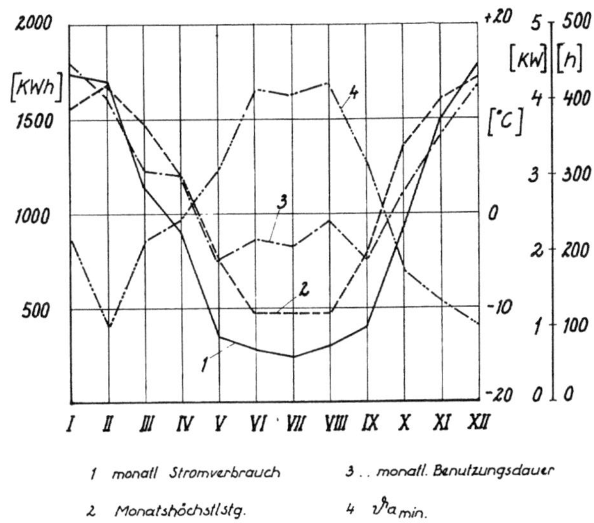

Abb. 61. Ganglinien des monatlichen Stromverbrauches der Monatshöchstleistung, der monatlichen Benutzungsdauer und der monatlichen Mitteltemperaturen der Siedlung nach Abb. 60

ca) Appartementhaus „Les Fleurettes" in Frouard, umfassend 16 Appartements; hoch-wärmegedämmt (k-Wert der Außenwände = 0,3) [85].

	Gesamtes Objekt	pro Appartement
Wohnfläche	1 081 m^2	68 m^2
Beheizte Kubatur	2 703 m^3	170 m^3
Installierte Heizleistung	106,4 kW	6,6 kW
Gleichzeitige Höchstlast ohne Einfluß der Warmwasserbereitung (150-l-Nachtstromspeicher)	46 kW	2,9 kW
Niedrigste Außentemperatur	— 11,2 °C	

cb) Wohnsiedlung „Le Cédre Bleu" in Garches, umfassend 35 Appartements; hoch-wärmegedämmt (Außenwände k = 0,24, Innenwände k = 0,6, Isolierglas k = 0,3 [85].

	Gesamte Siedlung	pro Appartement
Gesamte Wohnfläche	3 050 m^2	88,0 m^2
Beheizte Kubatur	7 600 m^3	217 m^3
Installierte Heizleistung (einschließlich Nebenräume und Gemeinschaftseinrichtungen)	334 kW	9,5 kW
Maximale Gesamtleistung	146 kW	4,15 kW
Gesamter jährlicher Stromverbrauch	530 MWh	11 800 kWh
Benutzungsdauer des Leistungsmaximums	2 850 h/a	

d) Messungen an einer Einfamilienhaussiedlung im Gebiet des RWE-Essen [86], umfassend 50 Wohnungseinheiten in 25 Bungalows und 25 Reihenhäusern mit Wohnflächen von 145 m^2 je Wohnungseinheit; Wärmedurchgangszahl der Außenwände k = 0,4, Fenster nur Einfachverglasung.

Die installierte Heizleistung beträgt 1016 kW, somit rund 20 kW je Objekt; die Warmwasserbereitung erfolgt mit 400-l-Speichern à 6 kW.

	Gesamte Objekte		Mittelwert pro Haus
Gesamte installierte Heizleistung	1 016 kW		20,5 kW
Werkshöchstlastanteil der Heizung	450 kW (45%)		9,0 kW
Benutzungsdauer des Werkshöchstlastanteiles der Heizung		2 300 h/a	
Gesamte gleichzeitige Leistung zur Zeit der Werkshöchstlast	500 kW (49%)		10,0 kW
Jährlicher Stromverbrauch	1 530 000 kWh		31 000 kWh
Benutzungsdauer der gesamten gleichzeitigen Leistung		3 100 h/a	

Die Benutzungsdauer der Gesamtleistung betrug 3100 Stunden und lag somit niedriger als im Falle der EBES-Werte, offensichtlich bedingt durch das ungünstige Verhältnis im Einfamilienhaus von Heizwärme zum übrigen Bedarf.

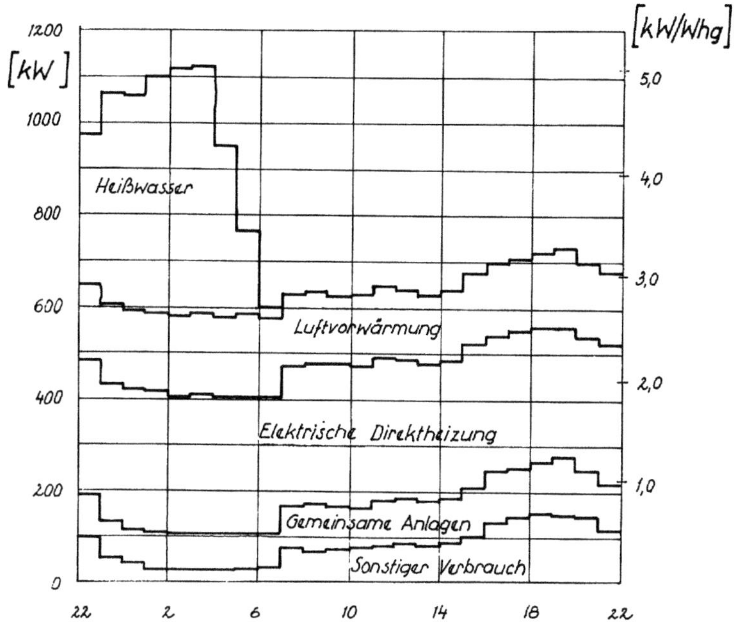

Abb. 62. Belastungsdiagramm einer Wohnsiedlung in Jönköping/Schweden (Raslettshof) mit 223 Wohnungen am kältesten Tag [89]

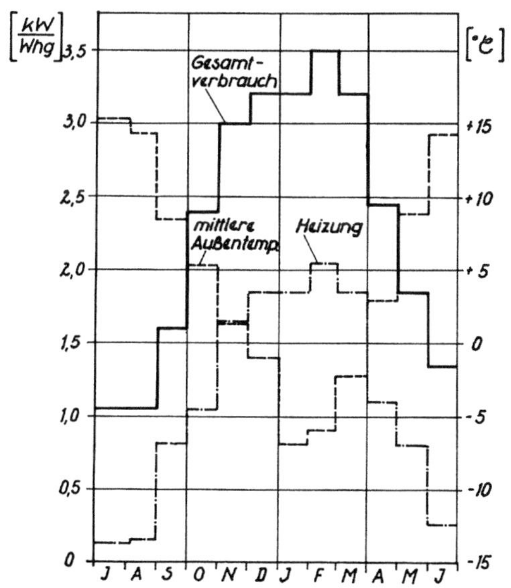

Abb. 63. Ganglinien des monatlichen Lastanteiles je Wohnung an der gleichzeitigen Gesamtleistung der Siedlung nach Abb. 62 mit und ohne Elektroheizung

e) Messungen in einer Siedlung mit 32 direkt elektrisch beheizten Einfamilienhäusern in Skelleftea (Schweden) [86 a]:

Grundfläche je Objekt 107 m²; Auslegung der Heizung für — 30 °C, minimale Außentemperatur während der Meßperiode — 25 °C, k-Wert der Wände 0,3, Dreifachverglasung der Fenster.

	Gesamte Objekte		Mittelwert pro Haus
Gesamte installierte Heizleistung für Heizung und Warmwasser	365 kW		11,4 kW
Werkshöchstlastanteil davon	173 kW		5,4 kW
Benutzungsdauer dieses Werkshöchstlastanteiles		3 600 h/a	
Gesamte gleichzeitige Leistung zur Zeit der Werkshöchstlast	205 kW		6,4 kW
Gesamter jährlicher Stromverbrauch	71,5 MWh		22 400 kWh
Benutzungsdauer der gesamten gleichzeitigen Leistung		3 500 h/a	

Bedingt durch die höhere Heizgradtagzahl ergibt sich in diesem Falle eine höhere Benutzungsdauer. Besonders ist aber bei dieser Siedlung auf das Zusammenwirken von zwei für den Erfolg der direkten elektrischen Raumheizung sehr wichtigen Faktoren hinzuweisen: die hohe Wärmedämmung, wodurch sich absolut eine niedrige Heizleistung ergibt, und die Auswirkung der sogenannten „freien Wärme", die bei hoher Wärmedämmung und demnach niedrigem Wärmebedarf stärker wirksam wird als bei normal wärmegedämmten Objekten.

f) Messungen in einer Wohnsiedlung in Jönköping/Schweden (Raslätts-Hof), bestehend aus 223 Wohnungen in sechsstöckigen Appartementhäusern [87].

Durchschnittliche Wohnfläche 79 m² je Wohnung; Luftheizungssystem mit Zusatzheizung durch elektrische Einzelheizgeräte in allen Räumen und Wärmerückgewinnung durch Rekuperator; Warmwasserbereitung mittels Heißwasserspeichern.

	Insgesamt	für Heizung allein
Jährlicher Stromverbrauch je Wohnung	21 000kWh	9 750 kWh
Höchstlastanteil je Wohnung (ohne Heißwasserspeicher)	3,3 kW	2,1 kW

Das Tagesbelastungsdiagramm dieser Siedlung gemessen am kältesten Tag (11. Januar 1969), getrennt nach dem Leistungsbedarf der einzelnen Anwendungen, ist aus Abb. 62 ersichtlich.

Die Ganglinien des monatlichen Leistungsanteiles je Wohnung an der gleichzeitigen Gesamtleistung in dieser Siedlung mit und ohne Heizung sowie der Monatsdurchschnittstemperaturen zeigt Abb. 63.

Aus der folgenden Tab. 27 a ist ferner der Verbrauch an elektrischer Energie in dieser Siedlung aufgeschlüsselt nach Anwendungsarten ersichtlich:

Tabelle 27 a. *Spezifische Verbrauchswerte der Wohnsiedlung Raslätts-Hof (Jönköping/Schweden)* [87]

Meßperiode	1968/69		1969/70		1970/71	
Jährliche Verbrauchswerte [kWh/a]	kWh/Whg.	kWh/Whg.	kWh/Whg.	kWh/m²	kWh/Whg.	kWh/m²
Heizung: Luftvorwärmer und Radiatoren	9 750	123	8 700	110	6 720	85
Warmwasserbereitung	5 000	63,5	5 500	69,5	5 200	66
Kochen und sonstiger Haushaltsbedarf	5 350	67,5	5 400	67,0	4 980	63
Gesamtverbrauch	20 000	254,0	19 600	248	16 900	214
Viertelstündiges Maximum [kW/Whg.]	3,55		3,60		3,14	
Minimale 24stündige mittlere Außentemperatur [°C]	— 11,9		— 14,4		— 11,1	

Bemerkenswert ist der relativ niedrige Heizstromverbrauch im Vergleich zum Gesamtbedarf, bei dem vor allem die Warmwasserbereitung stark hervortritt.

g) Messungen der Oslo Lysverkers; danach wurden für verschiedene Siedlungen in Oslo, die mit direkter elektrischer Heizung ausgestattet sind, folgende Spitzenlasten gemessen [88]:

Anzahl der Wohnungen Stk.	Gesamtbauvolumen m³	Wohnfläche m²	mittlere Spitzenlast je Wohnung kW
128	31 528	10 981	4,6
32	7 816	2 745	4,5
41	12 642	3 796	4,4

Zu den Osloer Werten ist noch zu bemerken, daß eine wichtige Voraussetzung für die niedrigen Spitzenwerte in der Art des angewandten kombinierten Leistungspreisüberverbrauchstarifes liegt, durch den es gelungen ist, die Konsumenten praktisch selbst zu einer optimalen Aussteuerung seiner Heizung zu veranlassen, so daß, bezogen auf den einzelnen Abnehmer, sich für dessen Anlage im Hochwinter ein Tagesbelastungsfaktor von 0,9 somit ein nahezu bandartiger Bezug ergibt.

h) Amerikanische Messungen in allelektrisch ausgerüsteten Siedlungen nach Angaben des Load Research Comittee (USA) [88 a] (Abb. 64 und Abb. 65).

Versucht man nun aus diesen verschiedenartigen Messungen Schlußfolgerungen in Hinsicht auf Höchstlastanteile und Benutzungsdauer des direkt elektrisch beheizten Haushaltes zu ziehen, so ergibt sich zunächst die Schwierigkeit, daß nicht alle für einen Vergleich nötigen Daten, vor allem in klimatischer Beziehung, geschlossen vorliegen. Andererseits handelt es sich aber, wie die Wohnungsgrößen zeigen, um ziemlich ähnliche Objekte. Stärkere Differenzierungen sind teilweise punkto Wärmedämmung gegeben (Schwankungsbereich für die Außenwand k = 0,6 bis k = 0,24), wobei der Einfluß dieser

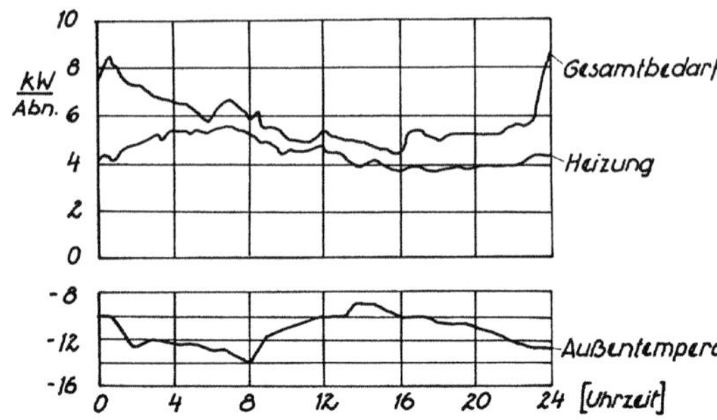

Abb. 64. Tagesbelastungskurven von 35 allelektrischen Einfamilienhäusern mit direkter Raumheizung und 455-l-Großwarmwasserspeichern aus dem Gebiet der „Western Massachussets Electric Company" (USA) [88 a]

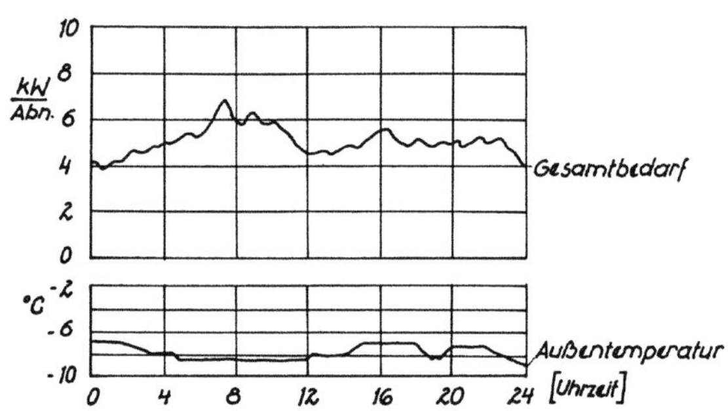

Abb. 65. Mittlere Tagesbelastungskurve von 16 allelektrisch ausgerüsteten Einfamilienhäusern mit Direktheizung nach Angaben der „Detroit Edison Company"; installierte Heizleistung je Abnehmer 15,2 kW, Leistungsmaximum je Abnehmer 6,8 kW [88 a]

Schwankungen in diesem Bereich nicht überschätzt werden darf, da bei diesen niederen k-Werten der Einfluß der Fensterart viel ausschlaggebender ist. Man kann daher allgemein folgendes feststellen:

1. Bei einer durchschnittlichen Wohnungsgröße zwischen 70 und 80 m², einer Wärmedämmung der Außenwände von k = 0,6, und darunter, sowie Ausstattung mit Verbundfenster kann der Anteil an der Höchstlast, bezogen auf die Trafostation bei direkt elektrisch beheizten Wohnungen, mit 3,8—5 kW angenommen werden. Auf die Heizung allein entfallen auf Grund des Vergleiches mit der Sommerhöchstlast etwa 3,0—3,5 kW. Der gesamte Gleichzeitigkeitsfaktor, d. h. das Verhältnis

$$\frac{\text{Höchstlastanteil der Heizung}}{\text{gesamte installierte Leistung der Heizung}}$$

schwankt zwischen 35—50%, wobei diese Schwankungen zum Teil auch durch die Art der Dimensionierung der Heizungsanlage bestimmt werden.

2. Bei Einfamilienhäusern liegen die Relationen etwa gleich, während die absoluten Werte entsprechend dem höheren spezifischen Wärmebedarf größer sind. Vergleicht man den erwähnten Wohnungstyp mit dem typischen Einfamilienhaus mit Wohnflächen zwischen 100 und 130 m^2, muß bei gleicher durchschnittlicher Wärmedurchgangszahl mit einem um 50—80% höheren Heizleistungsbedarf gerechnet werden. Dieser höhere Heizleistungsbedarf ist zum Teil durch den höheren Formfaktor des Einfamilienhauses (siehe Pkt. 6.2) und durch die absolut größere Wohnfläche bedingt.

3. Die Benutzungsdauer des Werkshöchstlastanteiles der direkt elektrisch beheizten Haushalte — bezogen auf das Hochspannungsnetz — ergibt sich danach mit rund 3000—3500 h/a. Sie weist zufolge des bereits erwähnten Zusammenwirkens mit der besseren Wärmedämmung in Gebieten mit niedrigeren Außentemperaturen nur eine geringe Abhängigkeit von der Klimazone auf. Sie liegt bei Einfamilienhäusern infolge des ungünstigeren Verhältnisses zwischen Heizwärme und sonstigem Bedarf niedriger als in Mehrfamilienhäusern.

4. Durch die Zunahme des Tagesbelastungsfaktors mit sinkenden Außentemperaturen steigt die benötigte Leistung wesentlich geringer an, als die zu liefernde Arbeit. Einem Verhältnis von maximalem zu minimalem monatlichen Stromverbrauch von 6 : 1 steht nur ein Verhältnis der Leistungsinanspruchnahme von etwa 3,2 : 1 gegenüber (siehe Abb. 60). Daraus ergeben sich zwei für die elektrizitätswirtschaftliche Beurteilung der direkten elektrischen Raumheizung wesentliche Erkenntnisse, und zwar:

a) Die Zunahme des Tagesbelastungsfaktors auf 0,7—0,9 für die elektrisch beheizte Wohnung gegenüber einem Tagesbelastungsfaktor von durchschnittlich 0,35—0,4 für eine vollelektrische Wohnung [67] führt zu einem Belastungsdiagramm mit geringem Spitzenanteil, wie letztlich auch das Belastungsdiagramm der Stadt Oslo (Abb. 66) zeigt. Im Endeffekt ist bei Auffüllung von noch vorhandenen Belastungstälern durch Speicherheizung mit einem fast bandförmigen Tagesdiagramm im Hochwinter zu rechnen, woraus sich entsprechende Konsequenzen für den Kraftwerkseinsatz ergeben (siehe Pkt. 13.3).

b) Die Zunahme des Tagesbelastungsfaktors bewirkt, wie die Meßergebnisse nach Pkt. 12.3 b zeigen, daß die Jahresbenutzungsdauer des der direkten elektrischen Heizung zuzuordnenden Anteiles an der Werkshöchstlast praktisch die gleiche Benutzungsdauer aufweist, wie die Benutzungsdauer des dem sonstigen Bedarf zuzuordnenden Werkshöchstlastanteiles.

Daraus folgt, daß der vollelektrische Haushalt mit elektrischer Warmwasserbereitung, wie bei der ganzen Betrachtung unterstellt, und der allelektrische Haushalt praktisch etwa die gleiche Benutzungsdauer, bezogen auf die Werkshöchstlast, aufweist. Verglichen mit dem vollelektrischen Haushalt ohne Warmwasserbereitung — eine Lösung mit der bei Installation von Sammelheizungen auf Basis fossiler Energieträger oder bei Fernheizung gerechnet werden muß — kann die Benutzungsdauer der direkt elektrisch beheizten Haushalte sogar noch höher liegen als die der vollelektrischen Haushalte.

5. Die sich auf Grund der vorliegenden Messungen abzeichnenden elektrizitätswirtschaftlich gesehen verhältnismäßig günstigen Werte sind durchwegs in Objekten mit hoher Wärmedämmung festgestellt worden. Eine sinnvolle Entwicklung der direkten elektrischen Raumheizung setzt daher unbedingt eine hohe Wärmedämmung der betreffenden Objekte voraus. Der Einsatz von direkter elektrischer Raumheizung für schlecht wärmegedämmte Objekte, wie sie im Althausbau anzutreffen sind, wäre vollkommen verfehlt und ist daher aus energiewirtschaftlichen Gründen abzulehnen.

In diesem Zusammenhang sei auch auf einige grundlegende Äußerungen der Electricite de France verwiesen, wonach die direkte elektrische Raumheizung auf Grund dieser Überlegungen ausschließlich im Wohnungsneubau, wo eine entsprechende auf dieses Heizungssystem abgestimmte Konzeption möglich ist, realisiert werden soll, während im Althausbau nur soweit Energie verfügbar Speicherheizung in Frage kommt.

13. Gestehungskosten der Energiebereitstellung für die elektrische Raumheizung; Deckung der dadurch verursachten Winterlast; Tarife für die direkte elektrische Raumheizung

13.1 Vergleich des direkt elektrisch beheizten Haushaltes mit anderen Elektrifizierungsfällen; Entwicklung der direkten Raumheizung in Oslo als Modellfall

Vergleicht man die sich aus Pkt. 12 ergebenden Werte für die zu erwartende Benutzungsdauer von 3000 bis 3500 h/a für die auf das Hochspannungsnetz bezogenen Höchstlastanteile der Haushalte mit direkter elektrischer Raumheizung mit den korrespondierenden Werten für die verschiedenen Elektrifizierungsgrade nach Pkt. 11.2, Tab. 24, so entspricht der Haushalt mit direkter elektrischer Raumheizung dem Fall B (vollelektrisch mit Elektroherd und sonstigen Großgeräten), wobei jedoch zu beachten ist, daß die spezifischen Kostenanteile für das Verteilnetz, bedingt durch die Kostendegression und höherem Durchsatz, niedriger werden und dadurch den Werten des Falles D (Haushalt mit Speicherheizung) entsprechen. Man kann daher folgern, daß die Stromversorgung von direkt elektrisch beheizten Haushalten unter der Voraussetzung einer guten Aussteuerung der Heizung zur Vermeidung von Anheizspitzen zu Strompreisen, die dem Strompreis des Falles B entsprechen, kostendeckend wäre. Die Gruppe der direkt elektrisch beheizten Haushalte ist somit als akzeptable Abnehmergruppe anzusehen, genauso wie dies für andere Abnehmer bzw. Abnehmergruppen im gegenständlichen Benutzungsdauerbereich gilt.

Aus der Sicht der Gestehungskosten ist jedoch ein für die Energiebereitstellung wesentlicher Unterschied gegenüber dem Haushalt mit Elektroherd nach Fall B festzustellen. Während es sich hier um eine jahresdurchgängige Abnahme mit starken täglichen Schwankungen handelt, ist beim Haushalt mit direkter elektrischer Heizung über den Tag gesehen eine ziemlich gleichmäßige Abnahme gegeben, wohingegen die jahreszeitlichen Schwankungen sehr hoch sind. Ähnlich wie bei der Heizung mit Schwachlastenergie muß aber die Abnahme der direkt elektrisch beheizten Haushalte im Zusammenhang mit der jahreszeitlichen Verbrauchscharakteristik der gesamten Abnehmerschaft gesehen werden.

Als Modellfall für eine großzügige Entwicklung der direkten elektrischen Vollraumheizung kann die Entwicklung in Norwegen insbesondere in der Stadt Oslo dienen [82]. In Oslo — 470 000 Einwohner, 200 000 Wohnungen — waren im Jahre 1970 110 000 Wohnungen mit direkter elektrischer Raumheizung ausgestattet. Wie aus Tab. 28 ersichtlich ist, stieg der Anteil des Stromverbrauches für elektrische Raumheizung von 1940 bis 1970 von 2% auf 42% des gesamten Jahresverbrauches.

Tabelle 28. *Entwicklung des Gesamtverbrauches und des Verbrauches der direkten elektrischen Raumheizung im Versorgungsgebiet der „Oslo Lysverkers"*

	Gesamtverbrauch		Anteil für direkte elektrische Raumheizung		
	Höchstlast MW	Energieverbrauch GWh	Höchstlastanteil MW	Energieverbrauch GWh	Anteil am Gesamtverbrauch %
1940	169	970	5	20	2
1950	302	1 500	50	200	13
1960	518	2 320	200	750	32
1970	866	3 800	400	1 600	42

Die relative Entwicklung des Tagesbelastungsdiagrammes am kältesten Tag von 1922 bis 1962 zeigt Abb. 66.

Der Tagesbelastungsfaktor stieg in dieser Zeit von 0,77 auf 0,88. Der Jahresbelastungsfaktor blieb innerhalb dieser Zeit mit 0,57 nahezu konstant, wobei sich die Form der Jahresleistungsdauerlinie zwangsläufig zu einem hohen Winteranteil hin verändert hat. Sie zeigt damit eine dem hohen Raumheizungsanteil entsprechende, für mitteleuropäische Verhältnisse ungewöhnliche Form (siehe Abb. 58). Wichtig ist hierbei, daß zwar das Verhältnis von Winter- zu Sommeranteil sich wesentlich verändert hat, daß aber die Benutzungsdauer der Werkshöchstlast im Jahre 1970 dennoch 4400 h/a betrug. Eine wesentliche Voraussetzung für dieses günstige Ergebnis liegt zweifellos in der bereits unter Pkt. 12.2 erwähnten Tarifierung, die einen hohen Belastungsfaktor in den einzelnen Abnehmeranlagen bewirkt.

Das Osloer Beispiel zeigt, daß eine großzügige Realisierung der direkten elektrischen Raumheizung grundsätzlich möglich ist; aus einer Analyse der für dieses Versorgungsgebiet maßgebenden Gestehungskosten ergibt sich aber, wie Tab. 28 zeigt, daß hier durch das Zusammenwirken günstiger Umstände, vor allem durch außerordentlich niedrige Kosten der hydraulischen Erzeugung, besonders vorteilhafte Gegebenheiten vorliegen. Schlußfolgerungen auf die Möglichkeit einer gleichartigen Entwicklung in anderen Versorgungsgebieten sind daher nur mit entsprechenden Einschränkungen möglich.

Laut Angabe der Oslo Lysverker [82] ergaben sich im Jahre 1965 die gesamten Gestehungskosten in den einzelnen Versorgungsstufen gemäß Tab. 29.

Tabelle 29. *Spezifische Gestehungskosten der Oslo Lysverker im Jahre 1965 bei einer Werkshöchstlast von 700 MW*[1]

Versorgungsstufe	Gesamte Anlagekosten	Gesamtjahreskosten		Gesamtjahreskosten, ausgedrückt in		% der Gesamtkosten
	nkr./kW	nkr./kW	Öre/kWh	nkr./kW	Öre/kWh (bezogen auf 5000 h/a)	
Erzeugung	875,—	80,—	0,55	107,—	2,15	50,0
Fortleitung	354,—	40,—	0,05	33,—	0,65	15,0
Verteilung	950,—	47,—	0,3	62,—	1,25	28,5
Übergabe	123,—	10,—	0,1	15,—	0,3	6,5
	2 302,—	177,—	1,0	217,—	4,35	100,0

[1] Umrechnungskurs: Frühjahr 1974: 1 nkr = 3,60 öS bzw. 0,50 DM.

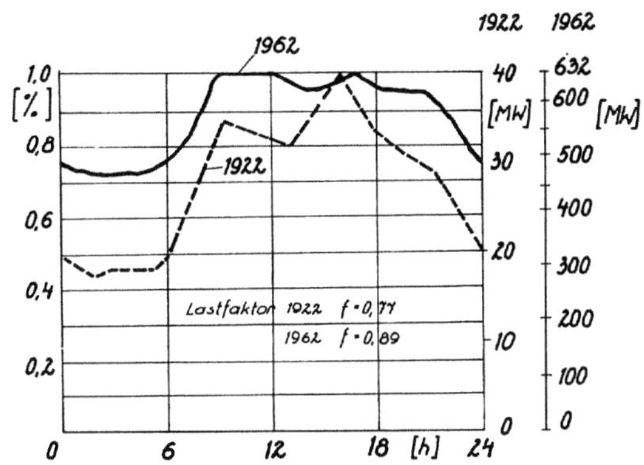

Abb. 66. Tagesbelastungsdiagramm der Oslo Lysverkers (Stadtwerke Oslo) für die Jahre 1922 und 1962 [82]

13.2 Die Kosten der Energiefortleitung und -verteilung bei direkter elektrischer Raumheizung

Betrachtet man zunächst die Kosten für die Energiefortleitung und -verteilung in Tab. 29, so ist ihre geringe Höhe offensichtlich, wie sich aus den Untersuchungen nach Pkt. 9.2 ableiten läßt, als Auswirkung der hohen Verbrauchsdichte zu begründen. Nach [82] kann hierbei für das Gebiet Oslo die in Abb. 67 dargestellte Abhängigkeit der durchschnittlichen jährlichen Übertragungs- und Verteilkosten je kWh in Abhängigkeit von der Verbrauchsdichte und von der Siedlungsdichte angegeben werden.

Aus Abb. 67 läßt sich ableiten, wie mit steigender Sättigung an allelektrischen Haushalten und der damit verbundenen Erhöhung des durchschnittlichen kWh-Verbrauches aller Abnehmer die Gestehungskosten bzw. die Zuwachskosten sinken. Andererseits wird auch die Problematik der niedrigen Siedlungsdichte sichtbar. Im übrigen kann jedoch diese Darstellung nur eine grundsätzliche Aussage als Durchschnittswert über die Gesamtheit der Abnehmerschaft eines Gebietes ohne gestehungskostenmäßige Differenzierung nach dem charakteristischen Verhalten der einzelnen Abnehmergruppen liefern.

Mit einer generellen Untersuchung dieser Zusammenhänge in Form eines umfassenden Gestehungskostenvergleiches für die Lieferung von elektrischer Energie an direkt elektrisch beheizte Haushalte und an Haushalte ohne Elektroheizung befaßt sich eine Studie der Universität Trondheim [89], in der der Nachweis dafür geliefert wird, daß eine direkte elektrische Vollraumheizung mit verhältnismäßig geringen Zuwachskosten realisierbar ist. In der Folge wird untersucht, inwieweit die Ergebnisse dieser Studie auf mitteleuro-

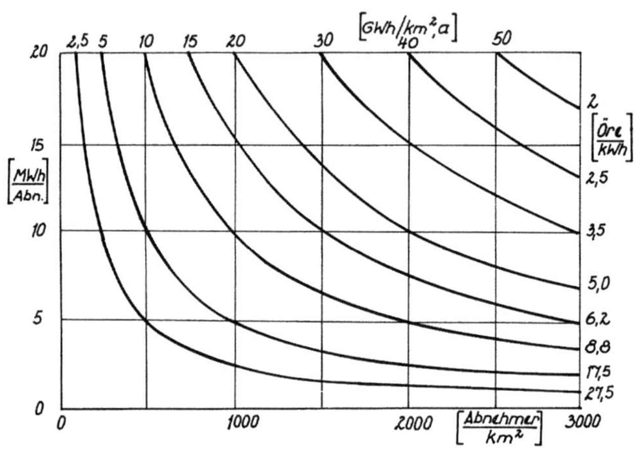

Abb. 67. Abhängigkeit der durchschnittlichen jährlichen Übertragungs- und Verteilkosten je kWh in Abhängigkeit von der Verbrauchsdichte und von der Siedlungsdichte [82]

päische Verhältnisse übertragen werden können, wobei, wie schon in Pkt. 13.1 festgestellt, die Frage der Erzeugungskosten zunächst ausgeklammert und gesondert behandelt wird.

Ausgangspunkt liefern hier zunächst die in Tab. 30 angeführten typischen Werte für installierte Leistung, Leistungsmaximum und Stromverbrauch für den Haushalt im Einfamilienhaus bzw. in einem Mehrfamilienhaus mit und ohne elektrische Heizung.

Zu beachten ist dabei, daß entsprechend den norwegischen Verhältnissen hochwärmegedämmte Bauten vorausgesetzt sind, in denen auch die sogenannte „Freie Wärme“ einen Beitrag zur Heizung leistet. In der erwähnten Studie [89] wird ferner die Auffassung vertreten, daß die minimale Außentemperatur wohl maßgebend sein muß für die Dimensionierung der installierten Heizleistung, dagegen nicht für die Auslegung des Versorgungssystems. Dafür hätte die minimale Außentemperatur des Normaljahres zu gelten, da die absolute minimale Außentemperatur sehr selten auftritt (siehe auch Pkt. 6.1) und im allgemeinen für diese Extremwerte in Netzen, die für elektrische Heizung dimensioniert sind, genügend Reserve vorhanden ist.

Nach den Werten der Tab. 30, die in etwa auch für hochelektrifizierte Haushalte in Mitteleuropa als gültig angesehen werden können, ergibt sich

Tabelle 30. *Installierte Leistungen, Leistungsmaxima und jährlicher Stromverbrauch von typischen Haushalten in Norwegen* [89]

Wohnungsart		Wohnung im Mehrfamilienhaus	Einfamilienhaus
Wohnfläche	m^2	90	120
a) Mit elektrischer Heizung installierte Leistungen			
Beleuchtung und Fernsehen	kW	1,4	2,4
Elektroherd	kW	7,0	8,0
Waschmaschinen, Geschirrspüler, Kühl- und Gefriereinrichtungen usw.	kW	9,6	10,1
Warmwasserbereitung (durchgehende Betriebsweise)	kW	1,0	1,5
Summe ohne Heizung	kW	19,0	22,0
Elektrische Heizung	kW	6,0	10,0
Summe mit Heizung	kW	25,0	32,0
Viertelstündiges Maximum beim Abnehmer	kW	7,5	11,5
Jährlicher Stromverbrauch	kWh	19 000	30 000
Benutzungsdauer	h/a	2 500	2 600
b) Ohne elektrischer Heizung			
Viertelstündiges Maximum beim Abnehmer	kW	5,0	6,0
Jährlicher Stromverbrauch	kWh	7 000	9 300
Benutzungsdauer	h/a	1 400	1 550

vom Standpunkt der gleichzeitigen Leistung loko Abnehmer zwischen den beiden Elektrifizierungsfällen nur ein verhältnismäßig kleiner Unterschied. Daraus folgt, daß die direkte elektrische Raumheizung unter dem Gesichtspunkt der Zuwachskosten gesehen werden muß, die um so niedriger sind, je größer der Bedarf an elektrischer Energie für sonstige Zwecke relativ zum Heizenergiebedarf ist. Die häufig anzutreffende Auffassung, wonach die elektrische Raumheizung für sich allein betrachtet wird — vor allem bei Vergleichsrechnungen gegenüber der Wärmebedarfsdeckung durch andere Energieträger —, läßt diesen speziellen Zusammenhang, wie er eben bei allelektrischer Versorgung auftritt, völlig außer acht und gelangt daher zu unrichtigen Aussagen. Wesentlich für alle weiteren Kostenbetrachtungen scheint zunächst die Beantwortung der Frage, mit welchen Anteilen die Höchstleistungen loko Abnehmer an der Höchstlast in den einzelnen Versorgungsstufen beteiligt sind. Dafür werden folgende Höchstlastziffern bzw. Gleichzeitigkeitsfaktoren angegeben [89] (s. Tabelle 31, S. 164).

Laut Tab. 31 entspricht beim elektrisch beheizten Haushalt 1 kW Höchstlast beim Abnehmer 0,47 kW Höchstlast im 380-kV-Netz bzw. beim Haushalt ohne Elektroheizung 1 kW Höchstlast 0,3 kW Höchstlast im 380-kV-Netz. Dieser Wert dürfte jedoch gemessen an mitteleuropäischen Erfahrungen

Tabelle 31. *Gleichzeitigkeitsfaktoren des Leistungsbedarfes einer typischen Wohnung im Mehrfamilienhaus mit und ohne elektrische Heizung und spezifische Höchstlast in den einzelnen Versorgungsstufen*

Versorgungsstufe	Gleichzeitigkeitsfaktor mit Elektroheizung	Höchstlast kW	Gleichzeitigkeitsfaktor ohne Elektroheizung	Höchstlast kW
Leistungsmaximum beim Abnehmer	1,0	7,6	1,0	5,0
Niederspannungsnetz	0,75	5,7	0,45	2,25
Trafostation	0,58	4,4	0,40	2,0
Mittelspannungsnetz	0,55	4,3	0,38	1,9
132/22-kV-Umspannwerk	0,50	3,8	0,32	1,6
132-kV-Netz	0,49	3,7	0,31	1,52
380/132-kV-Umspannwerk	0,48	3,65	0,31	1,52
380-kV-Netz	0,47	3,60	0,30	1,50

für den Haushalt ohne E-Heizung etwas zu hoch liegen. Bezogen auf die Trafostation bestehen jedoch ziemlich gute Übereinstimmungen mit den Meßwerten nach Pkt. 12.2. Dazu seien auch einige schwedische Angaben zitiert, die hinsichtlich der Höchstlast je Wohnung, bezogen auf die Trafostation unter Zugrundelegung empirischer Formeln, zu folgenden Ergebnissen gelangen:

Tabelle 32. *Höchstlastanteil je Wohnung, bezogen auf die Trafostation (in Abhängigkeit von der Abnehmeranzahl n je Trafostation)* [71]

	Höchstlastanteil für n = 100 kW	jährlicher Stromverbrauch kWh
Einfamilienhaus		
a) ohne Elektroheizung $p = 1{,}9 + \frac{5}{n}$	2,40	5 000
b) mit Elektroheizung $p = 7{,}2 + \frac{7{,}5}{n}$	7,58	25 000
Wohnung im Mehrfamilienhaus		
a) ohne Elektroheizung $p = 1{,}4 + \frac{3{,}6}{n}$	1,6	4 000
b) mit Elektroheizung $p = 5 + \frac{5{,}6}{n}$	5,6	15 000

Für die gesamten festen Kosten für Verteilung und Fortleitung erhält man nach den Angaben der Studie [89] unter Verwendung der Werte der Tab. 31 die in Tab. 33 für eine elektrisch beheizte Wohnung in einem Mehrfamilienhaus dargestellten festen Jahreskosten. Diese Jahreskosten basieren auf den gleichen Jahresfaktoren, wie sie der Gestehungskostenermittlung nach Pkt. 11.2, Abb. 55, zugrunde gelegt wurden; das sind für das Niederspannungsnetz samt Trafostationen 10,9% bzw. 10,4% und für das Mittel- und Hochspannungsnetz 9,9%.

Tabelle 33 a. *Ermittlung der gesamten festen Jahreskosten für Fortleitung und Verteilung für eine elektrisch beheizte Wohnung* [89]

Netzteil	Gleichzeitigkeitsfaktor	Höchstlast im entsprechenden Netzteil	Spezifische feste Jahreskosten der Höchstlast im betr. Netzteil		Gesamte *feste* Jahreskosten für eine elektrisch beheizte Wohnung	
		kW	öS/kW	DM/kW	öS/a	DM/kW
Anspeisekabel	1,0	7,6	121,—	14,0	920,—	128,—
Niederspannungsverteilnetz (Kabelnetz)	0,75	5,7	176,—	20,4	1000,—	140,—
Trafostation	0,58	4,4	78,—	9,0	340,—	47,—
Mittelspannungsnetz	0,55	4,3	55,—	6,3	235,—	37,—
132/22-kV-Umspannwerk	0,50	3,8	41,—	4,7	156,—	21,—
132-kV-Netz	0,49	3,7	62,—	7,1	229,—	32,—
380/132-kV-Umspannwerk	0,48	3,7	32,—	3,6	118,—	16,—
380-kV-Netz	0,47	3,60	57,—	6,1	205,—	29,—
					3 203,—	450,—

Nach Durchführung einer gleichartigen Rechnung für den Haushalt ohne Elektroheizung unter Zugrundelegung der Gleichzeitigkeitsfaktoren nach Tab. 31 erhält man zusammengefaßt die aus Tab. 33 b ersichtlichen spezifischen festen Jahreskosten für die Fortleitung und Verteilung:

Tabelle 33 b. *Spezifische feste Jahreskosten für Fortleitung und Verteilung für die Stromlieferung an Wohnungen in Mehrfamilienhäusern bzw. an Einfamilienhäuser nach* [89]

	Gesamtkosten		feste Jahreskosten für Fortleitung und Verteilung			
			Kosten je kW		Kosten je kWh	
	öS	DM	öS	DM	g	Pf
a) Wohnung im Mehrfamilienhaus						
mit direkter elektrischer Heizung	3 203,—	450,—	420,—	58,—	16,8	2,4
ohne elektrische Heizung	1 500,—	210,—	300,—	42,—	21,4	3,0
b) Wohnung im Einfamilienhaus						
mit direkter elektrischer Heizung	4 800,—	670,—	420,—	58,—	16,1	2,2
ohne elektrische Heizung	1 780,—	248,—	300,—	42,—	19,0	2,3

Zu beachten ist bei diesen Ziffern, daß die spezifischen Kosten je kW auf die gleichzeitige Höchstlast in der einzelnen Abnehmeranlage bezogen sind. Da die Gleichzeitigkeitsfaktoren für die Anlage ohne Elektroheizung niedriger sind (siehe Tab. 31), ergeben sich abgesehen von den absolut niedrigeren Kosten auch niedrigere spezifische kW-Kosten. Die relativ niedrigen anteiligen festen Kosten je kWh sind im übrigen auch durch die hohen Verbrauchswerte bedingt (19 000 kWh für die elektrisch beheizte Wohnung bzw. 7000 kWh ohne Heizung nach Tab. 30).

Bei Betrachtung der Werte der Tab. 33 a ist bemerkenswert, daß rund 72% der gesamten Netzkosten auf das Niederspannungsnetz und auf die Trafostationen entfallen. Vergleicht man diese Kostenanteile, die als Mittelwert ohne Abhängigkeit von der Siedlungsdichte anzusehen sind, mit den Ergebnissen der Abb. 55, welche die anteiligen Netzkosten allelektrischer Siedlungen, die mit Speicherheizung ausgestattet wurden, wiedergibt, z. B. für eine mittlere Siedlungsdichte von 300 (300 Wohnungen je 0,1 km^2) und legt die spezifischen Verbrauchswerte nach Pkt. 11.2, Tab. 24 (14 000 kWh bzw. 4500 kWh), zugrunde, so ergeben sich Verteilnetzkosten je kWh von 16,2 g bzw. von 23,2 g (ohne Elektroheizung) nach den norwegischen Werten bzw. 10,7 g bzw. 20,5 g/kWh nach den Werten der Abb. 55 (Pkt. 11.2).

Die norwegischen Werte für das Verteilnetz (Niederspannungsnetz mit Hausanschlüssen und Trafostationen) liegen somit in der gleichen Größenordnung, allerdings ist der Wert für die allelektrische Versorgung um einiges höher. Hier ist allerdings zu berücksichtigen, daß die norwegische Untersuchung [89] das Ergebnis einer Mittelwertrechnung ist. Bei einem gleichartigen Vorgehen für die Berechnung der Vergleichswerte nach Abb. 55 (Mischung von Ein- und Mehrfamilienhaussiedlungen) würde sich eine bessere Übereinstimmung ergeben.

Demgegenüber kann hinsichtlich der spezifischen kW-Kosten für die Fortleitung festgestellt werden, daß diese verglichen mit mitteleuropäischen Werten niedriger liegen. Als Richtwerte für die festen Jahreskosten der Fortleitungsanlagen werden nach [89] folgende Zahlen genannt:

	feste Jahreskosten nkr/kW, a
380/132-kV-Umspannwerke	9,0
132-kV-Leitungen	18,0
380-kV-Leitungen	16,0

Bei relativ kurzen mittleren Übertragungsentfernungen von 140 km für die 380-kV-Leitungen und 70 km für die 132-kV-Leitungen ergeben sich dafür zwangsläufig niedrige spezifische feste Jahreskosten.

Vergleicht man z. B. rückgerechnet die Anlagekosten je kW Höchstlast für die Fortleitungsanlagen mit deutschen und österreichischen Werten, so gelangt man zu der Gegenüberstellung nach Tab. 34:

Tabelle 34. *Spezifische Anlagekosten je kW für verschiedene Fortleitungs- und Verteilanlagen (Preisbasis 1972)*

Netzteil	Norwegen öS/kW	BRD öS/kW	Österreich öS/kW
Mittelspannungsnetz (Kabelnetz)	520,—	700,—	800,—
H/M-Umspannwerk	420,—	900,—	1 100,—
110-kV-Leitungen	630,—	700,—	800,— — 1 100,—
380/110-kV-Umspannwerke	360,—	500,—	600,— — 900,—
380-kV-Leitungen	540,—	700,—	800,—

Alle Werte sind bezogen auf das kW Höchstlast im betreffenden Netzteil. Diese Gegenüberstellung zeigt hinsichtlich der spezifischen Kosten für die Fortleitung, daß die norwegischen Werte offensichtlich auf Grund günstiger Übertragungsentfernungen relativ niedrig sind. Wie jedoch die Rechnung nach Tab. 33 a zeigt, entfallen auf die Fortleitung im Rahmen der gesamten festen Kosten für Fortleitung und Verteilung nur rund ein Drittel.

Außerdem gleichen sich die höheren Werte für Fortleitung und Verteilung mit den niedrigeren Werten für die Verteilung nach Abb. 49 bzw. Abb. 55 aus, so daß die Schlußfolgerung gerechtfertigt ist, wonach die festen Jahreskosten für die Fortleitung und Verteilung nach Tab. 33 b den mitteleuropäischen Werten entsprechen. Hierbei ist noch zu berücksichtigen, daß auch die Angaben über die Gleichzeitigkeitsfaktoren der direkten elektrischen Raumheizung durch die Meßergebnisse nach Pkt. 12.2 im wesentlichen bestätigt werden.

Als unmittelbarer konkreter Vergleich bietet sich im Zusammenhang mit diesen Feststellungen die Möglichkeit an, die spezifischen Daten und Meßergebnisse der Netzkosten der Oslo-Lysverkers [82] (Stadtwerke Oslo) den korrespondierenden Netzkosten und Daten der Satellitenstadt Wulfen (Pkt. 10.4) gegenüberzustellen (siehe Tab. 35). Da es sich im Fall Wulfen um ein für Speicherheizung ausgelegtes Netz handelt — Wulfen I — wurde auch die Variante unterstellt, daß dieses Netz einer Versorgung mit direkter elektrischer Heizung zu dienen hätte (Wulfen II). Dies bedeutet, daß die loko Hausanschluß pro Abnehmer bereitzustellende Leistung von 12 kW auf durchschnittlich 7—8 kW reduziert werden und somit bei gleichbleibender Belastungsdichte eine etwa um 50% höhere Abnehmeranzahl auf dem gleichen Siedlungsgebiet versorgt werden könnte. Die sich dadurch ergebende Siedlungsdichte von 4800 Abnehmern/km^2 würde dann bereits dem Wert einer großstädtischen Bebauung entsprechen. Das heißt, daß sich daraus ein zweites Modell für eine Stadt mit dieser größeren Verbauungsdichte ableiten läßt — bezeichnet als Wulfen II —, die aber direkt elektrisch beheizt ist und somit einen unmittelbaren Vergleich mit den Werten der Stadt Oslo gestattet.

Zur Herstellung einer einheitlichen Vergleichsbasis waren ferner einige Ergänzungen bzw. Korrekturen der Wulfener Werte nötig. Basis für die Kostenangaben des Wulfener Netzes bildete dort die gesamte Leistungsbereitstellung im Niederspannungsnetz und nicht die zu erwartende Netzhöchstlast. Zum Vergleich mit Oslo wurden daher diese Leistungsdaten mit einem Gleichzeitigkeitsfaktor von 0,8 (entsprechend einer Speicherheizung) bzw. mit 0,3 bzw. 0,2 für die Elektrifizierungsfälle A und B (nach Tab. 24) unter Berücksichtigung der Höchstlastanteile der zugehörigen Folgeeinrichtungen auf eine fiktive Netzhöchstlast umgerechnet. Da ferner bei Wulfen vorausgesetzt war, daß die 220/110-kV-Umspannung angesichts der vorhandenen freien Übertragungskapazität nicht in die Netzkostenberechnung einbezogen werden braucht, mußte für den Vergleich mit Oslo ein entsprechender Kostenanteil dafür eingesetzt werden (öS 500,—/kW Netzhöchstlast), wobei jedoch für den Fall Wulfen I (mit Speicherheizung) nur der auf den Tagstrom entfallende Teil der Kosten für die 220/110-kV-Umspannung angesetzt wurde, so daß voraussetzungsgemäß die Speicherheizung davon nicht belastet wird.

Tabelle 35. *Netzdaten- und Netzkostenvergleich zwischen den Versorgungsnetzen der Stadt Oslo und der Stadt Wulfen (Preisbasis 1969)*

		Oslo	Wulfen II allelektrisch direkte Heizung	Wulfen I allelektrisch Speicherheizung [1]	Wulfen I vollelektrisch Elektrifizierungsgrad C	Wulfen I teilelektrisch Elektrifizierungsgrad A
1. Versorgungsgebiet (ohne Randgebiete)		80 km^2	5 km^2		5 km^2	
2. Abnehmer je km^2		3 000	4 800	3 200	3 200	3 200
3. Jährliche Abgabe loko Abnehmer	GWh	3 400	375	250	70	21
4. Netzhöchstlast im 110-kV-Netz	MW	700	100	150	14	8
5. Benutzungsdauer der Netzhöchstlast	h/a	4 800	3 850	1 660	5 000	2 600
6. Belastungsdichte (bezogen auf Netzhöchstlast)	MW/km^2	8,8	20,0	30,0	2,8	2,6
7. Belastungsdichte (bezogen auf die installierte Leistung im Niederspannungsnetz)	MW/km^2	12,8	36,0	36,0	10,0	8,0
8. Jährliche Verbrauchsdichte	GWh/km^2	42,5	72,0	48,0	14,0	4,2
9. Hochspannungsnetz		300 kV		220 kV und 110 kV		
10. Zahl und Art der Umspannwerke		3 (300/45 kV u. 300/35 kV)	1 (220/110 kV) 9 (110/ 10 kV)			1 (110/10 kV)
11. Obere Mittelspannung		45 kV und 35 kV	—			—
12. Untere Mittelspannung		5 kV	10 kV			10 kV
13. Anlagekosten des gesamten Verteilnetzes je kW Netzhöchstlast	öS/kW	3 550,—	2 260,—	1 200,—	9 500,—	16 250,—
	DM/kW	490,—	314,—	166,—	1 320,—	2 250,—
14. Anlagekosten des gesamten Verteilnetzes je kW installierter Leistung im Niederspannungsnetz	öS/kW	2 840,—	1 230,—	980,—	2 650,—	3 250,—
	DM/kW	395,—	172,—	136,—	370,—	450,—
15. Anlagekosten des Verteilnetzes je übertragener kWh	öS/kW	0,74	0,59	0,70	1,90	6,25
	DM/kWh	0,10	0,08	0,10	0,27	0,87

[1] Ohne Anteil für 220/110-kV-Umspannung.

Was die Angaben über die Netzhöchstlast angeht, ist zu beachten, daß es sich im Falle der allelektrischen Versorgung mit Speicherheizung um die maximale Nachtlast handelt, während in allen anderen Fällen die Tagesspitze damit gekennzeichnet wird. Bei der Variante Wulfen II ist ferner zu beachten, daß die Netzhöchstlast trotz gleicher spezifischer Belastungsdichte im Niederspannungsnetz durch die höhere Ungleichzeitigkeit der Direktheizung entsprechend kleiner ist als bei der Speicherheizung, woraus eine entsprechend höhere Benutzungsdauer resultiert.

Tab. 35 läßt die starke Abhängigkeit der auf die Netzhöchstlast bezogenen spezifischen Anlagekosten (Zeile 13) von der Belastungsdichte (Zeile 6) erkennen. Hierbei ist zu bemerken, daß der von der spezifischen Gleichzeitigkeit der einzelnen Elektrifizierungsgrade abhängige Unterschied zwischen Höchstlast im 110-kV-Netz und der installierten Leistung im Niederspannungsnetz einen starken Einfluß auf die spezifischen Anlagekosten je kW Höchstlast ausübt. Verglichen mit allen anderen Elektrifizierungsfällen nützt der Haushalt mit direkter elektrischer Raumheizung die gleichzeitige Höchstlast im Niederspannungsnetz besser aus, wie die Tab. 36 zeigt.

Tabelle 36. *Benutzungsdauer der Höchstlast pro Haushalt im Niederspannungsnetz und der Höchstlast im 110-kV-Netz für verschiedene Elektrifizierungsfälle*

Haushalt-Elektrifizierungsgrad (nach Tab. 24)	Höchstlast im Niederspannungsnetz kW	Benutzungsdauer der Höchstlast im Niederspannungsnetz h/a	Benutzungsdauer des maßgebenden Netzhöchstlastanteiles im 110-kV-Netz h/a
Elektrifizierungsgrad A	2— 3	500	2 000— 2 500
Elektrifizierungsgrad C	2— 3	1 600	3 100— 4 400
Elektrifizierungsgrad D			
a) mit Speicherheizung	12—15	1 000	10 000—12 000
b) mit direkter Raumheizung	6— 8	2 000	3 500

Dadurch besteht bei den auf die installierte Leistung im Niederspannungsnetz bezogenen Belastungsdichten zwischen dem Osloer Netz und dem teilelektrischen Wulfener Netz ein weit geringerer Unterschied, der sich in wesentlich geringeren Differenzen bei den spezifischen Anlagekosten manifestiert.

Wie die Zeilen 5, 6 und 7 weiters zeigen, besteht zwischen Belastungsdichte und jährlicher Verbrauchsdichte keine unmittelbare Zuordnung, da die Art des Elektrifizierungsgrades und die Frage, ob direkte Raumheizung oder Speicherheizung vorliegt, als Parameter wirken. Wohl aber läßt sich zwischen der jährlichen Verbrauchsdichte und den spezifischen Anlagekosten je übertragener kWh bzw. den durchschnittlichen Jahreskosten je kWh der in Abb. 68 angenäherte Zusammenhang für städtische Versorgungsgebiete mit überwiegender Haushaltversorgung aus Tab. 35 ableiten, wobei hinsichtlich der Wulfener Werte jedoch die Einschränkung gilt, daß sie zufolge der Neuanlage gegenüber bestehenden Netzen günstiger liegen dürften.

Abgesehen von der starken Kostendegression im Bereich von Verbrauchsdichten zwischen 10—50 GWh/km² und Jahr zeigt dieses Diagramm, wie die spezifischen Anlagekosten bei zwar gleicher Siedlungsdichte, aber z. B. bei durch Gasvollversorgung auf rund 10—15% reduzierter Verbrauchsdichte in die Höhe schnellen. Umgekehrt steht aus der Sicht der gesamten Netzkosten der günstige Einfluß der Umsatzsteigerung durch die elektrische Raumheizung außer Zweifel. Bei diesen Überlegungen stellt jedoch neben der Verbrauchsdichte auch die Abnehmerdichte einen wichtigen Parameter dar, da bei geringer Abnehmerdichte die Netzkostendegression nicht ausreicht, um den Netzkostenanteil auf das für eine wirtschaftliche Versorgung mit direkter elektrischer Raumheizung erforderliche Ausmaß zu senken.

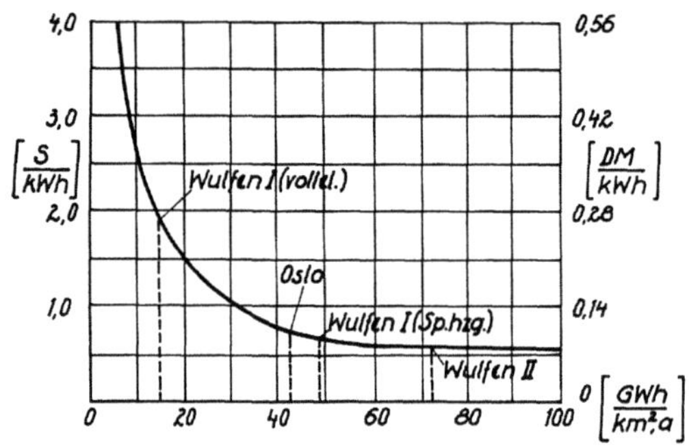

Abb. 68. Zusammenhang zwischen jährlicher Verbrauchsdichte und spezifischen Anlagekosten je übertragener kWh

13.3 Die Kosten der Energiebereitstellung für die direkte elektrische Raumheizung; Deckung der Winterheizlastspitze

Wesentlich problematischer liegen für die direkte elektrische Raumheizung jedoch die Verhältnisse bei den Erzeugungskosten. Die Kosten der hydraulischen Erzeugung sind in Norwegen, wie aus der bereits mehrfach erwähnten Studie [89] hervorgeht, als Folge sehr günstiger geographischer und metereologischer Gegebenheiten gegenüber den Kosten der mitteleuropäischen Wasserkräfte außerordentlich niedrig. Große Fallhöhen auf kurzen Fließstrecken begünstigen den Bau billiger Großspeicherwerke, die über einen hohen Anteil an natürlichem Winterzufluß und dadurch über ein wesentlich größeres Winterarbeitsvermögen verfügen. Andererseits ist damit auch eine 100%ige Verfügbarkeit der installierten hydraulischen Leistung während der Winterhöchstlast gegeben. Bei sehr niedrigen Ausbaukosten und hohem Dargebot belaufen sich in Norwegen die festen Jahreskosten der hydraulischen Erzeugung auf etwa 90 bis 120 nkr/kW (bezogen auf die gesicherte Winterleistung) bzw. 325,— bis 430,— öS/kW gegenüber etwa 950,— öS/kW für Speicherwerke bzw. 2600,— öS/kW für Laufwasserkraftwerke in Mitteleuropa. Ein Vergleich der Erzeugungskosten je kWh für eine Leistungsbereitstellung mit 3500 h/a — entsprechend der Benutzungsdauer der Höchstlast der elektrisch beheizten Haushalte loko Erzeugung (3,5 kW/Wohnung, 12 000 bis

15 000 kWh/a für die verschiedenen Erzeugungssysteme) nach Pkt. 11.2, Abb. 57, mit norwegischen Werten zeigt folgendes Ergebnis:

Tabelle 37. *Spezifische Erzeugungskosten für die direkte elektrische Raumheizung in verschiedenen Erzeugungssystemen [nach Abb. 57]*

Art des Erzeugungssystems	Spezifische Erzeugungskosten g/kWh	Pf/kWh
hydraulisch (mitteleuropäische Verhältnisse)	38	5,3
hydraulisch (Norwegen)	11,5	1,6
thermisch	45	6,3
hydraulisch-thermisch	45	6,3
hydraulisch-nuklear	37	5,1
thermisch-nuklear	40	5,4

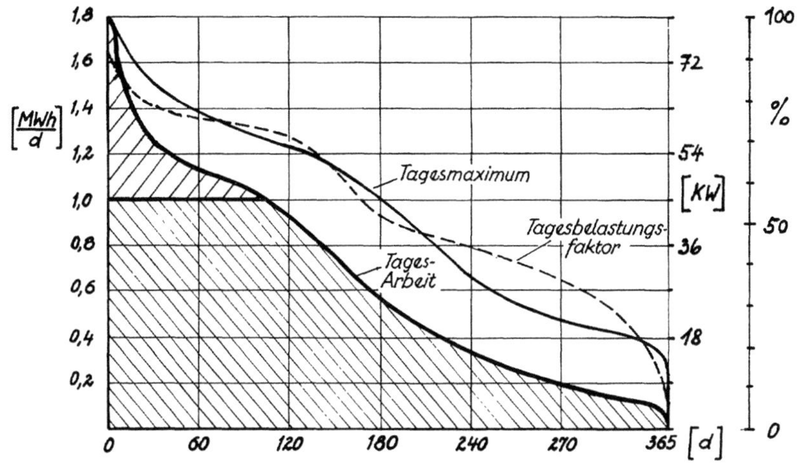

Abb. 69. Dauerlinie des täglichen Arbeitsbedarfes der Tagesmaxima und der Tagesbelastungsfaktoren einer direkt elektrisch beheizten Siedlung

Man kann daraus feststellen, daß von seiten der Erzeugungskosten die Situation der direkten elektrischen Heizung in Mitteleuropa ziemlich ungünstig liegt. Prüft man, welche Möglichkeiten für eine Verbesserung dieser Gegebenheiten bestehen, so steht die Frage der möglichst billigen Deckung der kurz andauernden Heizlastspitzen im Vordergrund. Wie aus den Darlegungen zu Pkt. 6.4 hervorgeht, wird die maximale Heizleistung nur an relativ wenig Tagen benötigt.

Abgeleitet aus entsprechenden Meßwerten [67] zeigt diesen Zusammenhang die Abb. 69. Daraus ist in prozentueller Darstellung die Dauerlinie des täglichen Energiebedarfes, die Dauerlinie der Tagesmaxima und der Tagesbelastungsfaktoren für eine allelektrische Siedlung ersichtlich. Die tägliche Arbeit sinkt stärker ab als die Tagesmaxima, wodurch der Tagesbelastungsfaktor von 0,93 auf 0,35 zurückgeht. Von der gesamten Jahresarbeit entfallen 10—11% auf den Bereich zwischen 55—100% der Tagesarbeit bzw. auf den Bereich zwischen 70—100% der gleichzeitigen Höchstlast. Daraus resultiert für diesen Leistungsanteil eine Benutzungsdauer von rund 1100 Stunden und für den Grundlastbereich von etwa 4200 h/a.

Setzt man für die Deckung der Spitzenarbeit z. B. eine Gasturbine ein, so errechnen sich bei festen Jahreskosten von 400,— öS/kW und Brennstoffkosten von 70 g/kWh bei der angegebenen Benutzungsdauer Erzeugungskosten von 110 g/kWh. Für die verbleibende Grundlast könnte z. B. Kernenergie eingesetzt werden.

Bei dieser Erzeugungskombination und bei Ansatz der Kosten für die Fortleitung und Verteilung nach Tab. 33 a bzw. nach Abb. 55 und 57 ergeben sich folgende Gestehungskosten für einen allelektrisch mit direkter elektrischer Raumheizung ausgestatteten Haushalt:

Tabelle 38. *Spezifische Gestehungskosten für einen mit direkter elektrischer Raumheizung ausgestatteten Haushalt (jährlicher Stromverbrauch 14 000 kWh; Benutzungsdauer des Höchstlastanteiles 3500 h/a) (Preisbasis 1973)*

Erzeugung	g/kWh		g/kWh	g/kWh
Spitzenenergie z. B. aus Gasturbinen (400,— öS/kW, 70 g/kWh, 1100 h/a)	110,0	davon 10% . . .	11,0	
Grundlastenergie aus Kernkraftwerken (1120,— öS/kW, 8 g/kWh, 4200 h/a)	34,5	davon 90% . . .	31,0	42,0
Fortleitung (Hoch- und allgemeines Mittelspannungsnetz) (Abb. 57)			8—12	
Verteilung (Trafostationen und Niederspannungsnetz mit Mittelspannungsnetzeinbindung) (Abb. 55)			7—11	15 —23
				57 —60
Übertragungsverluste 10%				57 —65
Gesamte Bereitstellungskosten				62,7—71,5

Dieses Ergebnis kann günstiger gestaltet werden, wenn nach Pkt. 11.2 Baukostenbeiträge von den Abnehmern begehrt werden, die den anteiligen Anlagekosten des Niederspannungsnetzes samt Trafostationen entsprechen. Dadurch reduzieren sich die Verteilnetzkosten nach Abb. 55 um durchschnittlich 5—8 g/kWh.

Hinsichtlich der Erzeugung bestünde als Variante auch die Möglichkeit an Stelle der Gasturbinen ein Jahresspeicherwerk einzusetzen. Sofern diese Speicherenergie zu gleichen Gestehungskosten wie die der Gasturbine bereitgestellt werden kann, so könnten sich durch die Kombination Speicherwerk und Kernkraftwerk günstige Voraussetzungen für die direkte elektrische Raumheizung ergeben. Bei durchschnittlichen jährlichen Gestehungskosten von 900,— bis 950,— öS/kW für Speicherwerke würde dies eine Benutzungsdauer von etwa 1000 h/a entsprechen. Da dieser Wert üblicherweise als gesamte Jahresbenutzungsdauer (also einschließlich eines allfälligen Sommerspitzendeckungseinsatzes) überschritten wird, läge die erwähnte Erzeugungskombination im Bereich wirtschaftlicher Möglichkeiten.

Dabei ist aber zu beachten, daß durch den mehr bandartigen Tagesbelastungsverlauf, wie er nach den Diagrammen nach Pkt. 12.3 für eine direkte elektrische Raumheizung charakteristisch ist, der Einsatz der Speicherwerke insofern zu ändern wäre, als sie in weit geringerem Maße dem täglichen Belastungsausgleich zu dienen haben, als vielmehr der Deckung einer an relativ wenigen Tagen auftretenden bandartigen Belastung mit der erwähnten niedrigen Benutzungsdauer. Damit würde die Ausnützung der installierten Leistung der Speicherwerke und damit die Gestehungskosten der Speicherenergie gleichbleiben, wohl aber eine andere Einsatzweise nötig werden. Voraussetzung ist dafür eine weitgehende Nivellierung des Hochwinterbelastungsdiagrammes durch Schwachlastenergieanwendung in den durch die Licht- und Kraftbela-

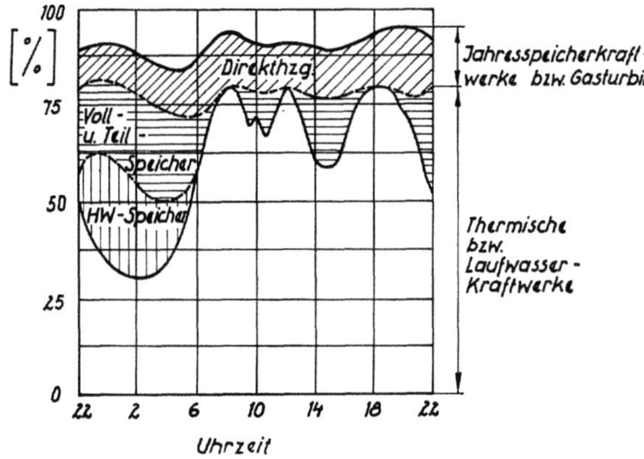

Abb. 70. Einsatzweise von Spitzenwerken zur Deckung der von der Direktheizung verursachten Heizlast im Hochwinter

stung gegebenen Grenzen, worauf die Belastung der direkten Heizung sich aufsetzt.

Praktisch bedeutet dies eine Auffüllung des Belastungsdiagrammes auch im Deckungsbereich vorhandener Speicherwerke und die Verschiebung ihres Einsatzbereiches in den oberen Leistungsbereich des Direktheizungsanteiles. Schematisch dargestellt zeigt diese Zusammenhänge das Diagramm der Abb. 70.

Zu der in diesem Zusammenhang allgemein zu stellenden Frage, welchen Anteil die Kernkraftwerke an der Deckung des Energiebedarfes der elektrischen Raumheizung auf längere Sicht erreichen können, wenn man ein optimiertes Erzeugungssystem zugrunde legt, kann auf eine schwedische Untersuchung [89 a] verwiesen werden. Danach wurde die optimale Lastverteilung in einem Erzeugungssystem, bestehend aus Gasturbinen, Heizölkraftwerken und Kernkraftwerken, für den derzeitigen Belastungsverlauf in Schweden und für einen nach den vorliegenden Erfahrungen über den Belastungsverlauf der elektrischen Direktheizung entsprechend ergänzten Jahres- bzw. Tagesbelastungsverlauf durchgerechnet. Dabei wurden verschiedene Kombinationen der Heizlast, wie sie durch Mehrfamilienhäuser bzw. durch Einfamilienhäuser verursacht wird, untersucht. Es ergab sich daraus, daß insgesamt bei einer durchschnittlichen Kombination von Mehrfamilien- und Einfamilienhäuser entsprechend den Bauprognosen etwa 85% der durch die elektrische Heizung verursachten Zusatzlast durch Kernenergie gedeckt werden können.

Aus der Sicht der jahreszeitlichen Schwankungen der bereitzustellenden Leistung bewirkt die direkte elektrische Raumheizung eine ihrem Leistungsanteil am Hochwinterdiagramm entsprechende Erhöhung des Verhältnisses von Hochwinterlast zu Sommerlast. Als danach im Sommer zusätzlich verfügbare Leistungsbereitstellung kann jedoch nur der nicht durch Speicherwerke bzw. Gasturbinen gedeckte Anteil des gesamten Heizleistungsbedarfes, das sind im Sinne der getroffenen Voraussetzungen etwa 60—70% des gesamten Heizleistungsbedarfes, gelten. Die sich somit ergebende Differenz zwischen den gesamten Winter- und Sommerleistungsbereitstellung kann in gleicher Weise wie die bestehende gleichartige Differenz der Leistungsbereitstellung für den Lichtbedarf den Revisionserfordernissen innerhalb eines thermischen bzw. eines hydraulisch-thermischen Erzeugungssystems entgegenkommen. Die danach im Sommer durch Entfall der Heizlast verfügbare Kraftwerksleistung ist gegenüber der eigentlichen Sommerschwachlastenergie keinen tageszeitlichen Beschränkungen unterworfen und könnte daher für Klimaanlagen und ähnliche Sommerenergieverbraucher eingesetzt werden, für die tageszeitliche Belastungseinschränkungen nicht tragbar sind. Da die festen Kosten dieser Energie durch die Raumheizung getragen werden, ergeben sich gleiche Grenzkosten wie bei der eigentlichen Sommerschwachlastenergie, d. h. es wäre auf diesem Weg bei entsprechender Tarifierung eine kalkulatorische Entlastung der Gestehungskosten für die Raumheizung im Sinne eines Jahresbelastungsausgleiches möglich.

Zusammenfassend ist festzustellen, daß die aus den möglichen Erzeugungskombinationen abzuleitenden Erzeugungskosten für die elektrische Raumheizung in Mitteleuropa weit über den norwegischen Werten liegen. Bei gesamten Jahreskosten von *217 nkr/kW* (Tab. 29) erhält man z. B. bei 3500 h/a Gestehungskosten für den direkt elektrisch beheizten Haushalt loko Abnehmer von 26 g/kWh, wobei, wie der Vergleich zeigt, im wesentlichen die extrem niedrigen Erzeugungskosten dieses günstige Ergebnis bewirken. Es wäre jedoch verfehlt, daraus zu schließen, daß für eine konkurrenzfähige direkte elektrische Raumheizung bei Stromerzeugungskosten, wie sie sich auf Basis mitteleuropäischer Verhältnisse ergeben können, kaum Möglichkeiten bestehen. Es muß dabei berücksichtigt werden, daß vor allem in Verbindung mit den niedrigen Anlagekosten der direkten elektrischen Raumheizung zusammen mit hoher Wärmedämmung sich insgesamt durchaus wirtschaftliche Heizkosten erzielen lassen, wie in Pkt. 15.4 und 15.5 noch im Detail untersucht wird.

13.4 Möglichkeiten zur Gestehungskostensenkung der direkten elektrischen Raumheizung durch Leistungsreduktion während der Spitzenzeiten

Die relativ hohen Gestehungskosten, die man nach Tab. 38 für eine uneingeschränkte direkte elektrische Raumheizung erhält, geben Anlaß zu prüfen, inwieweit durch Verbrauchslenkung in Form einer Anpassung des Heizbetriebes an den Belastungsverlauf durch Wegschaltung während der Spitzenzeiten des Licht- und Kraftbedarfes die Gestehungskosten gesenkt werden könnten. Man begibt sich damit zwar der angestrebten Unabhängigkeit der elektrischen Raumheizung von der Entwicklung des übrigen Belastungsverlaufes, behält aber den wesentlich niedrigeren spezifischen Leistungsbedarf je Heizanlage bei und kann bei gleicher Netzkapazität eine größere Abnehmeranzahl als bei einer Teilspeicherheizung versorgen. Selbstverständlich sind derartige Bestrebungen nur sinnvoll, solange das Hochwintertagesbelastungsdiagramm noch nicht voll nivelliert ist.

De facto wäre dies eine weitere Entwicklungsstufe der elektrischen Raumheizung bis sowohl durch Entwicklung des Lebensstandards als auch durch den stärkeren Einsatz von Kernenergie die Kostenrelationen zwischen der uneingeschränkten direkten elektrischen Raumheizung und anderen Heizmethoden sich weiter zugunsten der elektrischen Raumheizung verbessert haben.

Grundsätzlich bewirkt eine Leistungsreduktion während der Werkshöchstlast einen Entfall jener Festkostenanteile, die den Anlagen zuzurechenen sind, die dadurch entlastet werden. Im wesentlichen wird dies für die Erzeugung und für das Hochspannungsnetz gelten können, während die weiteren Versorgungsstufen bei fortschreitender Entwicklung, insbesondere die Niederspannungsnetze und Trafostationen, unabhängig davon für die absolute Höchstlast der elektrisch beheizten Haushalte ausgelegt werden müssen.

Bei der üblichen Dauer von Morgen-, Mittags- und Abendspitzen würde in diesem Sinne eine voll wirksam werdende Leistungsreduktion Heizunterbrechungen von zusammen mindestens 7—8 Stunden, aufgeteilt auf 3, allenfalls auf 4 etwa gleiche Intervalle erfordern, wobei jedoch auch Lösungen mit gestaffelten, bezogen auf die einzelne Anlage, kürzeren Unterbrechungszeiten denkbar sind, die im Endeffekt für die gesamte Gruppe statt eines gänzlichen Entfalles der Heizlast während den Spitzenzeiten eine Senkung der Heizlast auf etwa die Hälfte bewirken könnten. Jedenfalls könnte dadurch mindestens auf den entsprechenden Festkostenanteil der Erzeugung verzichtet werden, wodurch entsprechend den Werten der Tab. 38 eine Senkung des kWh-Durchschnittspreises auf etwa 50 g/kWh—60 g/kWh möglich wäre.

Was die heiztechnischen Möglichkeiten solcher Spitzenwegschaltungen angeht, so sei hier besonders auf die entsprechenden Angaben des Pkt. 6.7 verwiesen.

13.5 Tarife für direkte elektrische Raumheizung

Der relativ hohe Festkostenanteil der Gestehungskosten der direkten elektrischen Heizung erfordert grundsätzlich eine die Benutzungsdauer fördernde Tarifbildung. Dies bedeutet, daß ein leistungsorientierter Tarif anzubieten wäre. Vergleicht man die Tarife für die direkte Heizung in einigen europäischen Ländern unter diesem Gesichtspunkt, so zeigt sich aber, daß lediglich in Norwegen — abgesehen vom absolut niedrigen Niveau des Strompreises — diesem Grundsatz Rechnung getragen wurde. Allerdings spielt hier auch das Fehlen echter arbeitsabhängiger Kosten mit hinein.

Aus der folgenden Zusammenstellung sind einige Tarife für direkte elektrische Raumheizung (Stand 1973) zu entnehmen:

a) Norwegen (nach [25])

Es handelt sich um einen Leistungspreistarif, wobei der Leistungspreis nicht für die gemessene, sondern für die bestellte Leistung berechnet wird. Bei Überschreitung der bestellten Leistung gelangt für die in die Überschreitung fallende kWh ein stark erhöhter Arbeitspreis in Anrechnung (Überverbrauch).

Leistungspreis je kW bestellter Leistung jährlich	110 nkr
Arbeitspreis für den Normalverbrauch	4 Öre/kWh
Arbeitspreis für den Überverbrauch	15 Öre/kWh

Die durchschnittlich bestellte Leistung beträgt 3,8 kW, der durchschnittliche Verbrauch jährlich 12 000 kWh/Wohnung, der durchschnittliche Überverbrauch 130 kWh/Wohnung.

b) Frankreich

Für allelektrisch beheizte Haushalte gilt der Tarif der EdF „Grand Confort". Es ist dies ein Doppeltarif, wobei dem Konsumenten einheitlich 18 kVA gegen einen entsprechenden monatlichen Grundpreis bereitgestellt werden.

Monatlicher Grundpreis für 18 kVA	60 fFr
Arbeitspreis (Hochtarif)	10,7 Centimes/kWh
Arbeitspreis (Niedertarif)	5,0 Centimes/kWh

c) Belgien [92]

Jährlicher Grundpreis für einen allelektrischen Haushalt	1100 bis 1200 bfr
Arbeitspreis (Hochtarif)	0,975 bfr/kWh
Arbeitspreis (Niedertarif)	0,475 bfr/kWh

d) Österreich (KELAG)

Jährlicher Grundpreis in Abhängigkeit von der Tarifraumzahl (für eine 4-Tarifraum-Wohnung)	450,— öS
Arbeitspreis	53 g/kWh

e) Schweiz (CKW)

Jährliche Abonnementgebühr	180 sFr
Arbeitspreis (Hochtarif)	11 Rp./kWh
Arbeitspreis (Niedertarif)	4 Rp./kWh

Verwendet man den durchschnittlichen jährlichen Stromverbrauch lt. a) als Basis für eine Vergleichsrechnung, so erhält man nachstehende kWh-Durchschnittspreise für die direkte elektrische Heizung (Basis Kursrelationen vom Juni 1974 ohne Mehrwertsteuer).

	Norwegen	Frankreich	Belgien	Österreich (KELAG)	Schweiz (CKW)
g/kWh	18,0	53,0	47,0	57,0	62,0
Pf/kWh	2,5	7,4	6,5	7,9	8,6

Der grundlegende Gestehungskostenunterschied zwischen Norwegen und Mittel- bzw. Westeuropa tritt deutlich hervor. Andererseits zeigt sich aber bei einem Vergleich der Gestehungskosten nach Tab. 38 mit den effektiven kWh-Preisen nach diesen verschiedenen Tarifen, daß das Rechnungsergebnis als sicherer Wert angesehen werden kann.

14. Technologie der direkten elektrischen Raumheizung

14.1 Heizpaneele und Konvektoren

Als einfachste und billigste Lösung für die Installation von direkten elektrischen Heizungsanlagen bieten sich sowohl in anlagentechnischer als auch in heiztechnischer Hinsicht Heizpaneele (Plattenheizkörper) oder Konvektoren an. Das normale Heizpaneel mit Typenleistungen zwischen 0,5—2,0 kW besteht im wesentlichen aus einer Anzahl elektrischer Heizelemente, die in einem plattenförmigen Kasten untergebracht sind. Das Gerät ist mit einem Mehrstufenschalter für händische Einstellung der Leistung und mit einem Thermostat ausgerüstet, der in Abhängigkeit von der Raumtemperatur die jeweils eingestellte Leistungsstufe zu- bzw. abschaltet. Die Wärmeabgabe erfolgt vorwiegend durch Konvektion, der Strahlungsanteil hängt von der jeweiligen Auslegung des Heizpaneels ab. Die Übertemperatur der Oberfläche sollte 75 °C nicht überschreiten.

Konvektoren bzw. sogenannte Heizleisten sind gegenüber den Heizpaneelen so ausgebildete Heizkörper, daß die Raumluft an den Widerstandselementen von unten nach oben durch natürliche Zirkulation vorbeistreichen kann und dadurch erwärmt wird (siehe Abb. 71). Durch diese Lösung wird praktisch eine verstärkte Wärmeabgabe mittels Konvektion bewirkt, so daß eine größere Leistungskonzentration auf gleichem Raum möglich ist. Die Regelung erfolgt wie beim Plattenheizkörper durch Stufenschalter und eingebauten Thermostat.

Neben der Verwendung von Konvektoren als normale ortsfest montierte Direktheizeinrichtungen ist hier ihre Verwendung in einem elektrischen Zentralheizungssystem zu erwähnen, das eine vorteilhafte Kombination von Heizung- und Zwangsbelüftung darstellt (ELVACO-Heizungssystem) [23]. Abb. 72 zeigt das Grundprinzip dieses Heizungssystems. An zentraler Stelle des Gebäudes steht ein kleines Lüftungsaggregat, das neben einem Ventilator auch entsprechend dimensionierte Staubfilter enthält. Über ein Rohr (A) wird frische Außenluft angesaugt und im Heizgerät im beliebigen Verhältnis mit Innenluft vermischt. Die Mischluft wird durch das Filter gedrückt und dann durch Kunststoffrohre, die im Boden eingelassen sind, zu Konvektoren (C) geführt, in welchen die Raumluft durch Konvektion erwärmt wird. Dabei wird die erwärmte Raumluft ständig mit der zugeführten gereinigten Frischluft vermischt. Die Anlagen werden so dimensioniert, daß stündlich rund drei Viertel des Raumluftvolumens erneuert wird. Alle Räume stehen unter leich-

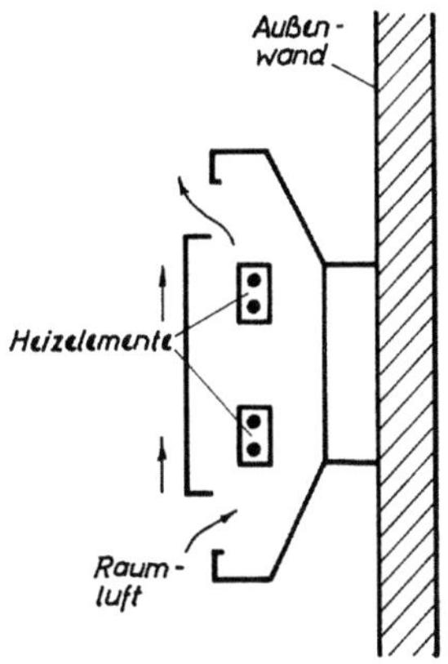

Abb. 71. Schema eines Konvektors für direkte elektrische Heizung

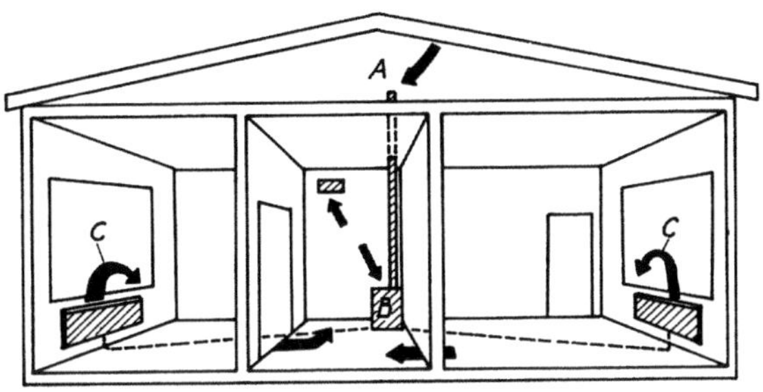

Abb. 72. Luftführung des ELVACO-Heizsystems [23]

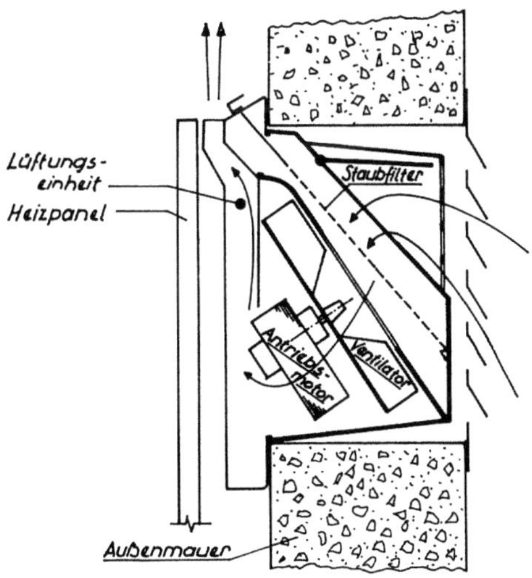

Abb. 73. Lüftungsaggregat eines Direktheizsystems mit dezentraler Lüftung [91]

tem Überdruck, so daß die verbrauchte Luft durch eine Lüftungsöffnung (D) abfließen kann. Für gut wärmegedämmte Objekte, vor allem für ein Einfamilienhaus, bildet dieses System ein sehr komfortables und vor allem auch in wärmehygienischer Hinsicht zweckmäßiges Heizungssystem, das Heizung und Lüftung in sich vereinigt.

Im Zusammenhang damit ist auch ein in Norwegen entwickeltes Heizungssystem mit dezentraler Lüftung zu erwähnen [91]. Es handelt sich um ein mechanisches Lüftungssystem, das als Zusatz zu normalen Heizpaneelen oder Konvektoren eingesetzt werden kann. Es besteht aus kleinen Lüftungseinheiten nach Abb. 73, die hinter einem Heizpaneel oder einem Konvektor in einem Mauerdurchbruch untergebracht werden können. Die Luftzirkulation wird durch Ventilatoren besorgt. Weiters enthält jede Einheit einen Staubfilter. Die angesaugte Außenluft wird durch den Konvektor oder durch Heizpaneele vorgewärmt und gelangt fast mit Raumtemperatur in den Raum. Das gegenständliche System erfüllt folgende Aufgaben:

Versorgung mit gefilterter und vorgewärmter Luft,
Heizung und Regelung der Raumtemperatur.

Es ist gegenüber zentralen Lüftungssystemen sehr preisgünstig.

14.2 Deckenheizungssystem

Vom Standpunkt des Wärmekomforts (siehe Pkt. 6.8) können Deckenstrahlungsheizungssysteme als sehr günstige Lösungen angesehen werden. Als speziell für die direkte elektrische Heizung prädestinierte Deckenheizungssysteme sind jene Konstruktionen zu bezeichnen, die Heizfolien bzw. Flächenheizleiter verwenden, weil damit den spezifischen Möglichkeiten der elektrischen Energie im Vergleich zu anderen Energieträgern besonders Rechnung getragen wird. Bei Deckenheizungssystemen wird bekanntlich die Wärme durch direkte Strahlung der Heizfläche an die Wände, an den Fußboden und an die Einrichtungsgegenstände abgegeben. Durch Reflektion und diffuse Strahlung erfolgt hierbei eine sehr gleichmäßige Erwärmung der Raumumschließungsflächen, die wiederum die Raumluft erwärmen. Die Temperaturdifferenz zwischen Raumluft und den Raumbegrenzungsflächen ist hierbei sehr gering, so daß wärmetechnisch die Voraussetzungen für die nötige Behaglichkeit gegeben sind. Wesentlich ist die richtige Wahl der Deckenverkleidung, so daß die Heizung gut regelfähig bleibt. Bei richtig dimensionierter Heizleistung soll die Oberflächentemperatur der Decke 30—35 °C nicht überschreiten.

Verwendet werden dafür Heizfolien — sogenannte Flächenheizleiter — mit Nennleistung von 100 Watt/m^2 bis 200 Watt/m^2. Beim sogenannten ESWA-System [92], Abb. 74, das in Skandinavien, vor allem in Norwegen, in großem Umfang mit bestem Erfolg zum Einsatz gelangt, bestehen die Heizelemente aus Metallfolien, die zu schmalen Bändern aufgeschlitzt und in Kunststoffhüllen eingebettet sind. Sie bilden darin eine mäanderförmige Strombahn. Die Legierung des Metalls besteht aus Blei und Zinn mit einem Schmelzpunkt von 185 °C. Ein anderes, in Österreich entwickeltes gleichartiges Heizfoliensystem „Thermotex“ besteht aus einem durch eine Kohlenstoffemulsion leitend gemachten Kunststoffgewebe, das gleichfalls in eine Kunststoffolie eingebettet ist. Diese Folie kann als echter Flächenheizleiter bezeichnet werden, Unterbrechungen des Stromflusses, z. B. durch lokale Beschädigung der Folie, sind nicht möglich.

Als Deckenverkleidung werden Gipsplatten, Hartholzfaserplatten, Heiztäfelung oder ähnliches verwendet, wobei jedoch der Wärmewiderstand möglichst klein sein muß. Gegen das Obergeschoß ist für eine starke Wärmedäm-

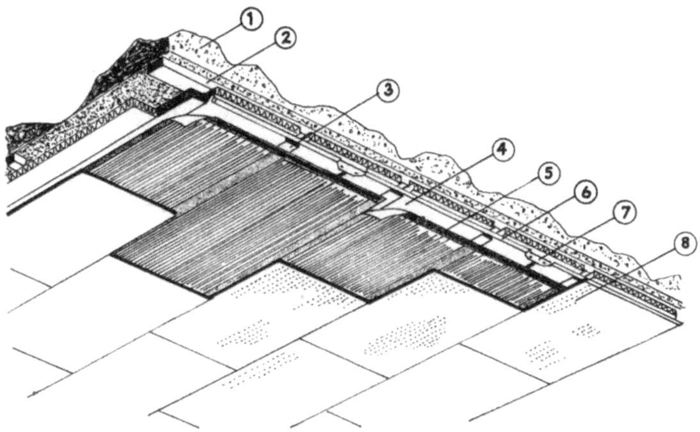

Abb. 74. ESWA-Deckenheizungssystem
1 Beton; 2 Abdeckung der Betondecke; 3 Holzlatten in einem Abstand von 30 bis 40 cm; 4 Glaswollplatten; 5 ESWA-Heizfolien; 6 Zuleitungen; 7 Anschlußdosen; 8 Abdeckplatten mit guter Wärmeleitfähigkeit [92]

mung zu sorgen. Nach den vor allem in Skandinavien, aber auch aus der BRD und aus Österreich vorliegenden Erfahrungen haben sich diese Heizsysteme ausgezeichnet bewährt. Sie sind als eine sowohl in wärmetechnischer als auch in architektonischer Hinsicht optimale Lösung anzusehen, die die spezifischen Vorzüge der elektrischen Energie voll zur Geltung bringt. Die festgestellten spezifischen Stromverbrauchswerte ausgeführter Anlagen sind relativ niedrig, die Anlagekosten sind jedoch höher als bei anderen direkten Heizsystemen.

14.3 Infrarotheizung

Bei der Infrarotheizung handelt es sich um eine ausgeprägte Strahlungsheizung. Das Behaglichkeitsdiagramm nach Abb. 18 (Pkt. 6.8) zeigt, daß bei Konvektorbeheizung eine Wandtemperatur von 17 °C und eine Lufttemperatur von 19 °C gleichzusetzen ist einer Strahlungsheizung mit Hochtemperaturstrahlern (Infrarotstrahlern, deren Wellenlänge im Bereich des sichtbaren Spektrums liegt), bei der die mittlere Wandtemperatur z. B. 21 °C und die Lufttemperatur nur 15 °C beträgt [93].

Der Vorteil der Strahlungsheizung liegt in der sofort spürbaren Wärmewirkung nach dem Einschalten und in dem Umstand, daß im Sinne des vorhergesagten die Lufttemperatur niedrig gehalten werden kann. Dies gilt auch für großflächige Strahlungsheizungen, z. B. für die Deckenstrahlungsheizung nach Pkt. 14.2. Die relative Luftfeuchtigkeit wird dadurch erhöht. Weiters ist es möglich, bestimmte Raumbereiche allein aufzuheizen, d. h. eine regionale Beheizung durchzuführen, durch Verwendung von gerichteten Infrarotstrahlern, was bei der Konvektionsheizung nicht möglich ist, da sie auf der Erwärmung der gesamten Raumluft beruht. Wesentlich für die Dimensionierung von Infrarotstrahlungsheizungen ist die Einstrahlzahl des Strahlers, die von der Entfernung des Strahlers und vom Ausmaß seiner strahlenden Fläche abhängig ist. Der durch die direkte Energieeinstrahlung ohne gleichzeitige Lufterwärmung erreichbare Heizeffekt macht es möglich, ohne gleichzeitige Lufterwärmung die Infrarotstrahler auch zur Beheizung im Freien einzusetzen.

Gegenüber einer Konvektionsheizung tritt eine Energieersparnis ein, weil die zur Behaglichkeit notwendige Lufttemperatur im Raum niedriger ist als bei Konvektionsheizung. Die Ersparnisse sind um so größer, je höher die zu beheizenden Räume sind und je weniger gut die Außenwände wärmegedämmt sind.

14.4 Regelung von Direktheizungsanlagen

Die Regelung von direkt elektrisch beheizten Räumen beschränkt sich auf die Regelung der Raumtemperatur durch entsprechende Steuerung der verwendeten Heizelemente. Eine zusätzliche Erfassung der jeweiligen Außentemperatur wie bei der Speicherheizung oder bei modernen Warmwasserzentralheizungsanlagen entfällt durch die Möglichkeit der unmittelbaren regeltechnischen Einflußnahme auf die gewünschte Wärmeabgabe. Die Regelung von Heizpaneelen und Konvektoren kann durch getrennte Raumthermostate, die über entsprechende Schaltleistungen verfügen müssen, erfolgen, die die Geräte entsprechend ein- und ausschalten. Wesentlich häufiger erfolgt die Temperaturregelung jedoch durch in den Geräten eingebaute Regler. Die technische Entwicklung hat zu thermostatischen Einbaureglern geführt, welche bei einfacher Bauweise und niedrigem Preis eine gute Regelung der Raumtemperatur bewirken. Der Einbauregler einfachster Ausführung benutzt die thermische Rückführung des Heizkörpers, auf dem er aufgebaut ist. Diese Rückführung ist auf einige Grad Celsius durch eine Bauweise beschränkt, die eine gute Wärmetrennung zwischen Heizkörpern und Temperaturfühlern ergibt. Ein Regler dieser Art arbeitet weitgehend wie ein getrennter Raumthermostat mit Rückführung. Auf Grund der Wärmeträgheit des Heizkörpers ist jedoch die Schalthäufigkeit dieses Reglers sehr niedrig. Ein voller Schaltprozeß kann dreiviertel bis zwei Stunden dauern, was bedeutet, daß der Heizkörper in den Ausschaltzeiten völlig abkühlt.

Ein gewisser Ausgleich während der Abschaltzeiten wird dadurch erreicht, daß die Wärmeleistung nur teilweise mit einem Thermostat geregelt wird, während der Rest ununterbrochen eingeschaltet bleibt. Zahlreiche Heizgeräte mit eingebauten Reglern sind mit diesem sogenannten Grundelement ausgerüstet.

Die Schalthäufigkeit wird gesteigert durch eine verstärkte thermische Rückführung, möglicherweise durch einen getrennten Widerstand. Dies ist zwar erwünscht, aber die erhöhte Rückführung ergibt einen höheren Temperaturanstieg am Wärmefühler. Da der Temperaturanstieg abhängig von der Wärmeleistung (Ein-/Ausschaltverhältnis) ist, ergibt dies, daß die Raumtemperatur bei steigender Wärmeleistung abfällt. Daher sind Regler dieser Art so ausgeführt, daß sich ein vernünftiger Kompromiß zwischen Temperaturabfall und Schalthäufigkeit einstellt (Abb. 75).

Durch Anpassung des Ausgleichselements ist es möglich, eine hohe Schalthäufigkeit bei konstanter Raumtemperatur beizubehalten, wenn die Wärmeleistung schwankt. Das Ausgleichselement ist ein Widerstand, der in den Ausschaltzeiten Wärme abgibt. Er kann auf einen genauen Ausgleich der ther-

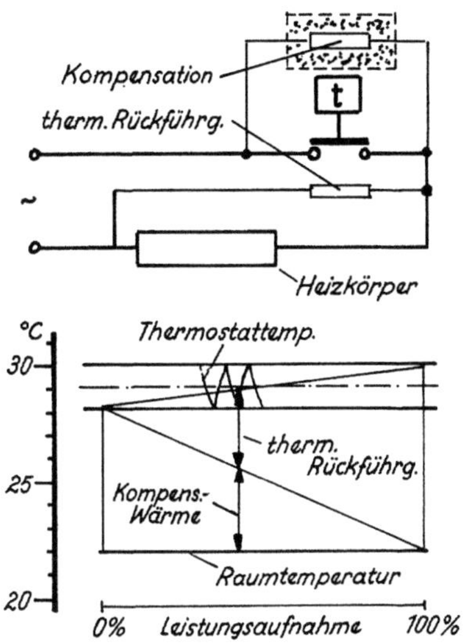

Abb. 75. Schaltung eines Einbauthermostaten mit Kompensation und thermischer Rückführung für Direktheizgeräte [91]

mischen Rückführung eingestellt werden. Hierzu ist es jedoch erforderlich, daß das Ausgleichselement eine thermische Trägheit aufweist, die erheblich größer ist als die der thermischen Rückführung.

Mit Hilfe dieses Systems kann die Schalthäufigkeit auf weniger als zehn Minuten reduziert werden. Die Oberflächentemperatur des Heizkörpers schwankt dann innerhalb eines Schaltvorgangs um nur wenige °C. Infolgedessen spielt sich der Heizkörper auf eine Temperatur ein, die gerade zum Ausgleich des Wärmeverlustes in dem betreffenden Raum erforderlich ist. Ansonsten wird dieses Regelverhalten nur mit aufwendigeren Mitteln, wie zum Beispiel mit Temperaturreglern mit Festkörperschaltungen, erreicht.

14.5 Direktheizsysteme mit Spitzenwegschaltung

Verzichtet man auf die Parallelschaltung eigener Speicher, so gelangt man zu Heizsystemen, deren Wegschaltung während der Netzspitzenzeiten zunächst einigermaßen problematisch erscheint. Dennoch zeigen vorliegende Erfahrungen, daß die Wirkung der Gebäude als Sekundärspeicher doch in gewissem Umfang Abschaltungen während der Sperrzeiten gestatten, da die thermische Zeitkonstante (siehe Pkt. 6.7) bei normaler Gebäudekonstruktion im allgemeinen ausreichend ist. Dieser Effekt wird bei folgendem Direktheizsystem angewandt:

a) Bei elektrisch betriebenen Warmwasserzentralheizungen, die jedoch im Gegensatz zu Pkt. 7.4 ohne parallelgeschaltete Warmwasserspeicher arbeiten; als Pufferspeicher zur Überbrückung der Abschaltzeiten wirkt bei diesem System neben dem Gebäude selbst auch der Wärmeinhalt der Radiatoren.

Als Ergebnis von einigen hundert derart betriebener Anlagen [61] kann festgestellt werden, daß die Unterbrechung des Heizbetriebes während der Netzspitzenzeiten auf die Dauer von etwa 1½ bis 2 Stunden von den Benützern dieser Anlagen kaum wahrgenommen wurde. Selbstverständlich hängt der Erfolg dieses Systems von einer entsprechenden thermischen Trägheit des Systems selbst, als auch des Gebäudes ab. Für die Umstellung kleiner konventioneller Warmwasserzentralheizungsanlagen auf elektrischen Betrieb hat sich diese Lösung ausgezeichnet bewährt, wobei jedoch auf den höheren Energieaufwand im Sinne der Vorbehalte zu Pkt. 7.4 hingewiesen werden muß.

b) Verwendung von Direktheizgeräten ohne Speicherfähigkeit, die während der Spitzenzeiten ganz oder teilweise weggeschaltet werden, wobei lediglich die Speicherfähigkeit des Gebäudes als Pufferspeicher zur Verfügung steht. Damit hängen Größe und Zeitdauer der möglichen Leistungsunterbrechung bzw. auch der Leistungsreaktion vom thermischen Verhalten des zu beheizenden Gebäudes ab. Wie in Pkt. 6.7 eingehend untersucht wird, verhindern die üblichen zwischen 20 Stunden bis 50 Stunden liegenden thermischen Zeitkonstanten von normalen Gebäuden größere Temperaturabsenkungen bei Heizungsunterbrechungen von 1 bis 2 Stunden. Messungen [54] haben ergeben, daß bei totaler Wegschaltung der Direktheizgeräte während 1½ Stunden die Raumtemperatur maximal um 1,5—2,5 °C absinkt.

Statt einer völligen Wegschaltung von Direktheizgeräten kann auch eine heiztechnisch günstigere, nur teilweise Wegschaltung in Betracht gezogen werden. Die dazu nötige Aussteuerung von Direktheizanlagen in der beschriebenen Art könnte nach folgendem Vorschlag erfolgen:

Durch Verwendung von Raumthermostaten, die mit einem Zusatzwiderstand ausgestattet sind, der nach den Erfordernissen der Netzbelastung über eine gesondert gesteuerte Leitung mehr oder weniger stark beheizt werden kann, der den Thermostaten während der Netzspitzenzeit eine höhere Raumtemperatur vortäuscht. Dadurch werden die Schaltinterwalle vergrößert und die mittlere Heizleistung sinkt. Die Vorgabe der Heizspannung für diese Widerstände kann entweder mittels Schaltuhr oder über Rundsteuerung erfolgen. Damit wird ein für den Konsumenten überhaupt nicht merkbarer Eingriff im Sinne einer dem Belastungsverlauf im Netz gut angepaßten Heizleistungsreduktion mit einfachen Mitteln möglich.

14.6 Gemischte Heizsysteme

Bei der Konzeption von Heizungsanlagen auf Vollspeicherbasis stößt man zwangsläufig auf das Problem, daß Räume mit kleinem Wärmebedarf mit entsprechend kleinen aber relativ teuren Speicherheizgeräten ausgerüstet sind, da diese Geräte einer starken spezifischen Kostenprogression mit sinkender Typenleistung unterliegen. Es ist daher der Gedanke naheliegend, an Stelle der kleinen Speicherheizgeräte Direktheizgeräte einzusetzen. Ein Vergleich der Kosten zwischen Speicherheizgeräten und Direktheizgeräten nach Abb. 76 zeigt hinlänglich, welch großer Vorteil für die Senkung der Anlagekosten daraus abzuleiten ist.

In elektrizitätswirtschaftlicher Hinsicht bringt eine solche Kombination zwar grundsätzlich eine Erhöhung der Tageshöchstlast pro Abnehmer, andererseits ist eine ziemlich gute Ausnützung solcher Direktheizgeräte im Gegensatz zur Direktheizung, die lediglich als Zusatzheizung benützt wird, gegeben, so

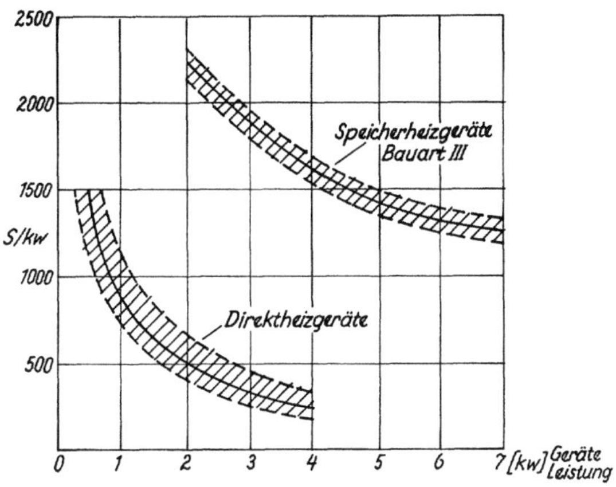

Abb. 76. Relativer Vergleich der spezifischen Kosten bzw. der Kostendegression von Direktheizgeräten und Speicherheizgeräten

daß bei entsprechenden Tagstrompreisen diese Lösung durchaus vertretbar ist. Wie verschiedene Untersuchungen zeigen ist der Einfluß solcher Direktheizgeräte, sofern sie thermostatisch gesteuert werden, solange gering, als ihr Anteil bei der Deckung der Heizleistung 15—20% nicht überschreitet.

Davon ausgehend führt dieses System jedoch zu einer umgekehrten Fragestellung, nämlich inwieweit durch Kombination von Speicherheizung und Direktheizung Anlagekonzeptionen möglich sind, die ohne volle Realisierung einer uneingeschränkten Direktheizung mit ihren relativ hohen Gestehungskosten eine wesentliche Reduzierung der zu installierenden Speicherleistung, verbunden mit entsprechender Anlagekostensenkung bei vertretbarer Erhöhung der Betriebskosten durch den größeren Tagstromanteil gestatten. Es handelt sich hier letztlich um den Fall der sogenannten „Gemischten Heizung“ (siehe Tab. 14) — nicht zu verwechseln mit der Mischheizung, welche in einem System bzw. in einem Raum Speicherheizung und Zusatzdirektheizung kombiniert —, das heißt die wahlweise Deckung der benötigten Heizleistung zum Teil durch Speicherheizgeräte bzw. durch Direktheizgeräte in den einzelnen Räumen. Praktisch handelt es sich um das Aufsuchen eines Kostenminimums aus Anlagekosten und Betriebskosten, wobei die Differenz zwischen Hochtarif- und Niedertarifarbeitspreisen sowie die Zurechnung von festen Kostenanteilen für die erhöhte Leistungsinanspruchnahme durch die Direktheizgeräte von erheblichem Einfluß auf das Ergebnis ist.

Die Meßergebnisse einiger derart ausgestatteter Objekte zeigen, daß auch bei relativ hohem Anteil der Direktheizung ein Einfluß auf die spezifische Tageshöchstlast klein bleibt und daß der Niedertarifanteil des gesamten Stromverbrauches trotzdem hoch ist. Meßergebnisse von vier derart ausgerüsteten Mehrfamilienhäusern zeigt Tab. 39 a.

Tabelle 39 a. *Kenndaten und Meßergebnisse von Mehrfamilienhäusern mit gemischter Heizung*

Ort		Köflach	Bruck	Leoben	Liezen
Wohnungsanzahl		76	56	42	31
k-Wert der Außenwände	$\left[\frac{\text{kcal}}{\text{m}^2\,{}^\circ\text{C, h}}\right]$	0,76	0,4	0,4	0,81
Durchschnittliche Wohnungsgröße	[m^2]	71,0	87,0	90,0	67,0
Installierte Speicherleistung	[kW]	562	538	278	272
Installierte Speicherleistung pro Wohnung	[kW]	7,4	9,6	6,6	8,8
Installierte Direktheizung	[kW]	330	372	184	161
Installierte Direktheizung pro Wohnung	[kW]	4,4	6,6	4,4	5,2
Heizstromverbrauch je m^2 Wohnfläche	[kWh/a]	106	79	75	115
Leistungsmaximum (Gesamtverbrauch)					
Wintertag	[kW]	2,21	2,57	2,74	2,62
Winternacht	[kW]	8,37	8,13	7,18	8,54
Leistungsminimum					
Sommertag	[kW]	1,26	1,61	1,60	1,5
Sommernacht	[kW]	1,34	1,07	0,91	1,1

Aus der Differenz zwischen Winterhöchst- und Sommermindestlast ergibt sich der Einfluß der Direktheizung mit rund 1,1 kW, was einer Gleichzeitigkeit, bezogen auf den Anschlußwert der Direktheizung, von 20 bis 25% entspricht. Das Hoch-Niedertarifverhältnis des Stromverbrauches liegt im Winter bei 40 : 60 und im Sommer bei 60 : 40. Die Warmwasserbereitung erfolgt mittels Durchlauferhitzer, die gegen die Speicherheizung verriegelt sind; die Stromlieferung erfolgt unabhängig vom Verwendungszweck der elektrischen Energie nach einem speziellen Doppeltarif mit erhöhtem Grundpreis.

Zieht man noch in Betracht, daß vom Standpunkt der Anlagekosten sich in den genannten Fällen sehr günstige Ergebnisse erzielen ließen, so ist nach diesen Meßergebnissen wohl die Feststellung berechtigt, daß mit einem gemischten Heizsystem bei der vorliegenden Aufteilung auf Direktheizung und Speicherheizung günstige Voraussetzungen für die weitere Entwicklung der elektrischen Raumheizung besonders dort geschaffen werden können, wo die zur Verfügung stehenden Belastungstäler weitgehend ausgeschöpft sind. Aber auch dort, wo freie Nachtleistung ausreichend vorhanden ist, liegt dieses System im Interesse einer auf lange Sicht anzustrebenden möglichst guten Aufteilung der zur Verfügung stehenden freien Erzeugungs- und Übertragungskapazitäten.

15. Wirtschaftlichkeitsvergleich der elektrischen Raumheizung mit anderen Heizsystemen

15.1 Abhängigkeit des spezifischen Wärmebedarfes von den bautechnischen Kenngrößen, insbesondere vom Grad der Wärmedämmung

Sinnvolle Heizkostenvergleiche setzen neben Berücksichtigung von klimatischen Unterschieden (siehe Pkt. 12.1) vor allem eine Klarstellung der bautechnischen Gegebenheiten der entsprechenden Objekte voraus. Nach Pkt. 6.2 handelt es sich hierbei um

a) Verhältnis von Gebäudeumschließungsflächen zu Gebäudeinhalt,

b) Fassadengestaltung, vor allem das Verhältnis von Außenwandflächen zu Fensterflächen,

c) Verhältnis von umbautem Raum zu Nutzraum,

d) Art und Stärke der Wärmedämmung.

Während die Größen a) und c) im wesentlichen durch die absoluten Gebäudeabmessungen bestimmt werden, besteht für b) und d) eine große Variationsbreite. Nach Pkt. 6.2 ist die mittlere Wärmedurchgangszahl einer Außenwand mit Fenstern durch die Beziehung bestimmt [44]:

$$k_m = k_w + a \cdot (k_f - k_w).$$

Darin bedeutet k_m die Wärmedurchgangszahl der Wände, k_f und a ein Fensterflächenanteil an der gesamten Außenwandfläche. Die Abhängigkeit für k_m ist in der Abb. 77 für die wichtigsten Fensterarten und für Wärmedurchgangszahlen der Wände von $k_w = 0{,}5$, 1,0 und 1,5 [kcal/h m^2 °C] dargestellt. Der dominierende Einfluß von k_f bei der Einfachverglasung auf k_m wird besonders deutlich. Eine Halbierung der Wärmedurchgangszahl der Wände entspricht in diesem Fall nur einer Verringerung von k_m von rund 20% bei einem Fensterflächenanteil von 30%. Grundsätzlich tritt mit höherer Wärmedämmung der Wände der Wärmeverlust durch die Fenster immer stärker hervor und die prozentualen Verlusteinsparungen werden immer geringer. Eine Lösung bietet hier letztlich nur der Übergang vom Verbundfenster zur Dreifachverglasung.

Im übrigen zeigt sich, daß durch die verschiedenartigen architektonischen

Gestaltungsmöglichkeiten und den verschiedenen Kombinationen zwischen Wärmedämmung der Wände und Fensterausführungen sich ein außerordentlich großer Schwankungsbereich für den spezifischen Wärmebedarf ergibt. Kombiniert man die minimalen und maximalen Werte für a, k_w und k_f, so erhält man einen Schwankungsbereich für die mittlere Wärmedurchgangszahl k_m etwa zwischen 0,8 und 3,3. Dies zeigt, daß gegenüber den möglichen

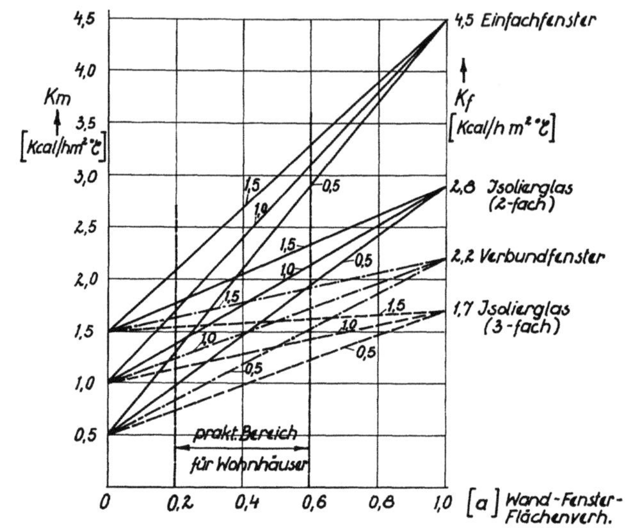

Abb. 77. Abhängigkeit der mittleren Wärmedurchgangszahl k_m vom Wandfensterflächenverhältnis für verschiedene Wärmedurchgangszahlen für Wände und Fenster

klimatisch bedingten Unterschieden des spezifischen Wärmebedarfes die bautechnisch bzw. architektonisch bedingten Unterschiede weitaus bestimmender sind für den spezifischen Wärmebedarf.

Den sich danach ergebenden, nach der Beziehung $q_h = 1{,}07 \cdot k_m \cdot f + c_p \cdot n$ (Pkt. 6.2) errechneten spezifischen Wärmebedarf je m³ umbauten Raum und je °C Temperaturdifferenz umgerechnet auf m² beheizte Wohnfläche bei Annahme einer lichten Raumhöhe von 2,8 m für die Formfaktoren (Definition siehe Pkt. 6.2) einiger Gebäudetypen in Abhängigkeit von der mittleren Wärmedurchgangszahl k_m nach Abb. 77 zeigt Abb. 78. Bei gleicher mittlerer Wärmedurchgangszahl liegt somit der spezifische Wärmebedarf des Einfamilienhauses um rund 45% höher als der des typischen Mehrfamilienhauses. Bei a = 0,3 reicht z. B. für das Mehrfamilienhaus der Schwankungsbereich des spezifischen Wärmebedarfes von hochwärmegedämmter Bauweise ($k_m = 0{,}8$) bis zur Einfachverglasung ($k_m = 2{,}4$).

15.2 Möglichkeiten und Bedeutung der Wärmedämmung

Die großen Möglichkeiten durch entsprechend wärmegedämmte Bauweise große Einsparungen an Heizenergie zu erzielen, werden durch die Abb. 77 und 78 demonstriert. Energiewirtschaftlich gesehen handelt es sich hier neben der Wärmerückgewinnung (siehe Pkt. 16.2) um eine der wirkungsvollsten Maßnahmen zur Niedrighaltung des Heizwärmebedarfes, auf den ein erheblicher Anteil des Wärmeverbrauches der Länder in den mittleren und nördlichen Breiten entfällt (siehe auch Pkt. 2). Bedauerlicherweise hat eine praktische Behandlung der mit einer zweckmäßigen Wärmedämmung der Gebäude zusammenhängenden Fragen in Mitteleuropa erst in jüngster Zeit, nicht zuletzt

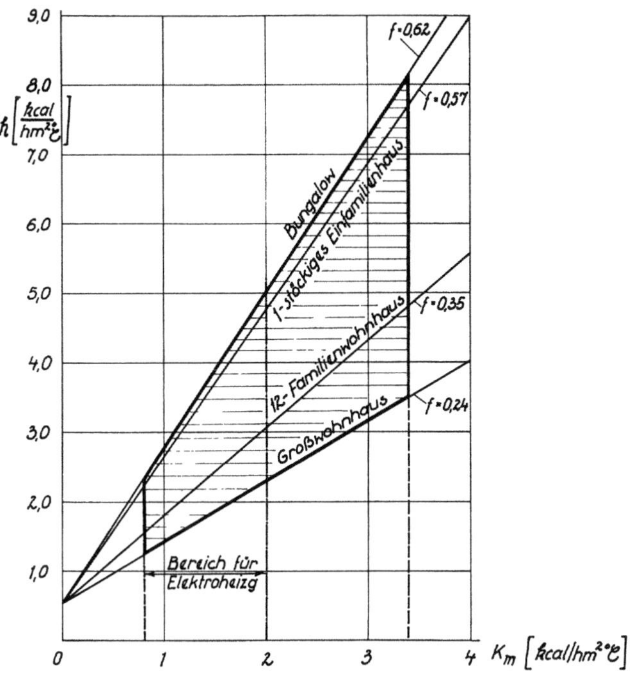

Abb. 78. Abhängigkeit des spezifischen Wärmebedarfes pro °C Temperaturdifferenz und m² beheizter Wohnfläche von der mittleren Wärmedurchgangszahl k_m nach Abb. 77

unter dem Einfluß der Entwicklung der elektrischen Raumheizung begonnen, obwohl entsprechende Normen für einen erhöhten Wärmeschutz — zum Beispiel DIN 4108 bzw. ÖNORM 8110 — schon seit langem bestehen. Demgegenüber existieren in den skandinavischen Ländern schon seit vielen Jahren entsprechende Bauvorschriften für eine wärmegedämmte Bauweise.

Grundsätzlich besteht die Möglichkeit, die zusätzliche Wärmedämmung auf der Innen- oder auf der Außenwand aufzubringen. Den Verlauf des Temperaturgefälles innerhalb einer Wand für beide Varianten zeigt Abb. 79.

Die innere Wärmedämmung besitzt den Vorteil der leichteren, vor allem auch der nachträglichen Anbringungsmöglichkeit (z. B. in Althausbauten) und den damit verbundenen niedrigeren Kosten. Sie verändert zwar die wärmespeichernden Eigenschaften der Außenwand im Sinne eines geringeren Speichervermögens, doch spielt dieser Effekt keine große Rolle, weil neben den Innenwand- und Fußbodenflächen, die gleichfalls wärmespeichernd wirken,

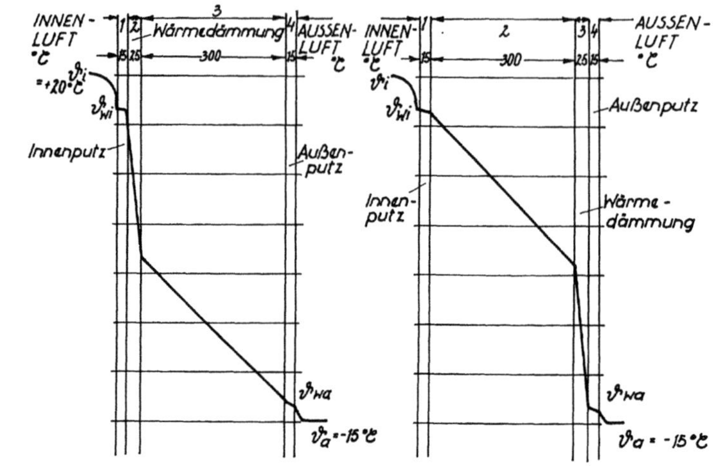

Abb. 79. Temperaturgefälle in einer Wand mit zusätzlicher innerer bzw. äußerer Wärmedämmschicht (23)

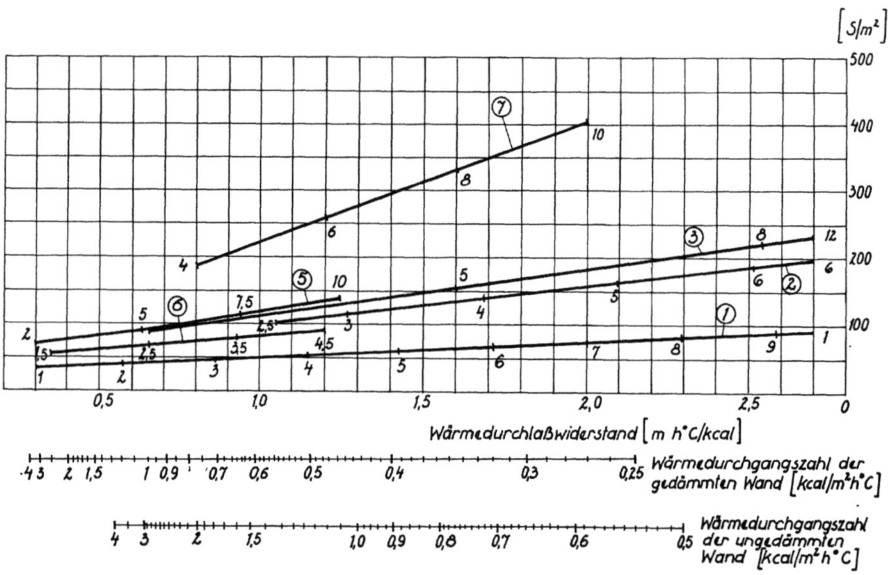

Abb. 80. Nomogramm zur Ermittlung der Stärke der zusätzlichen Wärmedämmung für einige Dämmaterialien [94]

1 Polystyrol 20 kg/m³ = 0,035 kcal/m h °C; 2 Polyurethanschaumplatten; 3 Polystyrol 30 kg/m³ = 0,031 kcal/m h °C; 5 Holzwolleleichtbauplatten; 6 Kombiplatten Polystyrol mit Holzwolleleichtbauplatten; 7 Schaumglas

die Außenwandflächen zu klein sind, um einen wesentlichen Einfluß auszuüben. Versuche und Berechnungen haben weiters gezeigt, daß bei Raumlufttemperaturen von + 20 °C und Außentemperaturen von 0 °C sowie einer maximalen relativen Luftfeuchte von 40% bei Innenwanddämmung nur geringe Kondensationserscheinungen innerhalb des Wandaufbaues eintreten können [93 a]. Bei hoher Luftfeuchte ist darauf zu achten, daß innenliegende Dämmschichten einen höheren Dampfdurchlaßwiderstand haben als die nach außen angeordneten Dämmschichten, um Durchfeuchtungen (Kondensatbildungen) zu vermeiden. Die Kosten verschiedener Wärmedämmaterialien je m^2 mit zunehmender Schichtdicke und den Zusammenhang zwischen der Wärmedurchgangszahl der ungedämmten Wand und der erforderlichen Wärmedämmung zur Erzielung einer niedrigeren Wärmedurchgangszahl zeigt das Nomogramm der Abb. 80 [94].

Die Kosten der Wärmedämmschichten nach Abb. 80 erhöhen sich noch um den Montageaufwand und die erforderliche Abdeckung, wobei aber zu berücksichtigen ist, daß dafür der normale Innenputz entfällt. Im Durchschnitt kann somit ein Nettobetrag von 50,— bis 80,— öS/m^2 Dämmfläche angesetzt werden.

Die Dämmung der Außenwand ist noch zu ergänzen durch entsprechende Maßnahmen an der obersten Geschoßdecke und an der Kellerdecke. Vor allem sind aber noch entsprechende Fensterkonstruktionen von entsprechender Bedeutung. Auf Grund von Untersuchungen [93 a] hat sich gezeigt, daß das wirtschaftlich günstigste Maß für den zusätzlichen Wärmeschutz vom Standpunkt der Elektroheizung in einem relativ eng begrenzten Bereich liegt. Dieser Bereich erfordert keine ungewöhnlichen Maßnahmen und keine ungewöhnlichen Abmessungen der Dämmschichten. Im besonderen hat sich zum Beispiel für die Elektrospeicherheizung gezeigt, daß die Aufbringung einer Wärmedämmschicht mit einer Wärmeleitfähigkeit von 0,035 kcal/m^2 h °C, Schichtstärke 5—7 cm, bei der Dämmung über dem obersten Geschoß mit einer Schichtstärke von 7 bis 10 cm und über der Kellerdecke mit 5 cm Schichtstärke allen Forderungen gerecht wird.

15.3 Grundsätzliches zur optimalen Wärmedämmung von Gebäuden bei verschiedenen Heizsystemen und Energieträgern

Nach Pkt. 15.1 spielt eine zweckmäßige bauliche Gestaltung der zu beheizenden Objekte die entscheidende Rolle für die Wirtschaftlichkeit einer Heizungsanlage, wobei der Einfluß einer Wärmedämmung dominierend hervortritt. Dabei sind selbstverständlich Wärmeenergieträger mit hohen Wärmepreisen viel eher gezwungen intensiv die bautechnischen Möglichkeiten zur Senkung des Heizenergieverbrauches auszunützen, als billige Energieträger.

In energiewirtschaftlicher Hinsicht stellen diese Bemühungen ein interessantes Beispiel für die Verlagerung von Energiekosten auf Anlagekosten bzw. Kapitalkosten — zusätzliche Kosten für die Wärmedämmung — infolge der damit verbundenen Senkung des Energieverbrauches dar. Bei gleichbleibenden Gesamtkosten für die Nutzenergie sinkt der variable Energiekostenanteil und damit der notwendige Einsatz an Sekundär- bzw. Primärenergieträgern. Je nach Wärmepreis des einzelnen Energieträgers ergibt sich daher theoretisch für die gesamten Kosten der Nutzenergie — zusammengesetzt aus Anlagekosten einschließlich Kosten der Wärmedämmung und Energiekosten — ein anderes Kostenminimum bzw. eine in diesem Sinne wirtschaftliche Wärmedämmung mit steigendem Wärmepreis. Dadurch ergibt sich aber energiewirtschaftlich gesehen eine wesentliche Verbesserung der Primärwirkungsgrade der für die elektrische Raumheizung eingesetzten Energieträger gegenüber den Werten nach Pkt. 4.2.

Damit sind aber bereits die grundsätzlichen Fragestellungen in bezug auf die Kosten einer Wärmedämmung gekennzeichnet, nämlich:

a) Das ausschließlich auf die Betriebskosten einer Heizungsanlage (Energiekosten + Nebenkosten) bezogene Bestreben, durch erhöhte Wärmedämmung den Verbrauch an elektrischer Energie so weit zu senken, daß sich im Vergleich zu den Heizungsbetriebskosten anderer Energieträger mit Mindestwärmeschutz gleiche Betriebskosten ergeben. Dabei wird unterstellt, daß die Kosten der zusätzlichen Wärmedämmung durch eine äquivalente Senkung der Anlagekosten der elektrischen Heizung ausgeglichen werden.

Es gilt somit die Forderung

$$K_{E\,\text{öl}} + K_N = K_{E\,\text{el}}$$

K_E = jährliche Energiekosten,
K_N = Betriebsnebenkosten,
K_a = feste Jahreskosten der Heizanlage,
K_D = Jahreskosten der Wärmedämmung,

wobei

$$K_{a\,\text{öl}} = K_{a\,\text{el}} + K_D.$$

Auf diesen Voraussetzungen bauen z. B. die Vorschriften für die Raumheizung im sozialen Wohnungsbau in Nordrhein-Westfalen auf [49], die je nach Heizsystem den zulässigen spezifischen Wärmebedarf der Gebäude unterschiedlich begrenzen.

Tabelle 39. *Anforderungen an den baulichen Wärmeschutz im sozialen Wohnungsbau in Nordrhein-Westfalen* (zulässiger spezifischer Wärmebedarf je m² Wohnfläche

	Stockwerks-, Zentral- und Blockheizungen mit Koks, Heizöl, Ferngas u. Erdgas kcal/h, m²	Fernheizung mit Kohle, Heizöl, Erdgas kcal/h, m²	Nachtstrom-speicher-heizung kcal/h, m²
Mehrfamilienhaus	100	100	80
Einfamilienhaus (Reihenhaus)	110	110	85
Einfamilienhaus (Reihenhaus, mehr als ein Drittel versetztes Reihenhaus oder Doppelhaus)	120	120	90
Einfamilienhaus (freistehend)	130	130	95

b) Gegen diese Regelung kann eingewendet werden, daß sie das Zusammenwirken von Anlagekostensenkung und Betriebskostensenkung nicht ausreichend berücksichtigt und somit keine Optimierung dieser beiden Komponenten in Abhängigkeit von den Kosten der Wärmedämmung für jeden Energieträger anstrebt. Allgemein kann diese Forderung für ein bestimmtes Gebäude folgendermaßen formuliert werden:

$$\sum (K_E + K_a + K_D) + K_N \rightarrow \min,$$

wobei K_E, K_a und K_D für ein bestimmtes Gebäude Funktionen des stündlichen Wärmebedarfes Q_h sind. Die heizungsbedingten Nebenkosten K_N können hingegen als konstant angesehen werden.

Während zwischen den Kosten der Wärmedämmung und den Energiekosten ein leicht zu übersehender Zusammenhang besteht — abgesehen von den Schwierigkeiten einer genauen Erfassung der Wärmedämmkosten —, ist die Veränderung der gesamten Anlagekosten, welche die eigentliche Heizanlage, den zugehörigen baulichen Aufwand für die Heizzentrale, die Wärmedämmkosten und allfällige Anschlußkosten bei den leitungsgebundenen Energieträgern betrifft, wesentlich schwieriger zu erfassen. Grundsätzlich muß bei der Frage der Abhängigkeit der Anlagekosten einer Heizanlage vom Wärmebedarf eines Gebäudes zwischen zwei Fällen unterschieden werden, und zwar

ba) die Veränderung der spezifischen Anlagekosten je installierter kcal/h mit der Gebäudegröße bei gleichbleibendem spezifischem Wärmebedarf.

Hier liegt z. B. bei der Warmwasserzentralheizung eine leichte Kostendegression mit zunehmender Gebäudegröße vor, bedingt durch die Degression der Kosten der Heizzentrale. Demgegenüber ist bei Elektroheizsystemen, insbesondere bei der Speicherheizung, bei gleicher Gebäudecharakteristik ein im wesentlichen linearer Kostenverlauf gegeben.

bb) Die Veränderung der Anlagekosten je installierter kcal/h für ein bestimmtes Gebäude, dessen Wärmebedarf durch zusätzliche Wärmedämmung gegenüber dem Mindestwärmeschutz gesenkt wird. Hier ist zu beachten, daß besonders bei den Warmwasserzentralheizungssystemen erhebliche unveränderliche Kostenanteile vorliegen, und zwar: der gesamte bauliche Teil der Heizzentrale, die Heizkanäle, Mehrkosten für den Schornstein; weiters bleiben im wesentlichen unverändert die Kosten der Rohrleitungen, der Armaturen, Pumpen und Regeleinrichtungen. Kostensenkungen erfahren Heizkessel, Öltank und die Heizkörper. Bei der Elektrospeicherheizung bringt die höhere Wärmedämmung kleinere, jedoch spezifisch teurere Geräte, und die Kosten der Elektroinstallation können, bedingt durch die gleichbleibende Gebäudegröße, ebenfalls nur unterproportional reduziert werden. Einen Vergleich dieser Relationen zeigt Abb. 81.

Sollen somit die optimalen Verhältnisse für ein bestimmtes Gebäude ermittelt werden, so ist eine entsprechende Durchrechnung mehrerer Varianten unumgänglich.

An Hand von zwei Beispielen, und zwar an einem typischen Mehrfamilienhaus des sozialen Wohnungsbaues und an einem Einfamilienhaus wurden diese Zusammenhänge für die in Frage kommenden Heizsysteme bzw. Energieträger für vier Wärmedämmstufen untersucht.

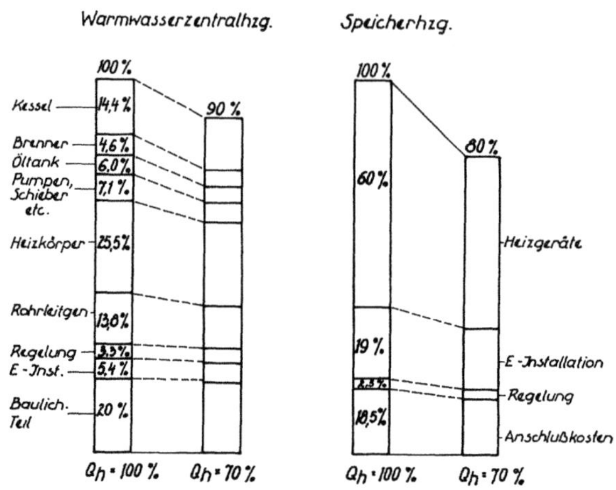

Abb. 81. Relative Senkung der Heizungsanlagekosten für ein bestimmtes Gebäude bei Verringerung des Wärmebedarfes durch zusätzliche Wärmedämmung

15.4 Wirtschaftlichkeitsvergleich verschiedener Heizsysteme für ein typisches Mehrfamilienhaus in Abhängigkeit vom Wärmedämmgrad

15.41 Anlagekostenvergleich; Einfluß der Wärmedämmung und der Anschlußkosten

Es handelt sich um ein viergeschoßiges Mehrfamilienhaus mit drei Eingängen. Seine spezifischen Daten sind:

Anzahl der Wohnungen	36
Gesamte Wohnfläche	2500 m^2
Gesamte Kubatur	8800 m^3
Durchschnittliche Wohnungsgröße	71 m^2
Außenwand-Fensterflächenverhältnis	79 : 21 bzw. 0,3

Der stündliche Wärmebedarf Q_h dieses Objektes nach DIN 4701 für Klimazone III (— 18 °C) ergibt sich, für vier verschiedene Wärmedämmfälle gerechnet, nach Tab. 40.

Wie diese Berechnung zeigt, spielen die Transmissionswärmeverluste durch die Fenster sowie der Lüftungswärmeverlust, bedingt durch die Fugenverluste der Fenster, eine bedeutende Rolle. Bei sehr hoher Wärmedämmung (Fall IV) genügt daher nicht mehr die bessere Wärmedämmung der Außenwände sowie der Obergeschoß- und Kellerdecke, sondern es muß auch eine bessere Fensterkonstruktion vorgesehen werden, wobei entsprechende Fensterdichtungen

Tabelle 40. *Wärmebedarf eines 36-Familien-Hauses für verschiedene Wärmedämmfälle*

Wärmedämmfall			I		II		III		IV	
		Δt	k	Q_h	k	Q_h	k	Q_h	k	Q_h
	m²	°C	$\left[\frac{kcal}{m^2\,°C \cdot h}\right]$	[Mcal/h]	$\left[\frac{kcal}{m^2\,°C \cdot h}\right]$	[Mcal/h]	$\left[\frac{kcal}{m^2\,°C \cdot h}\right]$	[Mcal/h]	$\left[\frac{kcal}{m^2\,°C \cdot h}\right]$	[Mcal/h]
Außenwände	1560	38	1,3	77,0	0,8	48,0	0,5	30,0	0,35	21,7
Fenster	420	38	2,8	45,0	2,8	45,0	2,8	45,0	2,2	35,0
Innentüren	65	5	2,5	0,8	2,5	0,8	2,5	0,8	2,5	0,8
Innenwände	374	8	2,0	8,4	1,3	8,4	2,0	8,4	2,0	8,4
Kellerdecke	800	14	1,0	11,2	0,8	9,0	0,8	0,9	0,6	6,7
Obergeschoßdecke	800	29	1,0	23,2	0,6	14,0	0,4	9,2	0,3	7,0
Transmissionswärme		Q_T		165,6		125,0		102,4		79,6
		1,07 Q_T		180,0		134,0		110,0		85,0
Lüftungswärme		Q_L		52,0		52,0		52,0		42,0
Gesamter Wärmebedarf		Q_h		232,0		186,0		162,0		127,0
Wärmebedarf je m² Wohnfläche		[kcal/h]		90		75		65		49
Wärmebedarf je Wohnung		[kcal/h]		6 400		5 300		4 600		3 500
		in %		100%		83%		72%		60%

wesentlich sind. Wie die Annahmen aber zeigen, liegt die Realisierung des Wärmebedarfsfalles IV durchaus im Bereich praktischer bautechnischer Möglichkeiten. Vor allem liegt die Lüftungswärme noch immer über dem geforderten halben Luftwechsel pro Stunde. Derartige Lösungen sind derzeit in Mitteleuropa noch wenig gebräuchlich, wohl aber in den skandinavischen Ländern. Zugrunde gelegt wurden als zusätzliche Wärmedämmung für die Außenwände Polystyrolplatten mit einem Raumgewicht von 20 kg/m³ und einer Wärmeleitfähigkeit von 0,035 kcal/m² h °C, mit Abdeckung durch Gipskartonplatten.

Kosten der zusätzlichen Wärmedämmung gegenüber Fall I (Preisbasis 1972).

Wärmedämmfall	II öS	III öS	IV öS
Außenwand	172 000	240 000	295 000
Fenster	—	—	100 000
Kellerdecke	20 000	20 000	45 000
Obergeschoßdecke	25 000	40 000	50 000
Gesamte Wärmedämmkosten	210 000	300 000	490 000
Wärmedämmkosten je m² Wohnfläche			
öS/m²	84,—	120,—	196,—
DM/m²	12,—	17,—	27,—

Untersucht werden folgende Heizsysteme:

a) Warmwasserzentralheizung mit Heizöl leicht,

b) Warmwasserzentralheizung mit Erdgas,

c) Erdgasheizung mit Außenwandkonvektoren,

d) Fernheizung,

e) Elektrospeicherheizung,

f) direkte elektrische Heizung.

Grundlagen bilden in allen Fällen die vier Kostenpositionen Heizteil, baulicher Teil, zusätzliche Wärmedämmung und, soweit gefordert, Anschlußkosten bei den leitungsgebundenen Energieträgern. Bezüglich der Anschlußkosten wurde in teilweiser Anlehnung an bestehende Gepflogenheiten in Österreich und in der BRD folgende Werte je Mcal/h bzw. je kW Anschlußwert zugrunde gelegt:

	öS	DM
Gasheizung	600,—	43,—
Fernheizung		
a) für Mehrfamilienhäuser	800,—	110,—
b) für Einfamilienhäuser	1 200,—	170,—
Speicherheizung direkte elektrische Heizung gemischte Heizung	700,—	100,—

Was die Anlagekosten der einzelnen Heizsysteme angeht, so steht im Mittelpunkt die Frage des Rückganges der Anlagekosten mit sinkendem Wärmebedarf, wozu besonders auf die Feststellungen in Pkt. 15.3 bb) verwiesen wird. Während die Anlagekosten des reinen Heizungsteiles ohne bauliche Kosten unterproportional sinken, bleibt der hochbauliche Teil im wesentlichen unverändert und die Kosten der Wärmedämmung steigen.

Im einzelnen gilt für die Warmwasserzentralheizung mit Erdgas, daß bei deren Anlagekosten der Heizteil und der bauliche Teil um den Aufwand des

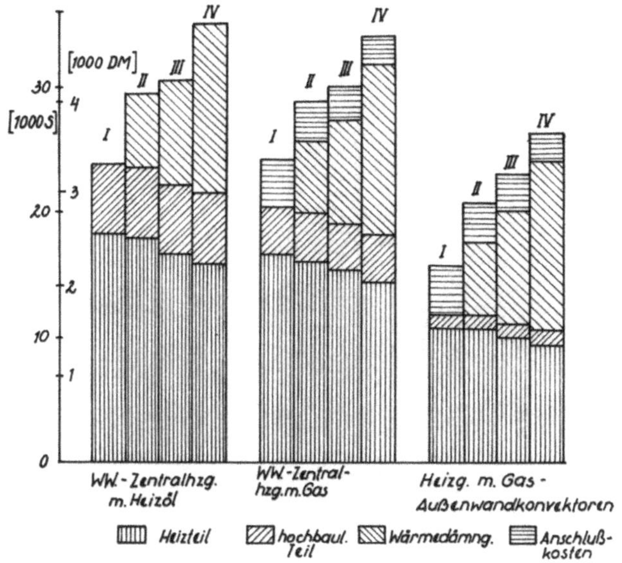

Abb. 82. Heizungsanlagekosten je Wohnung für ein 36-Familien-Wohnhaus für verschiedene Heizsysteme (Heizöl und Gas)

Öltankes niedriger sind, gegenüber einer Warmwasserheizung mit Heizöl. Bei Einsatz von Gasaußenwandkonvektoren nehmen die Anlagekosten weiter ab, die Anpassungsmöglichkeit der Anlagekosten an den durch stärkere Wärmedämmung verringerten Wärmebedarf ist jedoch gering. Der bauliche Aufwand für die Herstellung der Abzugsöffnungen in den Außenwänden ist gering.

Bei der Fernheizung tritt beim Heizteil an Stelle der gesamten Heizzentrale der Wärmeaustauscher bzw. bei direktem Anschluß eine einfache Übergabestation. Die Anlagekosten reduzieren sich daher um den entsprechenden Aufwand für die gesamte Kessel- und Tankanlage samt Zubehör. Der hochbauliche Aufwand geht gegenüber der Warmwasserzentralheizung daher stark zurück.

Bei der Speicherheizung wurde ein Speicherheizsystem mit 80% Speicherheizung + 20% Direktheizanteil zugrunde gelegt. Für die Dimensionierung wurde von einer Aufladedauer von 8 Stunden + 2 Stunden Nachladung ausgegangen, so daß sich ein Speicherfaktor von 1,7 bis 1,8 ergibt. In den Abb. 82 und 83 sind die Ergebnisse dieser Durchrechnung für die verschiedenen Heizsysteme zusammengefaßt, wobei die Ordinatenwerte die spezifischen Anlagekosten je Wohnung angeben.

Hervorzuheben sind als Ergebnis besonders die absolut niedrigen Kosten der direkten elektrischen Heizung und weiters die vom Grad der Wärmedämmung wesentlich weniger abhängigen Anlagekosten der Speicherheizung, während bei allen anderen Heizsystemen die Anlagekosten mit steigender Wärmedämmung bedeutend stärker zunehmen. Daraus ergibt sich letztlich auch das geringere Interesse bei diesen Heizsystemen an erhöhter Wärmedämmung.

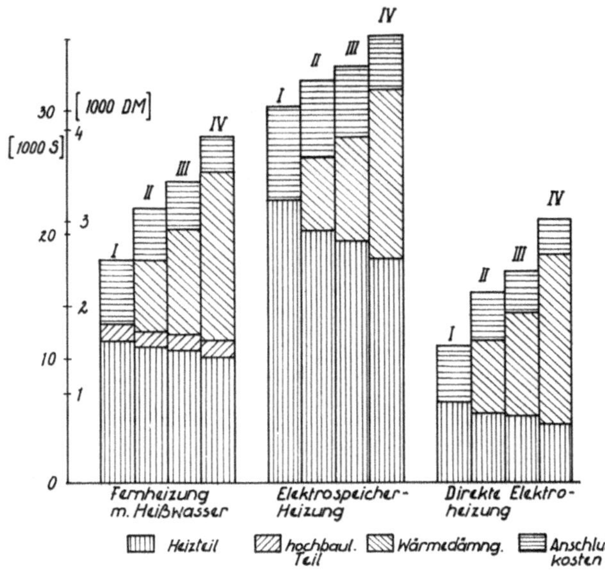

Abb. 83. Heizungsanlagekosten je Wohnung für ein 36-Familien-Wohnhaus für verschiedene Heizsysteme (Fernheizung mit Heißwasser, Speicherheizung und Direktheizung)

Die direkte elektrische Raumheizung unterbietet die Anlagekosten der Speicherheizung so erheblich, daß der höhere Strompreis, wie die weiteren Untersuchungen zeigen werden, dadurch weitgehend ausgeglichen werden kann, sofern eine hohe Wärmedämmung (Fall IV) vorgesehen wird.

15.42 Vergleich der gesamten festen und beweglichen Jahreskosten für die Beheizung eines 36-Familien-Wohnhauses

a) Energiekosten

Grundlage für die folgenden Berechnungen bilden die aus Tab. 41 ersichtlichen Wärmepreise für die verschiedenen Energieträger. Angesichts der Preisbewegung, die auf dem Energiemarkt durch die Heizölkrise Ende 1973 ausgelöst wurde, und in Hinblick auf nicht unbeträchtliche regionale Unterschiede können die Werte der Tab. 41 lediglich als Richtwerte betrachtet werden, die die Verhältnisse im Frühjahr 1974 charakterisieren. Neben den Heizölpreisen ist vor allem die Frage des Erdgaspreises unklar, weil auf längere Sicht zweifellos mit einer Anpassung des Erdgaspreises an den Wärmepreis des Heizöles zu rechnen ist. Die gesamte Darstellung ist daher vornehmlich unter dem Gesichtspunkt zu sehen, die grundsätzliche Kostenlage der elektrischen Raumheizungssysteme im Vergleich zu den konventionellen Heizungssystemen aufzuzeigen.

Tabelle 41. *Mittlerer Wärmepreis für verschiedenen Energieträger (Stand Frühjahr 1974)*

Energieträger	Heizwert in kcal je Einheit	Preis je Einheit öS	Pf	Wärmepreis g/Mcal	Pf/Mcal
Heizöl leicht	10 000/kg	2,80	30,0	28,1	3,9
Heizöl extra leicht	10 000/kg	3,30	40,0	33,0	4,5
Erdgas	8 700/m³	2,10	25,0	24,0	3,3
Fernwärme	1 000/Mcal	0,35	4,6	35,0	4,6
Elektrische Energie					
a) Speicherheizung	860/kWh	0,42	5,6	49,0	6,5
b) Direkte Heizung (uneingeschränkt)	860/kWh	0,70	9,4	81,0	10,8
c) Direkte Heizung (mit Spitzeneinschränkung)	860/kWh	0,60	8,0	70,0	9,3

Ausgehend von den Wärmepreisen der Tab. 41 und unter Verwendung der Nutzungsgrade laut Pkt. 3.2 sowie einer Normbenutzungsdauer des Q_h-Wertes von 1200 h/a wurden die Nutzwärmepreise laut Tab. 42 ermittelt.

Tabelle 42. *Jährliche Nutzenergiekosten je installierter Mcal/h des Q_h-Wertes*

Heizsystem	Wärmepreis	Nutzungsgrad (nach Pkt. 3.2)	jährliche spezifische Nutzungsenergiekosten (für 1200 Q_h)	
	g/Mcal		öS/Mcal/h, a	DM/Mcal/h, a
Warmwasserzentralheizung mit Heizöl leicht	28,0	0,52	640,—	89,—
Warmwasserzentralheizung mit Erdgas	24,0	0,52	550,—	73,—
Gasaußenwandkonvektoren	24,0	0,62	460,—	64,—
Fernwärme	35,0	0,80	525,—	73,—
Elektrische Energie				
a) Speicherheizung	49,—	0,95	620,—	86,—
b) uneingeschränkte Direktheizung	81,0	0,97	1 000,—	138,—
c) Direktheizung mit Spitzeneinschränkung	70,0	0,97	860,—	119,—

Differenzierungen der Benutzungsdauer nach Maßgabe der Regelfähigkeit der einzelnen Heizsysteme sind somit durch den Nutzungsgrad berücksichtigt. So ergibt sich danach z. B. für die Speicherheizung eine Benutzungsdauer von 1260 h/a und für die Fernwärme von 1500 h/a. Die Zahlen geben somit die jährlichen Energiekosten je Mcal/h des nach DIN 4701 ermittelten Q_h-Wertes an.

Bei Ansatz der Nutzungsgrade nach Pkt. 3.2 ergeben sich abgesehen von der direkten elektrischen Heizung relativ geringe Differenzen zwischen den spezifischen jährlichen Nutzenergiekosten. Was die Fernwärme angeht, so ist ihr Nutzungsgrad vornehmlich durch den Regelungsnutzungsgrad bestimmt, der dem einer normalen Warmwasserzentralheizung entspricht.

b) Kosten für Bedienung, Instandhaltung und Reparaturen

In diesen Kosten sind berücksichtigt:

Jährliches Pauschale für Kontrolle und Anwesenheitsdienst des Hauswartes, elektrische Energie für Umwälzpumpen, Brenner und Regelung,
jährliche Reinigung und Wartung der Heizkessel und Brenner sowie des Schornsteines,
durchschnittlicher Reparaturaufwand für die Nutzungsdauer und sonstige Wartung.

Bedingt durch die relativ hohe thermische Beanspruchung, die bei Anlagenteilen wie Heizkessel, Brenner und Schornstein vorliegt, ergibt sich ein beträchtlicher durchschnittlicher Reparaturaufwand bei der Warmwasserheizung bei den mit Heizöl bzw. mit Gas betriebenen Heizsystemen. Dies gilt auch in Hinblick auf allgemeine Wartung und den elektrischen Energiebedarf der Zusatzeinrichtung, Kosten, die bei überschlägigen Wärmepreisvergleichen meist unberücksichtigt bleiben, aber gerade bei der ölgefeuerten Warmwasserzentralheizung eine Erhöhung der reinen Energiekosten um 15—20% je nach Größe der Anlage bewirken, wie die Heizkostenabrechnungen von ausgeführten Anlagen zeigen.

Unter Bedachtnahme auf diese Gegebenheiten erhält man für die einzelnen Heizsysteme folgende jährliche Gesamtkosten für das gegenständliche Objekt:

Warmwasserheizung mit Heizöl	Warmwasserheizung mit Gas	Fernheizung	Elektrospeicherheizung	elektrische Direktheizung
öS 26 000,—	20 000,—	9 000,—	5 000,—	2 500,—
DM 3 500,—	2 600,—	1 200,—	700,—	300,—

c) Kapitaldienstansätze

Für die verschiedenen Anlagenteile der einzelnen Heizsysteme sind nach VDI 2067 bzw. der von der HEA dazu herausgegebenen Ergänzung [51] folgende Nutzungsdauern bzw. Abschreibungszeiten anzusetzen:

Tabelle 43. *Durchschnittliche Nutzungsdauer bzw. Abschreibungszeiten der Anlagenteile von Zentral- bzw. Fernheizungen* [51]

	Jahre		Jahre
Kessel, Brenner und Zubehör	12—15	Elektroinstallation	33
Öltank	25	Speicheröfen	25
Regelanlagen, Umwälzpumpen, Ausdehnungsgefäß	12—15	Direktheizgeräte	15
		Gasaußenwandkonvektoren	12—15
Stahlradiatoren mit Zubehör	20	Gasdurchlaufheizer	12—15
Rohrleitungen mit Isolierung	40	bauliche Teile	40
Hausstation für Fernwärme	15	Anschlußbeitrag	40

Auf Grund dieser Einzelnutzungsdauerwerte erhält man unter Berücksichtigung der prozentualen Anteile der einzelnen Anlagenteile an der gesamten Heizungsanlage nachstehende Gesamtannuitäten:

	Annuität
Warmwasserzentralheizung mit Heizöl oder Gas	9%
Gasheizung mit Außenwandkonvektoren	10%
Fernheizung	8%
Etagenheizung mit Gasdurchlaufheizer	10%
Nachtstromspeicherheizung	7,8%
Direkte elektrische Raumheizung	9,1%
Bauliche Teile und Anschlußkosten; Wärmedämmung	7,2%

d) Gesamte feste und bewegliche Jahresheizkosten

Die gesamten jährlichen Energiekosten einschließlich der Kosten für Bedienung, Instandhaltung und Reparaturen nach Pkt. 15.42 in Abhängigkeit vom Grad der Wärmedämmung bzw. die gesamten jährlichen Energiekosten samt Nebenkosten und den jährlichen festen Kosten der Wärmedämmung zeigt Abb. 84. In ihr ist auch der starke Anstieg der Wärmedämmkosten über die Wärmedämmstufe IV hinaus ersichtlich. Vom Standpunkt einer energiekostenoptimalen Wärmedämmung zeigen sich mit Ausnahme der Werte für die direkte elektrische Raumheizung ziemlich flache Kostenminima, so daß eine Aussage über den anzustrebenden Grad der Wärmedämmung weniger auf Grund der Optimierung der gesamten Kosten, als vielmehr vom Standpunkt eines sparsamen Energieeinsatzes möglich ist. Aus dieser Sicht ergibt sich aber, daß durch die großen 1973/74 erfolgten Änderungen bei den Heizölpreisen, denen praktisch alle anderen Energieträger teilweise folgen werden bzw. schon gefolgt sind, grundsätzlich eine stärkere Wärmedämmung anzustreben ist, eine Überlegung, die durch die gleichmäßige Steilheit der Kostenlinien in der Abb. 84, aus denen an sich nur die Linien für die direkte Raumheizung hervortreten, unterstrichen wird.

Eine eindeutige Aussage über die anzustrebende wirtschaftliche Wärmedämmung kann daher nur für die direkte elektrische Raumheizung getroffen werden. Demgegenüber ist die Nachtstromspeicherheizung in Relation zu den anderen Heizsystemen auf Basis der Wärmepreise laut Tab. 41 nur wenig differenziert. Wie weiters aus Abb. 84 ersichtlich, ist die zusätzliche Wärmedämmung um so eher zu amortisieren, je höher der Nutzwärmepreis eines Energieträgers ist. Sie stellt besonders für die Wirtschaftlichkeit der direkten elektrischen Raumheizung eine unerläßliche Voraussetzung dar. Weiters spielt auch der Anteil der energieunabhängigen Betriebskosten eines Heizsystems für Bedienung, Wartung, Instandhaltung und Zählung eine gewisse Rolle, weil dadurch der relative Bereich für Betriebskosteneinsparungen mittels Wärmedämmung eingeschränkt wird.

Ergänzt um die Werte für den Kapitaldienst der Anlagekosten ergeben sich schließlich aus den Werten der Abb. 84 die in Abb. 85 dargestellten gesamten Jahreskosten. Durch die kleineren Annuitäten für die baulichen

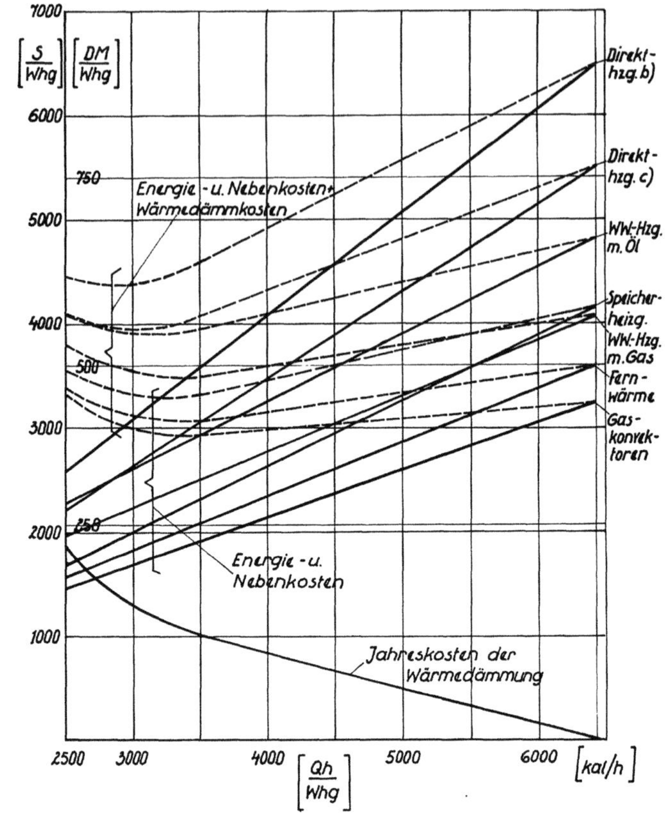

Abb. 84. Gesamte jährliche Energiekosten einschließlich Nebenkosten ohne bzw. mit festen Kosten der Wärmedämmung (pro Wohnung)

Teile, insbesondere für die Wärmedämmung, tritt deren Einfluß in den festen Jahreskosten gegenüber dem Anteil der Anlagekosten für die Heizung zurück.

Grundsätzlich ist aus den in Abb. 85 ersichtlichen Kostenlinien zu ersehen, daß das theoretische Kostenminimum der gesamten Jahreskosten erst bei noch höherer Wärmedämmung zu erreichen wäre, da alle Kostenlinien auch bei der Wärmedämmstufe IV noch eine starke Steigung aufweisen. Es ist dies das Ergebnis der im betrachteten Bereich noch linear zunehmenden Kosten für die Wärmedämmung und der, wie Abb. 82 und 83 zeigen, ziemlich linearen Zunahme der gesamten Anlagekosten der einzelnen Heizsysteme.

Vom Standpunkt der gesamten Jahreskosten liegt die Fernheizung am günstigsten. Bemerkenswert scheint aber wieder die Position der direkten elektrischen Heizung, die mit dem Fall c) (direkte Heizung mit Spitzeneinschränkung) voll im konkurrenzfähigen Bereich, aber auch im Fall b) beim Wärmedämmgrad IV bereits im oberen Bereich des gesamten Konkurrenzfeldes liegt. Stark beeinflußt wird das Ergebnis der Abb. 85 durch die Höhe der Anschlußkosten. Bei strenger Gestehungskostenkalkulation dürfte jedoch keinem leitungsgebundenen Energieträger ein Verzicht auf erhebliche Anschlußkosten-

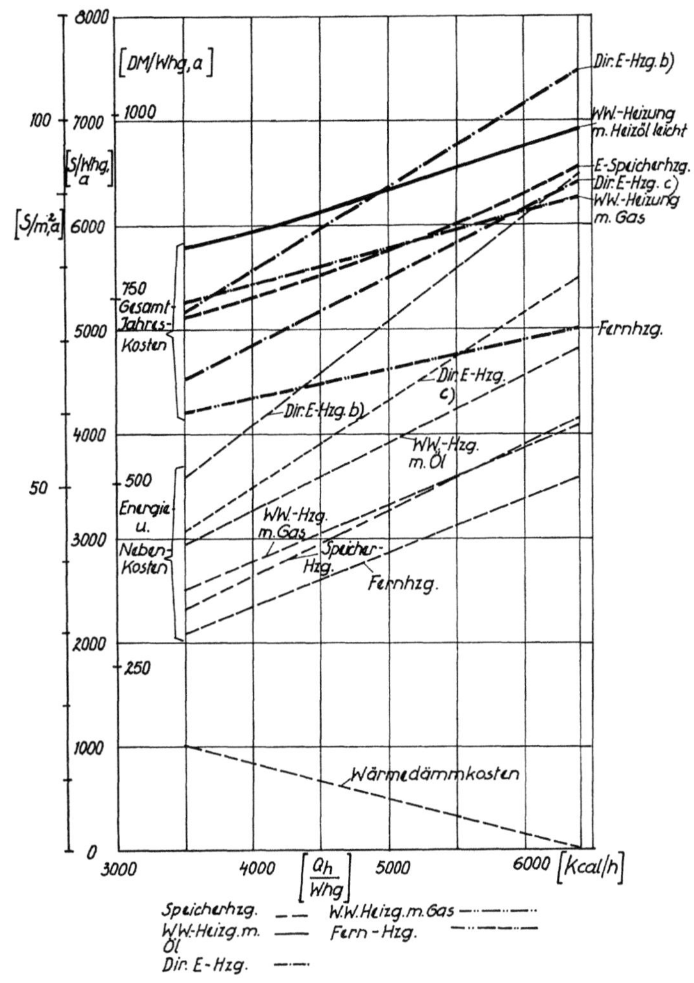

Abb. 85. Gesamte feste und bewegliche Jahreskosten der Heizung pro Wohnung in einem 36-Familien-Wohnhaus

beiträge möglich sein, es sei denn, daß die Wärmepreise entsprechend angepaßt werden.

15.5 Kostenvergleich verschiedener Heizsysteme für ein Einfamilienhaus

15.51 Anlagekostenvergleich der Heizsysteme; Wärmedämmung und Anschlußkosten

Es handelt sich um ein freistehendes Einfamilienhaus in Bungalow-Bauweise, voll unterkellert, eingeschossig.

Wohnfläche	120 m²	Kellerdecke	127 m²
Außenwände	110 m²	Dachgeschoßdecke	140 m²
Fensterflächen	22,5 m²	Außentüren	5 m²

Die Wärmebedarfsrechnung wurde für die Klimazone III $\vartheta_{amin} =$ — 18 °C nach DIN 4701 durchgeführt. Die Festlegung der Wärmedurchgangszahlen der einzelnen Bauteile und die Ermittlung der Kosten der Wärmedämmung erfolgte in Anlehnung an die einschlägige Untersuchung von Jacobi [95] über die Beheizung von Einfamilienhäusern. Für die verschiedenen Wärmedämmfälle ergibt sich somit nachstehender Wärmebedarf für dieses Objekt:

Tabelle 44. *Wärmebedarf und Kosten der Wärmedämmung für ein typisches Einfamilienhaus*

Wärmedämmfall		I	II	III	IV
Stündlicher Wärmebedarf Q_h	[kcal/h]	20 000	15 600	12 600	8 800
Wärmebedarf je m² Wohnfläche	[kcal/h]	166	130	105	73
Kosten der zusätzlichen Wärmedämmung	[öS]	—	19 000	27 000	38 000
	[DM]	—	2 650	3 750	5 300
	[öS/m²]	—	185	225	314
	[DM/m²]	—	26	31	43
Kosten der zusätzlichen Wärmedämmung in % der Gesamtkosten		—	3,2	4,6	6,4

Als Dämmung für die Außenwände wurden Stabilrohrplatten, für die Keller- und Erdgeschoßdecke Glaswollmatten angenommen. Eine gute Dämmung, vor allem der Erdgeschoßdecke, erweist sich sehr wirkungsvoll und preisgünstig; weiters hat sich bei der Durchrechnung gezeigt, daß dicht schließende Fenster und Außentüren von großer Bedeutung sind. Als Außentüren sind für die hochwärmegedämmte Variante IV 8,5 cm starke Türen mit ringsumlaufender Kunststoffdichtung vorgesehen. Für die Fenster wurde Zweischeibenverglasung (Isolierglas) angenommen. Untersucht wurden wieder folgende Heizsysteme:

a) Warmwasserzentralheizung mit Heizöl,
b) Warmwasserzentralheizung mit Erdgas,
c) Warmwasserheizung mit Gasdurchlauferhitzer,
d) Fernheizung,
e) Elektrospeicherheizung,
f) direkte elektrische Heizung.

Die Anlagekosten der einzelnen Heizsysteme, gegliedert nach den vier Hauptkostenanteilen Heizteil, baulicher Teil, zusätzliche Wärmedämmung und Anschlußkosten, sind aus der Abb. 86 ersichtlich.

Bedingt durch den höheren spezifischen Wärmebedarf gegenüber dem Mehrfamilienhaus, dem ein absolut kleinerer Gesamtwärmebedarf gegenübersteht, ist das Einfamilienhaus prädestiniert für Heizsysteme mit starker Anlagekostendegression bei fallendem Wärmebedarf. Daher ist vor allem die Ölheizung für ein hochwärmegedämmtes Einfamilienhaus nicht sinnvoll. Die Fernheizung schneidet bei diesem Vergleich günstiger als im Mehrfamilienhaus ab, da der Entfall der spezifisch teureren Heizzentrale sich stärker auswirkt. Vom Standpunkt der Anlagekosten sind die Nachtstromspeicherheizung und die Warmwasserzentralheizung mit Heizöl etwa gleichwertig. Konkurrenzlos niedrig sind die Anlagekosten der Direktheizung, gefolgt von den Anlagekosten der Fernwärme. Zur Speicherheizung ist noch zu bemerken, daß eine achtstündige Aufladedauer mit zweistündiger Nachladung vorausgesetzt wurde.

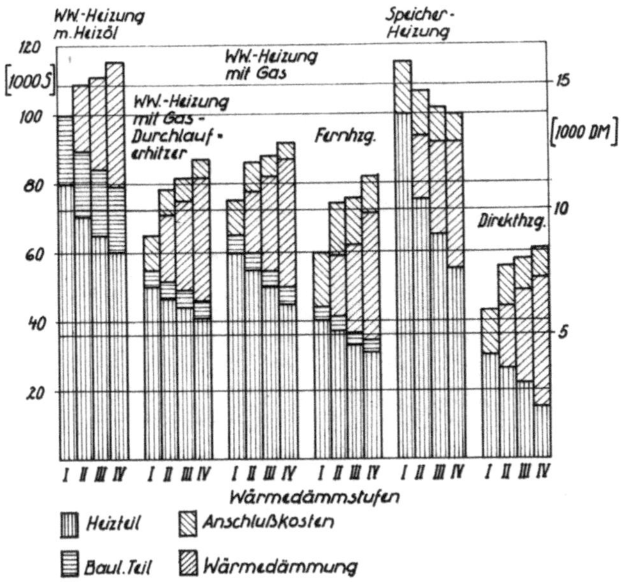

Abb. 86. Vergleich der Anlagekosten verschiedener Heizsysteme für ein Einfamilienwohnhaus

15.52 Vergleich der gesamten festen und beweglichen Jahreskosten für die Beheizung eines Einfamilienhauses

Unter Verwendung der Anlagekosten laut Abb. 86, der Nutzenergiekosten nach Tab. 42 und der Ansätze für den Kapitaldienst laut Tab. 43 zuzüglich der jährlichen Reparatur- und Wartungskosten wurde das Diagramm der Abb. 87 entwickelt, aus welchem die gesamten Jahreskosten für die einzelnen Heizsysteme ersichtlich sind.

Die einschneidenden Kostenverschiebungen durch die Ende 1973 vorgenommenen Heizölpreiserhöhungen treten deutlich in Erscheinung. Dadurch liegt die Speicherheizung im Einfamilienhaus sowohl bei den gesamten Jahreskosten als auch bei den Energie- und Nebenkosten bei guter Wärmedämmung eindeutig im konkurrenzfähigen Bereich. Bemerkenswert ist auch die günstige Position der Fernwärme, wobei allerdings die Frage offenbleibt, ob die angenommenen ziemlich niedrigen Anschlußkosten (S 19 000,— bei Wärmedämmfall I und S 12 000,— bei Wärmedämmfall IV) praktisch ausreichend sind. Schließlich ist noch auf das Hervortreten der direkten elektrischen Raumheizung hinzuweisen, die bei hoher Wärmedämmung eindeutig als wirtschaftliche Lösung anzusehen ist, vor allem, wenn man den Fall c) (gesteuerte Direktheizung) mit etwas reduziertem Strompreis voraussetzt. Bei der Beheizung hochwärmegedämmter Einfamilienhäuser könnte somit der erste größere Schritt zum umfassenden Einsatz der direkten elektrischen Raumhei-

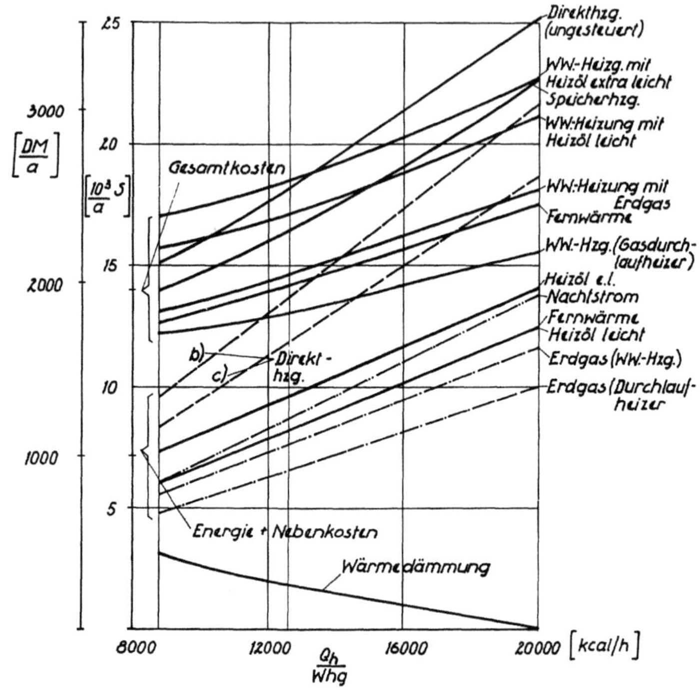

Abb. 87. Gesamte feste und bewegliche Jahreskosten der Heizung eines Einfamilienwohnhauses

zung in Mitteleuropa getan werden, wobei die technologischen Möglichkeiten der auf direkter Heizung beruhenden Deckenstrahlungsheizung voraussichtlich besonders vorteilhaft sein werden.

15.6 Wirtschaftlichkeitsvergleich verschiedener Heizsysteme für Schulen

Bedingt durch die gegenüber Wohnungen wesentlich andere Art der Benutzung der Heizungsanlagen in Schulen mit der Möglichkeit langer Heizunterbrechungen, eingeschränkten Heizbetriebes über Wochenenden und während der Ferien bringt hier ein Kostenvergleich für die verschiedenen Heizsysteme wesentlich andere Ergebnisse als bei Wohnhäusern. Insbesondere spielt auch die Frage der Wärmedämmung für die Konkurrenzfähigkeit der elektrischen Heizsysteme eine bedeutend geringere Rolle. Da die modernen Schulen im Gegensatz zu Wohnbauten wesentlich höheren Fensterflächenanteil aufweisen und damit ein Wandfensterflächenverhältnis von etwa 1 : 2 bis 1 : 3 als Regel angesehen werden kann, müßten sich alle Bemühungen zur Verbesserung der Wärmedämmung auf die Fensterkonstruktion, vor allem auf eine Dreifachverglasung konzentrieren. Die damit verbundenen hohen Kosten lassen sich im Gegensatz zur Wärmedämmung bei Wohnhausbauten schwerer amortisieren, zumal andererseits der spezifische Energieverbrauch von Schulen aus den oben angeführten Gründen niedriger liegt.

a) Anlagekostenvergleich der Heizsysteme

Dem folgenden Anlagekostenvergleich wurde eine durchschnittliche Schule mit folgenden Kenndaten zugrunde gelegt:

maximaler stündlicher Wärmebedarf $Q_h = 380\,000$ kcal/h,
22 Klassen, zweischichtiger Betrieb.

Verglichen mit den Anlagekosten für das 36-Familien-Wohnhaus nach Abb. 82 und 83 bestehen in diesem Fall wesentlich geringere Unterschiede zwischen den verschiedenen Heizsystemen. Eine Ausnahme bildet die direkte

Tabelle 46. *Heizungsanlagekostenvergleich für eine 22klassige Schule (Preisbasis 1970)*

Anlageteil	Warmwasserzentralheizung mit Heizöl [10³ öS]	Warmwasserzentralheizung mit Erdgas [10³ öS]	Fernheizung [10³ öS]	Nachtstromspeicherheizung [10³ öS]	Direktheizung [10³ öS]
Kesselanlage m. Zubehör	180,0	150,0	—	—	—
Öl- bzw. Gasbrenner	56,0	13,4	—	—	—
Öllagertank	75,0	—	—	—	—
Pumpen, Absperrorgane, Verteilerstation, Ausdehnungsgefäß u. Zubehör	89,0	89,0	89,0	—	—
Heizkörper u. Zubehör	320,0	320,0	320,0	670,0	280,0
Rohrleitungen und Zubehör	172,0	172,0	172,0	—	—
Elektroinstallation	41,9	41,9	41,9	220,0	240,0
Regelung	68,5	49,0	49,0	30,0	10,0
Übergabestation (bei Fernheizung)	—	—	15,0	—	—
bauliche Aufwendungen f. Heizzentrale, Schornstein und Rohrkanäle	250,0	200,0	50,0	—	—
	1 252,4	1 035,3	736,9	920,0	530,0
Anschlußkosten (geschätzt bei Fernheizung 800,— öS/Mcal/h, bei Gasheizung 300,— öS/Mcal/h, bei Strom 400,— ÖS/kW)	—	114,0	304,0	200,0 [1]	200,0 [1]
Gesamte Anlagekosten [10³ öS]	1 252,4	1 149,3	1 040,9	1 120,0	730,0
[10³ DM]	174,0	160,0	143,0	155,0	101,0

[1] Mehrkosten für größere Trafostation.

elektrische Heizung. Relativ am teuersten ist die Warmwasserzentralheizung mit Heizöl, wobei die Berücksichtigung des hochbaulichen Aufwandes von ausschlaggebender Bedeutung ist. Zugunsten der Speicherheizung wirkt sich der hier mögliche niedrige Speicherfaktor (1,1—1,2 gegenüber 1,6—1,7 im Wohnungsbau) aus, wobei der hier vorgesehene zweischichtige Schulbetrieb ohne Erhöhung der Speicherinstallation lediglich durch eine Speichernachladung am Nachmittag ermöglicht wird. Die Anschlußkosten können auch hier wieder maßgeblichen Einfluß auf die Wahl des Heizsystems gewinnen.

b) Gesamte feste und bewegliche Jahresheizkosten

Für die Ermittlung des Kapitaldienstes wurden die Ansätze nach Tabelle verwendet, die Kosten für Bedienung, Instandhaltung, Reparaturen und Hilfsenergie wurden in Anlehnung an Pkt. 15.42 b ermittelt.

Aus der Anwendung der Berechnungsvorschrift VDI 2067 für Warmwasserzentralheizungen und der HEA-Vorschrift für elektrische Raumheizung [51] ergibt sich der in Tab. 47 ersichtliche jährliche Energieverbrauch bzw. die Energiekosten.

Tabelle 47. *Jährlicher Energieverbrauch und Energiekosten für eine 22klassige Schule*

	Jährlicher Energieverbrauch	Wärmepreis		jährliche Energiekosten	
	Gcal/a	g/Mcal	Pf/Mcal	10^3 öS/a	10^3 DM/a
Heizöl mittel	580	22,0	3,0	128,0	17,8
Erdgas	580	20,0	3,1	116,0	16,0
Fernwärme	375	32,0	4,4	120,0	16, 6
Elektrospeicherheizung	300	46,0	6,4	138,0	19,2
Elektrodirektheizung	300	70,0	10,8	210,0	29,0

Da eine Schule als Großverbraucher anzusehen ist, sind die Energiepreise in diesem Fall etwas niedriger als nach Tab. 42. Die sich somit ergebenden gesamten festen und beweglichen Jahreskosten für das gegenständliche Beispiel sind in Tab. 48 zusammengefaßt.

Tabelle 48. *Gesamte feste und bewegliche Jahreskosten der Heizung einer 22klassigen Schule (Preisbasis 1970)*

Anlagenteil	Warmwasser-zentral-heizung mit Heizöl 10^3 öS	Warmwasser-zentral-heizung mit Erdgas 10^3 öS	Fern-heizung 10^3 öS	Nachtstrom-speicher-heizung 10^3 öS	Direkt-heizung 10^3 öS
Feste Jahreskosten der Heizanlage	108,0	97,6	84,4	88,4	67,4
Betrieb, Wartung, Reparaturen u. Hilfsenergie	23,0	17,8	9,5	5,0	5,0
Energiekosten	128,0	116,0	120,0	138,0	210,0
	259,0	231,4	213,9	231,4	282,4

Hervorzuheben ist die relativ günstige Position der Elektrospeicherheizung, die auch bei einem Vergleich der jährlichen Energie- und Betriebskosten ohne Kapitaldienst bestehen bleibt und letztlich die Ursache für die starke Entwicklung der Elektrospeicherheizung auf dem Schulsektor darstellt, eine Entwicklung, die wesentlich unkomplizierter verlaufen ist als bei großen Wohnhausbauten, wo sowohl bei den Anlagekosten als auch bei den Betriebskosten die Frage der zusätzlichen Wärmedämmung einen erheblichen Einfluß auf die Wettbewerbsfähigkeit ausübt, wie das Berechnungsbeispiel nach Pkt. 15.3 zeigt.

16. Künftige Entwicklungsmöglichkeiten der elektrischen Raumheizung aus elektrizitätswirtschaftlicher Sicht und spezielle energiewirtschaftliche Perspektiven

16.1 Entwicklungsmöglichkeiten der elektrischen Raumheizung nach Maßgabe der elektrizitätswirtschaftlichen Gegebenheiten

Ausgehend von den Untersuchungen laut Pkt. 9.4 über die begrenzte Entwicklungsfähigkeit der auf Schwachlastenergie beruhenden elektrischen Raumheizungssysteme und von den Darlegungen zur Frage der direkten elektrischen Raumheizung nach Pkt. 13 ist die Grundsatzfrage zu stellen, welche Möglichkeiten insgesamt für die künftige Entwicklung der elektrischen Raumheizung aus elektrizitätswirtschaftlicher Sicht und nicht vom Standpunkt einer immer stärkeren Nachfrage bestehen. Als Anhaltspunkt können hierfür die Schätzungen laut Pkt. 5, Tab. 15 dienen. Während für die Heizung mit Schwachlastenergie die entsprechende Antwort im Sinne von Pkt. 9.4 relativ leicht gegeben werden kann, wird mit dem Einsatz der direkten elektrischen Raumheizung die Frage aufgeworfen, inwieweit und mit welcher Schnelligkeit die dazu benötigte Kraftwerksleistung zusätzlich zur normalen Bedarfsentwicklung bereitgestellt werden kann. Damit wird letztlich das gesamte Problem der Zuwachsraten bei der Entwicklung des Verbrauches an elektrischer Energie und deren Beeinflussung durch die elektrische Raumheizung zur Diskussion gestellt.

Zieht man als Vergleich die norwegische Entwicklung heran, so ist zunächst festzustellen, daß dort immerhin rund 30 Jahre (siehe Pkt. 13.1, Tab. 28) vergangen sind, bis die elektrische Raumheizung von einem Anteil von 2% am Gesamtjahresverbrauch auf 42% gestiegen ist.

Als Beispiel für konkrete Untersuchungen dieser Frage sei auf zwei Studien [7, 35] verwiesen, die sich mit diesem Problem, bezogen auf die spezifischen elektrizitätswirtschaftlichen Gegebenheiten in Österreich, befassen. Danach wurde aus einer Prognose der Gerätesättigung in den Haushalten auf Basis der bekannten spezifischen Verbrauchswerte der einzelnen Geräte die voraussichtliche Entwicklung des elektrischen Energiebedarfes der Haushalte bis zum

Jahre 2000 ohne elektrische Raumheizung ermittelt. Unter Bedachtnahme auf aus elektrizitätswirtschaftlicher Sicht angemessene Bedarfszuwachsraten wurde die danach zusätzlich mögliche Entwicklung der elektrischen Raumheizung errechnet. Die Beeinflussung der Zuwachsraten durch die elektrische Raumheizung auf Basis dieser Annahme bzw. auf Grund der Effektivwerte der Vergangenheit zeigt Tab. 48.

Tabelle 48. *Durchschnittliche jährliche Zuwachsraten des Haushaltstromverbrauches in Österreich in den einzelnen Jahrzehnten ab 1950* [7]

Jahrzehnt	Durchschnittliche jährliche Zuwachsrate	
	mit Elektroheizung %	ohne Elektroheizung %
1950 bis 1960	14,4	14,3
1960 bis 1970	10,4	9,7
1970 bis 1980	8,7	7,5
1980 bis 1990	6,0	4,1
1990 bis 2000	4,0	2,9

Die Bedarfszuwachsraten der Tab. 48 (mit Elektroheizung) entsprechen einem Anteil von 25% elektrisch beheizter Haushalte im Jahre 1990. Bemerkenswert ist hierbei, daß trotz dieser prognostizierten Entwicklung der elektrischen Raumheizung die Zuwachsraten zurückgehen, weil sich notwendigerweise in den anderen Bereichen der Haushaltelektrifizierung Sättigungserscheinungen einstellen. Die danach zu erwartende Entwicklung des Verbrauches der österreichischen Haushalte nach einzelnen Elektrizitätsanwendungen zeigt Abb. 88.

Ausgehend von der voraussichtlichen, für Speicherheizung bei dieser Bedarfsentwicklung verfügbaren freien Leistung und des danach zuzuordnenden Verbrauches an Schwachlastenergie ergibt sich aus der Differenz gegenüber dem errechneten Gesamtverbrauch für die Elektroheizung der notwendige Anteil der direkten Heizung bzw. die Anzahl der mit direkter Heizung auszustattenden Haushalte. Nach Elektrifizierungsgrad geordnet würde sich die Zahl der Haushalte in den einzelnen Gruppen nach Tab. 49 entwickeln.

Tabelle 49. *Voraussichtliche Entwicklung der Elektrizitätsanwendung in den österreichischen Haushalten nach Elektrifizierungsgraden* [35]

	1970	1990
Allelektrisch versorgt mit Speicherheizung	60 500	408 000
allelektrisch versorgt mit Direktheizung		342 000
vollelektrisch versorgt ohne Elektroheizung (jedoch mit elektrischer Warmwasserbereitung)	839 500	1 200 000
teilelektrisch versorgt (Gasversorgung)	1 529 000	950 000
	2 429 000	2 900 000

Nach den Meßergebnissen laut Pkt. 12 bzw. der Untersuchungen nach Pkt. 13 kann, bezogen auf die Trafostation mit einem gleichzeitigen Leistungsanteil pro direkt beheiztem Haushalt von 4 bis 5 kW und in Hinblick auf die Ungleichzeitigkeit der von den einzelnen Abnehmern herrührenden Höchstlast im Hochspannungsnetz bzw. bei der Erzeugung mit 3 bis 4 kW gerechnet werden. Als zusätzliche, nur für die Heizung erforderliche Leistung

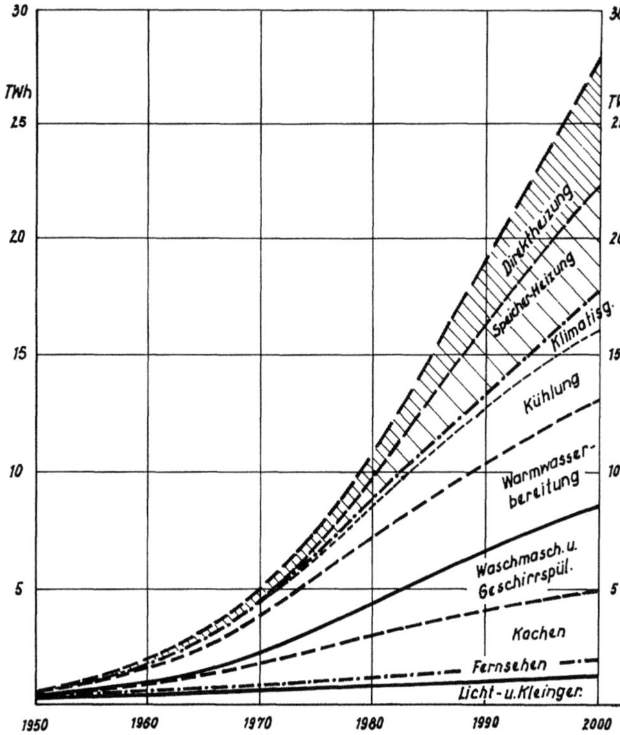

Abb. 88. Voraussichtliche Entwicklung des Stromverbrauches der österreichischen Haushalte nach den einzelnen Elektrizitätsanwendungen [35]

verbleibt nach Abzug des auf den Normalbedarf entfallenden Höchstlastanteiles von 0,8 bis 1 kW pro Haushalt, somit 2 bis 3 kW für gut wärmegedämmte Wohnungen in Mehrfamilienhäusern. Für das Einfamilienhaus wäre im Sinne der gegenständlichen Untersuchungen mit einem Leistungsbedarf von 3 bis 4,5 kW in dieser Versorgungsstufe zu rechnen. Unter Berücksichtigung des gegebenen Mischungsverhältnisses zwischen Ein- und Mehrfamilienhäusern wäre daher für rund 11% direkt beheizte Wohnungen eine Kraftwerksleistung von rund 1300 MW (nur für Heizzwecke) bereitzustellen. Dies entspricht rund 14% der für das Jahr 1990 prognostizierten gesamten Netzhöchstlast von rund 9500 MW im österreichischen Verbundnetz.

Zweifellos scheint es angesichts der heute in Mitteleuropa bestehenden elektrizitätswirtschaftlichen Gegebenheiten problematisch, für die direkte elektrische Heizung Kraftwerksleistungen bereitzustellen. Man darf dabei aber nicht vergessen, daß man für die Zukunft auch auf diesem Sektor mit geänderten Voraussetzungen zu rechnen hat, und zwar:

a) die Entwicklung der Kernenergie als Basis für die Stromerzeugung und die Veränderung der Preise der konventionellen Wärmeenergieträger gegenüber der Stromerzeugung aus Kernenergie, wodurch Kernkraftwerke in immer stärkerem Ausmaß auch in niedrigeren Benutzungsdauerbereichen wirtschaftlich werden.

b) Die Möglichkeit angesichts der erwähnten Zunahme der Wärmepreise der anderen Energieträger für die direkte elektrische Raumheizung gestehungskostendeckende vom Standpunkt der Konsumenten tragbare Strompreise anbieten zu können.

Zieht man überdies noch in Betracht, daß nach Pkt. 4.2 auch vom Standpunkt des Primärenergieeinsatzes kein Einwand gegen die weitere Entwicklung der elektrischen Raumheizung erhoben werden kann — durch die geforderte hochwärmegedämmte Bauweise werden die Verhältnisse für die elektrische Raumheizung vom Standpunkt des Primärenergieeinsatzes bekanntlich noch wesentlich verbessert —, dann ist die vorhin prognostizierte Entwicklung auch in elektrizitätswirtschaftlicher Sicht als wohl begründet und realistisch anzusehen.

Sicher ist eine Verallgemeinerung dieser Untersuchungen etwa auf durchschnittliche mitteleuropäische Verhältnisse nicht ohne weiteres möglich. Aber unter dem Gesichtspunkt ziemlich gleichartiger Kraftwerkskosten, die letztlich den entscheidenden Faktor bilden, gleichartiger Entwicklung der Elektrogerätesättigung und gleichartiger Tendenzen hinsichtlich der Expansion der Kernenergie dürften derartige Untersuchungen zu ziemlich ähnlichen Ergebnissen führen. Jedenfalls ist aber aus diesen Untersuchungen abzuleiten, daß sich die Entwicklung der elektrischen Raumheizung zum Unterschied von anderen Anwendungen der elektrischen Energie nur nach Maßgabe gegebener elektrizitätswirtschaftlicher Grenzen, d. h. somit nur in Form einer gesteuerten Entwicklung, so lange vollziehen muß, bis eine entsprechend breite Basis für die weitere Zunahme vorliegt.

16.2 Spezielle energiewirtschaftliche Perspektiven der elektrischen Raumheizung

Die Ergebnisse der Vergleichsrechnungen nach Pkt. 15 sowie die Untersuchungen über den Primärenergieeinsatz nach Pkt. 4 zeigen, daß bei elektrizitätswirtschaftlich gesehen kostendeckenden Strompreisen die elektrische Raumheizung insgesamt eine nicht nur vertretbare, sondern energiewirtschaftliche vorteilhafte Lösung des Raumheizungsproblems ergibt. Dazu werden einige sich abzeichnende bzw. schon in Realisierung befindliche technologische bzw. wärmetechnische Entwicklungen noch erheblich beitragen, da sie gerade für die elektrische Beheizung von Großobjekten von wesentlicher Bedeutung sind.

Es sind dies:

a) Die zunehmende Tendenz durch Wärmerückgewinnung bei Luftheizungsanlagen den Energieeinsatz zu vermindern bzw. den Lüftungswärmebedarf in hochwärmegedämmten Objekten niedrig zu halten bzw. die Lüftungsbedingungen günstiger zu gestalten.

b) Die Entwicklung der Wärmepumpe zu einem in größerem Umfang einsatzfähigen Heizsystem.

c) Das Zusammenwirken von Wärmerückgewinnung und Wärmepumpen zur Nutzbarmachung von Abwärme bzw. von sogenannter „freier Wärme" in aus wärmetechnischer Sicht als „voll integriert" zu bezeichnenden Objekten, die nicht nur elektrisch beheizt, sondern auch elektrisch klimatisiert werden.

Unabhängig davon ist noch auf die von der Energieaufbringung der bestehenden Möglichkeit der gekoppelten Energie von Wärme und elektrischer Energie in Heizkraftwerken zu verweisen, wobei jedoch nicht in herkömmlicher Weise die in diesen Werken anfallende elektrische Energie zur Deckung des Licht- und Kraftbedarfes, sondern für elektrische Heizung (Direktheizung oder Speicherheizung) verwendet wird, eine Lösung, für die bereits Vorschläge [95] vorliegen.

16.21 Wärmerückgewinnung in elektrisch beheizten Großobjekten

Zu der Forderung, den Wärmebedarf der Raumheizung durch verbesserte Wärmedämmung der Bauten zu verbessern und damit den Transmissionswärmebedarf zu senken, tritt immer häufiger auch die Forderung, den Lüftungswärmebedarf zu reduzieren, so daß bei Vorliegen von Zwangsbelüftung, wie dies bei großen Luftheizungsanlagen in Schulen, Kaufhäusern, Hotels, Krankenhäusern usw. gegeben ist, die in der Abluft enthaltene Wärme zur Vorwärmung der Zuluft verwendet wird. Es kann sich dabei sowohl um ausschließliche Luftheizungsanlagen handeln, bei denen die Luft durch besondere Heizregister erwärmt wird, oder um Lüftungsanlagen, bei denen die Wärmezufuhr durch in den einzelnen Räumen befindliche Heizkörper erfolgt und lediglich die in der Ventilationswärme enthaltene Wärme rückgewonnen wird. Diese Methode wird z. B. stark in Skandinavien in Mehrfamilienhäusern angewandt.

Ähnlich wie bei der Wärmedämmung besitzt die Möglichkeit der Wärmerückgewinnung bei der elektrischen Raumheizung, insbesondere bei der direkten elektrischen Raumheizung mit ihrem hohen Wärmepreis, größere Bedeutung als bei anderen Energieträgern. Heiztechnisch ist dabei weiters zu beachten, daß bei hoher Wärmedämmung der Gebäude die Zwangsbelüftung immer stärkere Bedeutung auch in der Wohnraumheizung, wie bereits erwähnt, gewinnt.

Eingesetzt können für solche Zwecke rekuperative oder regenerative Wärmeaustauscher werden. Ein regenerativer Wärmeaustauscher überträgt Wärme mittels seiner Wärmekapazität. Bei einer rekuperativen Anlage (Abb. 89) erfolgt die Wärmeübertragung über Trennwände zwischen den beiden Luftströmen nach dem Gegenstromprinzip. Als derzeit überwiegend verwendetes Modell eines regenerativen Wärmeaustauschers ist der sogenannte

Econovent [96] zu erwähnen. Er besteht aus einer sich langsam drehenden Trommel mit kleinen axialen Kanälen. Durch je eine Trommelhälfte strömt Zu- bzw. Abluft im Gegenstrom (siehe Abb. 90). Die Luftströme sind voneinander durch eine Wand getrennt, die beide gegen die ebenen Flächen der Trommel abdichtet. Beim Durchgang der Abluft durch die Austauschtrommel

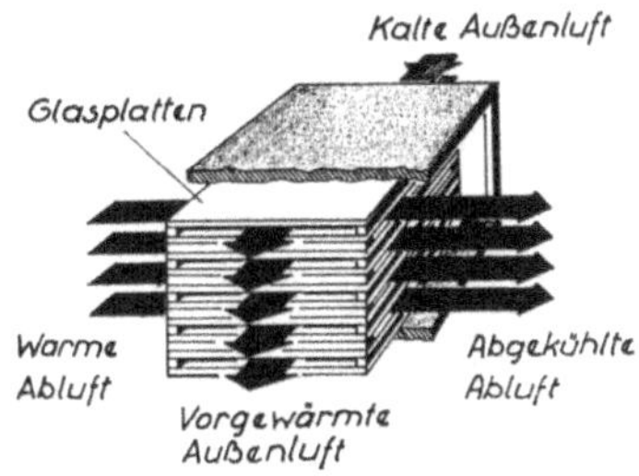

Abb. 89. Aufbau des rekuperativen Wärmeaustauschers System Air Frölich

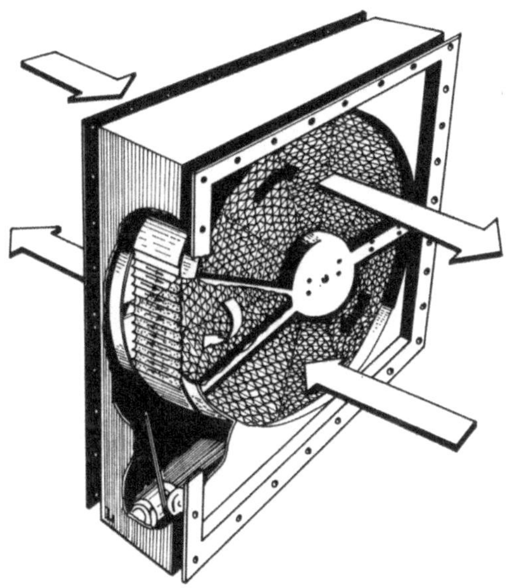

Abb. 90. Aufbau des regenerativen Wärmeaustauschers System ECONOVENT

wird an die Wände der Kanäle die sich in diesem Augenblick in der Abluftströmung befindende Wärme abgegeben. Durch die Rotation der Trommel gelangen dann die Kanäle in die Außenluftströmung, wobei Wärme von den Kanalwänden an die Zuluft abgegeben wird.

Da dieser Wärmeaustauscher die gesamte Enthalpie der Abluft, bestehend aus fühlbarer Wärme und latenter Wärme, die an die Luftfeuchtigkeit und an ihre Verdampfungswärme gebunden ist, übertragen kann, ist eine wirksamere Wärmerückgewinnung als bei rekuperativen Austauschern möglich, so daß ein Wärmeaustauschwirkungsgrad bis zu 90% erreicht werden kann. Wie eingehende Untersuchungen [97] zeigen, bestehen auch in hygienischer Hinsicht keine Bedenken gegen diese Art der Wärmerückgewinnung. Allenfalls kann eine Kombination mit einem auf der Zuluftseite angebrachtem Aktivkohlefilter zusätzlichen Schutz gegen Schadstoffe bieten. Die Wärmewirtschaft bzw. Wärmeeinsparungsmöglichkeit des regenerativen Wärmeaustauschers zeigt Abb. 91. Darin ist auch auf die bemerkenswert hohe Einsparung an Wärmeleistung besonders hinzuweisen.

Rekuperative Wärmeaustauscher unterscheiden sich hinsichtlich der Ausführungsart der Wärmeaustauschflächen und der Strömungsart. Ihr Wirkungs-

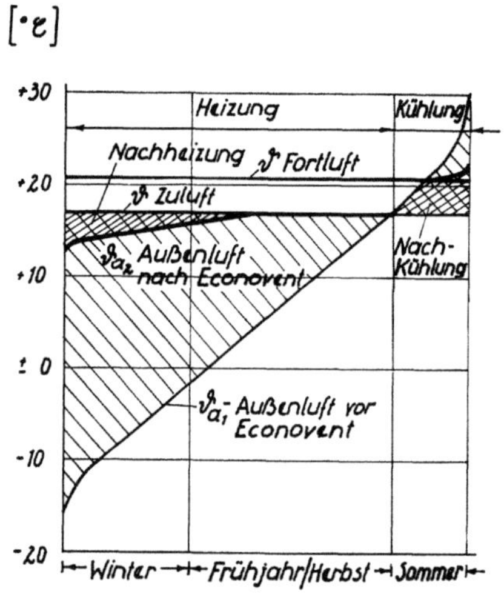

Abb. 91. Übersicht über die Wärmewirtschaft bzw. Wärmeeinsparungsmöglichkeiten bei Einsatz eines regenerativen Wärmeaustauschers [96]

grad ist auf etwa 50% begrenzt, da die in der Abluft enthaltene Feuchtigkeit bei niedrigerer Temperatur an den Austauschflächen kondensiert. Ihr Vorteil liegt vor allem darin, daß sie keine beweglichen Teile enthalten.

Als dritte Methode zur Einsparung von Lüftungswärme kann eine geeignete Rückzirkulation von gereinigter Luft dienen. Bei der Luftvorwärmung läßt man die Luft über eine Filterkombination zirkulieren, die aus einem Vorfilter und einem Aktivkohlefilter bestehen. Dieses System hat ziemlich kleine Wärmeverluste, da bis zu 80% der Luft gereinigt und als Umluft zurückgeführt werden können. Die Zufuhr kalter Frischluft beträgt in diesem Fall nur 20% der gesamten Ventilationsmenge. Nach schwedischen Erfahrungen [98] ergeben sich mit diesem System sowie mit rekuperativen Wärmeaustauschern gute Erfahrungen bei der Beheizung von Mehrfamilienhäusern.

Besondere Bedeutung gewinnt die Wärmerückgewinnung aus der Abluft dort, wo aus klima-hygienischen Gründen ein erhöhter Luftwechsel vorgesehen ist, wie in Turnsälen, Versammlungshallen, Hallenbädern usw., und somit das Verhältnis zwischen Transmissionswärmebedarf und Lüftungswärmebedarf sich wesentlich zugunsten des Lüftungswärmebedarfes verschiebt.

16.22 Verwendung von Wärmepumpen für die Raumheizung und Schwimmbeckenerwärmung

Eine energiewirtschaftlich gesehen völlig andere Grundlage für die Entwicklung der elektrischen Raumheizung bietet das Prinzip der Wärmepumpe. Während bei der üblichen elektrischen Raumheizung nach dem Grundsatz der Widerstandsheizung die Umwandlung von elektrischer Energie in Wärme erfolgt, wird bei der Heizung mittels Wärmepumpe die elektrische Energie lediglich dazu benützt, um Wärme, die in einem Medium enthalten ist, z. B. in Erdreich, Wasser oder Luft, diesem Medium zu entziehen, auf ein höheres Temperaturniveau zu fördern und damit diese Wärmemenge der Raumheizung dienstbar zu machen. Praktisch handelt es sich bei diesem Vorgang um eine Umkehrung des Prozesses, der sich in einer Kältemaschine vollzieht, derart, daß statt der Kälteleistung, die von diesen Maschinen abgegebene Wärmeleistung das Ziel des gesamten Prozesses wird.

Das Verhältnis zwischen aufzuwendender mechanischer Arbeit für den Antrieb des Kompressors einer Kältemaschine und der Kühlleistung wird theoretisch im Sinne eines thermo-dynamischen Kühlprozesses durch die sogenannte Leistungsziffer ε_k beschrieben.

$$\varepsilon_k = \frac{T_0}{T - T_0}$$

T_0 = absolute Kühlwassertemperatur,
T = absolute Temperatur des zu kühlenden Raumes.

Gegenüber den nach dieser Beziehung möglichen hohen Werten für ε_k erhält man im praktischen Betrieb auf Grund der Verluste in den Kompressoren der Kältemaschinen und der Wärmeübergangswiderstände an den Kondensator- und Verdampferflächen bei kleinen Anlagen Werte von 2,5 bis 3,0 und bei großen Anlagen Werte zwischen 3,5 und 5,0.

Bei Funktion als Wärmepumpe gilt für die theoretische Leistungsziffer ε_h folgende Beziehung:

$$\varepsilon_h = \frac{T}{T - T_0}.$$

Energetisch gesehen wird dem Wärmepumpenkreislauf auf der kalten Seite (Verdampferseite) die dem betreffenden Medium entzogene Wärmemenge zugeführt und auf der warmen Seite (Verflüssiger) an das zu beheizende Medium (Luft oder Wasser) zusammen mit der aufgewandten mechanischen Energie für den Antrieb des Kompressors abgegeben. Die theoretisch definierten Leistungsziffern sind in Hinblick auf die gesamten Verluste des Prozesses jedoch nur zum Teil erreichbar. Im praktischen Betrieb kann etwa mit den halben Werten gerechnet werden. Je nach Art der Medien, denen die Wärme entzogen wird und der für die Heizung verwendeten Wärmeenergieträger, kann man für die verschiedenen Fälle, die in der Tab. 50 angeführten Leistungsziffern je nach Verwendungszweck angeben.

Wie die Tabelle zeigt, deren Leistungsziffern sich auf in den letzten Jahren in Betrieb genommene Anlagen stützen, bestünden für die Fälle a)—c) grund-

Tabelle 50. *Leistungsziffern von Wärmepumpensystemen*

Wärmepumpensystem	Wärmeenergiebasis	Wärmeenergieträger für Heizung bzw. Klimatisierung	Anwendungsgebiet	erreichte Leistungsziffern
a) Wasser—Wasser	Grundwasser	Wasser	ganzjährig betriebene Heiz- und Klimaanlagen	4—6
b) Wasser—Wasser bzw. Wasser—Luft	See- bzw. Flußwasser	Wasser bzw. Luft	Hallenbäder und Freibäder	3—5 (Hallenbäder) 7—9 (Freibäder)
c) Luft—Wasser	Luft	Wasser	Freibäder	8—10
d) Luft—Luft	Luft	Luft	ganzjährig betriebene Heiz- und Klimaanlagen mit Zusatzheizung im Winter	2,5 (Jahresdurchschnitt) 1,2—1,5 (Winter)

sätzlich günstige Möglichkeiten, sofern die nötige Wärmeenergiebasis gegeben ist, die jedoch sehr häufig in Frage zu stellen ist. Abgesehen vom regional bedingten Vorhandensein von Fluß- und Seewasser stößt auch die Anzapfung des Grundwasserstromes in größerem Umfang auf Schwierigkeiten, so daß allgemein diese Art von Wärmepumpen starken Beschränkungen unterliegt. Als weiterer Gesichtspunkt sind die relativ hohen Anlagekosten hervorzuheben, ein Problem, das im Laufe der technischen Entwicklung aber sicherlich entschärft werden wird, abgesehen davon, daß auch hier der gleiche Fall wie bei der Wärmedämmung vorliegt, nämlich eine Verlagerung von Energiekosten auf Kapitalkosten.

Von weiterer grundlegender Bedeutung für die Verwendung von Wärmepumpen ist eine ganzjährig möglichst gleichbleibende Temperatur des Wärmeenergieträgers, eine Forderung, die wiederum beim Grundwasser am ehesten erfüllt ist, dagegen nicht bei allen anderen Medien, vor allem bei Luft, woraus letztlich die großen Schwierigkeiten für einen umfassenden Einsatz von Luft—Luft-Wärmepumpen für Heizzwecke resultieren. Bei konstanter Temperatur des Wärmeenergieträgers kann, wie erste ausgeführte mit Wärmepumpen auf Wasserbasis arbeitende Heizanlagen zeigen, eine durchschnittliche Leistungsziffer von etwa 4—5 erreicht werden [99].

Demgegenüber tritt bei Verwendung von Luft als Wärmeenergiebasis eine wesentliche Absenkung der Leistungsziffer im Hochwinter ein, die eine Zusatzheizung erforderlich macht. Abgesehen von den die Anlagekosten belastenden nötigen wesentlich größeren Wärmeaustauschflächen und der den Betrieb erschwerenden beginnenden Vereisung des Verdampfers bei Temperaturen um 0 °C ist dies ein Umstand, von dem alle mit Wärmepumpenschaltung arbeitenden Fenster- und Schrankklimageräte erheblich betroffen sind. Trägt man den Verlauf der Leistungsziffer ε_h einer Luft—Luft-Wärmepumpe in das Diagramm für die Dauerlinie des Heizleistungsbedarfes ein, so erhält man näherungsweise die in Abb. 92 dargestellten Relationen für die Aufteilung der Energiebedarfsdeckung durch elektrische Energie und Wärmepumpeneffekt [99 a].

Die installierte elektrische Leistung der Wärmepumpe ist somit ab dem sogenannten Gleichgewichtspunkt, im Bereich unter + 4 °C durch eine Zusatz-

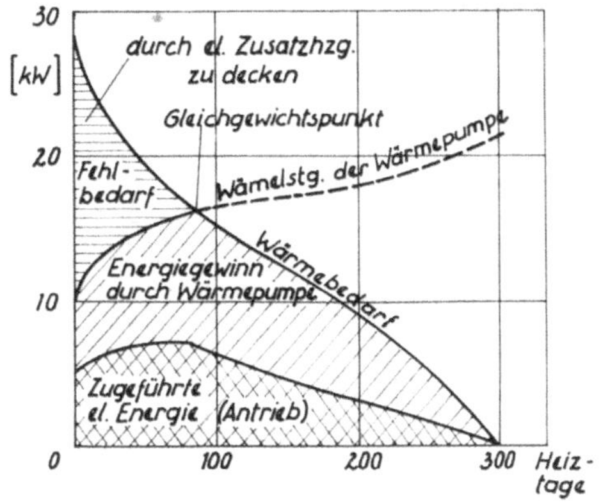

Abb. 92. Deckung des Heizwärmebedarfes durch elektrische Energie und Wärmepumpeneffekt bei einer Luftwärmepumpe [99 a]

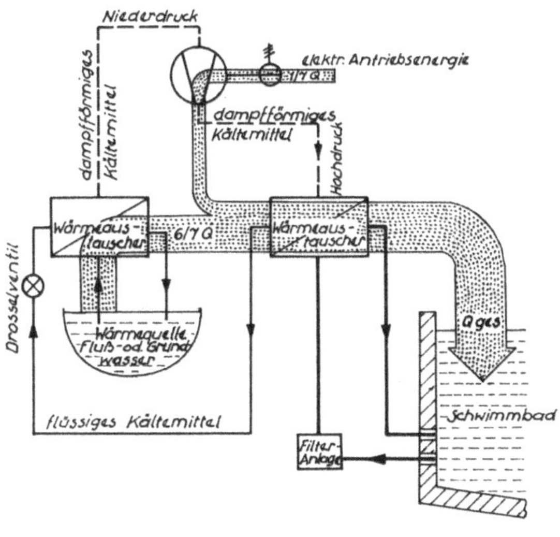

Abb. 93. Schema einer Freibadbeheizung mittels Wasser — Wasser-Wärmepumpe

heizung zu ergänzen, wodurch die maximal elektrisch bereitzustellende Heizleistung sich insgesamt nicht wesentlich vom gesamten maximalen Heizleistungsbedarf unterscheidet. Der auf Grund des Wärmepumpeneffektes gedeckte Energiebedarf ist entsprechend gekennzeichnet. Man sieht daraus, daß zwar insgesamt eine erhebliche Energieeinsparung vorliegt, daß aber in elektrizitätswirtschaftlicher Sicht sich die Ausnützung verschlechtert, da einer nur gering reduzierten maximalen Heizlast ein niedrigerer Energieumsatz gegenübersteht. Etwas verbessert werden kann die Energiebilanz zugunsten der Wärmepumpe, wenn gleichzeitig eine Wärmerückgewinnung aus der Abluft — im vorliegenden Fall kann es sich ausschließlich nur um Luftheizung handeln,

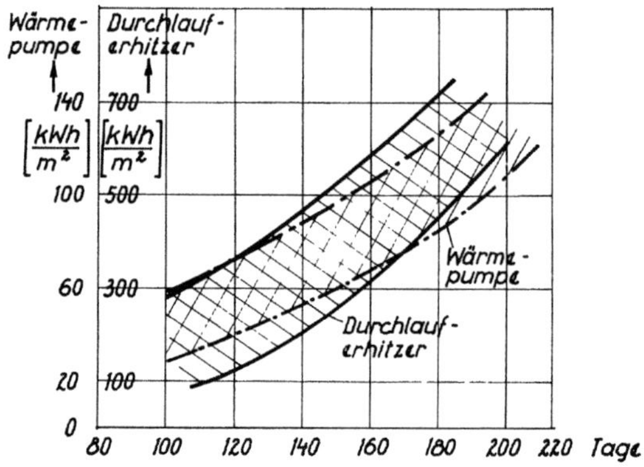

Abb. 94. Praktisch erreichbare Leistungsziffern für Heizungswärmepumpen in Abhängigkeit von der zur Verfügung stehenden Bruttotemperaturdifferenz gegenüber dem Wärmeenergieträger [100]

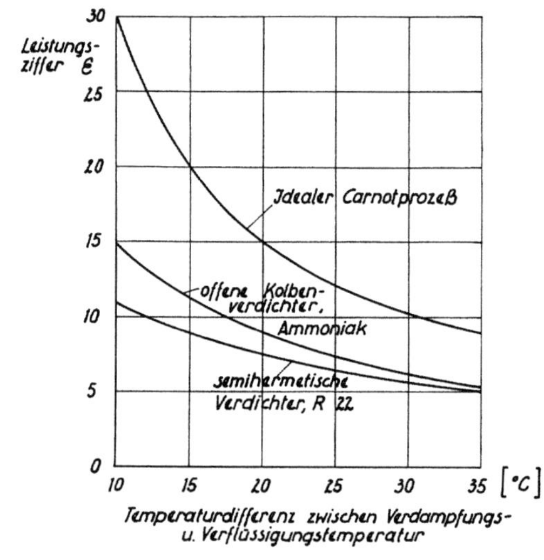

Abb. 95. Vergleich zwischen Wärmeenergieverbrauch elektrisch beheizter Freibäder bei Beheizung mittels Durchlauferhitzer und mit Wärmepumpen [100 a]

die auch den Transmissionswärmebedarf deckt — vorgesehen wird. Jedenfalls ist aber festzustellen, daß ohne wesentliche Verbesserung der Leistungsziffern im Bereich zwischen 0 °C bis — 15 °C der Einsatz von Luft—Luft-Wärmepumpen keine großen energiewirtschaftlichen Vorteile bringt.

Wesentlich günstigere Erfolge lassen sich durch Wasser—Luft- bzw. Wasser—Wasser-Wärmepumpen erzielen, wobei, wie aus Tab. 50 ersichtlich, der Einsatz von Wasser—Wasser-Wärmepumpen für die Freibadbeheizung sich am günstigsten anbietet [60]. Dieser Umstand hat letztlich dazu geführt, daß im Jahre 1972 von rund 200 elektrisch beheizten Freibädern in der BRD bereits 65% mit Wärmepumpen ausgerüstet waren, während der Rest auf Widerstandsheizung mit Durchlauferhitzern bzw. Elektrokesseln entfiel.

Schematisch dargestellt zeigt Abb. 93 die Anordnung der Wärmepumpe und den Energiefluß für eine Freibadbeheizung. Die praktisch erreichbaren Leistungsziffern einer Wärmepumpe in Abhängigkeit von der zur Verfügung stehenden Bruttotemperaturdifferenz (einschließlich der erforderlichen Temperaturdifferenzen für die Wärmeübertragung in den Wärmeaustauschern) zeigt Abb. 94. Daraus ergibt sich, daß bei der Freibadbeheizung Leistungsziffern von 7 bis 8 nicht überschritten werden können, praktisch werden Werte zwischen 6 bis 7 erreicht. Einen Vergleich zwischen dem Wärmeenergieverbrauch elektrisch beheizter Freibäder bei Beheizung mit Elektro-Durchlauferhitzern bzw. mit Wärmepumpen bringt Abb. 95 [100 a].

Im Zusammenhang mit der Beheizung von Freibädern mittels Wärmepumpen ist auch auf einige bereits im Betrieb befindliche Anlagen mit Luft—Wasser-Wärmepumpen hinzuweisen, bei denen durch die wesentlich geringeren Temperaturdifferenzen Leistungsziffern zwischen 10—12 erreicht wurden [100]. Angesichts der damit gegebenen Unabhängigkeit solcher Anlagen vom Vorhandensein des Wärmeenergieträgers Wasser ist diese Entwicklung von großer Bedeutung.

16.23 Das allelektrisch versorgte wärmetechnisch integrierte Gebäude

Der Einsatz von Wasser—Wasser- bzw. Wasser—Luft-Wärmepumpen unter Verwendung von Grundwasser als Wärmeträger ausschließlich für Heizzwecke wird den Möglichkeiten der Wärmepumpe als Kältemaschine insofern nicht gerecht, als damit die Möglichkeit mit demselben Aggregat gleichzeitig auch klimatisieren zu können unausgenützt bleibt. Vor allem sind die Anlagekosten im Vergleich zu einer konventionellen Heizungsanlage höher. Damit gelangt man automatisch zum elektrisch beheizten und klimatisierten Gebäude. Andererseits bietet sich jedoch für den Einsatz von Luft—Luft- oder Luft—Wasser-Wärmepumpen in Großobjekten mit einem hohen Anfall an freier Wärme vor allem durch Beleuchtung und Maschinen spezielle Einsatzmöglichkeiten in Form einer Nutzbarmachung dieser freien Wärme durch Klein-Wärmepumpen. Aus dem Zusammenwirken dieser Möglichkeiten gelangt man zum Typ des wärmetechnisch gesehen voll integrierten Gebäudes, in dem alle vorhandene Abwärme, gleichgültig welcher Herkunft einschließlich der Sonneneinstrahlung, wieder für Heizzwecke nutzbar gemacht bzw. durch Zusammenfassung mit der Klimaanlage wechselweise Heizung und Kühlung mit minimalem Energieaufwand möglich wird. Hierbei sind besonders zwei Gesichtspunkte maßgebend:

a) Ausgleich des Wärmehaushaltes eines Gebäudes durch sinnvolle Wärmeverteilung der nach verschiedenen Himmelsrichtungen orientierten Gebäudezonen.

b) Ausnützung der „freien Wärme“ im Gebäude.

Unter diesen beiden Gesichtspunkten bietet sich die Wärmepumpe als sehr wirtschaftliche Möglichkeit für eine Klimatisierung an, indem sie entweder störende bzw. überschüssige Wärme aus den Innenzonen eines Gebäudes in die Randzonen pumpt oder die freie Wärme der Heizungsanlage zuführt. Beide Lösungen sind natürlich auch möglich ohne Vorhandensein einer bestimmten Wärmeenergiebasis (z. B. Grundwasser), sondern auf Basis einer entsprechenden Zusatzheizung, die den Grundwärmebedarf deckt aber wesentlich kleiner ausgelegt werden kann als für eine konventionelle Heizungsanlage.

Prädestiniert für derartige wärme- bzw. klimatechnische Lösungen sind vor allem Bürogebäude mit großen Fensterflächen und hohen Beleuchtungsstärken, Supermärkte mit hohem Anteil an Abwärme aus den Kühlanlagen usw.

In diesem Sinne ist auf eine in letzter Zeit entwickelte Lösung für derartige integrierte Anlagen zu verweisen, die durch den Einsatz von Klein-Wärmepumpen [101] (Luft—Wasser-Wärmepumpen) gekennzeichnet ist. In den zu klimatisierenden Räumen angeordnete Klein-Wärmepumpen entziehen den Innenräumen und sonnenbeschienenen Räumen die überschüssige freie Wärme und geben sie an einen Wasserkreislauf ab, über den alle Klein-Wärmepumpen verbunden sind. Aus diesem Wasserkreislauf entnehmen andere auf Heizbetrieb arbeitende Klein-Wärmepumpen die für die Beheizung notwendige Heizenergie. Die Umschaltung der einzelnen Wärmepumpen von Heizung auf Kühlbetrieb übernimmt der zugehörige Raumthermostat. Soweit die vorhandene freie Wärme für die Beheizung des Gebäudes nicht ausreicht, wird der Fehlbedarf aus einem elektrischen Zentralwarmwasserspeicher gedeckt, der relativ klein bemessen werden kann.

Als Geräte werden Truhen-, Decken- und Standgeräte eingesetzt. Jedes Gerät enthält einen vollständigen umschaltbaren Kältesatz. Die Heiz- oder Kühlenergie wird über einen Wärmeaustauscher der Raumluft zugeführt, wobei ein Lüfter in jedem Gerät für den notwendigen Luftdurchsatz sorgt. Im Heizbetrieb werden Leistungsziffern zwischen 2 und 3 erreicht.

Die Einzelgeräte sind wasserseitig über ein Zweirohrsystem untereinander verbunden. Sowohl im Heizbetrieb als auch im Kühlbetrieb liegt die Betriebstemperatur des Wasserkreislaufs zwischen 18 und 35 °C. Eine Isolierung des Rohrsystems kann völlig entfallen.

Bei überwiegendem Kühlbetrieb der gesamten Anlage wird die überschüssige Wärme über den Wasserkreislauf und einen zentralen Wärmetauscher an einen Kühlturm abgegeben. Bei vorherrschendem Heizbetrieb (Wärmepumpenbetrieb) wird der zusätzliche Wärmebedarf im Wasserkreislauf über den gleichen zentralen Wärmetauscher gedeckt, der jetzt als zentraler Wärmeerzeuger betrieben wird. Wird bei gleichzeitigem Heizen und Kühlen verschiedener Geräte ebensoviel Wärme an den Wasserkreislauf abgegeben wie aufgenommen, dann ist keine zentrale Energiezufuhr oder -abgabe erforderlich (Energieerhaltung im System — Wärmerückgewinnung). Die Außenluftzufuhr erfolgt entweder durch die Außenwand oder über ein Kanalsystem mit zentraler Luftaufbereitung.

Dieses in den USA und in Großbritannien schon in zahlreichen integrierten Großanlagen ausgeführte System beginnt sich langsam auch in Mitteleuropa, vor allem in der BRD durchzusetzen. Erste derartige Anlagen wurden in den letzten Jahren bereits installiert.

Ein spezielles Beispiel für vollintegrierte Anlagen bieten Hallenbäder, für die sich gleichfalls langsam die elektrische Beheizung, fußend auf einer Reihe neuer wärmewirtschaftlicher Erkenntnisse, durchzusetzen beginnt. Bei konsequenter Erfassung der gesamten Abwärme aus der Fortluft der Schwimmhalle und Nebenräume sowie des Abwassers der Duschen lassen sich gegenüber den herkömmlichen wärmetechnischen Lösungen entscheidende Verbesserungen im

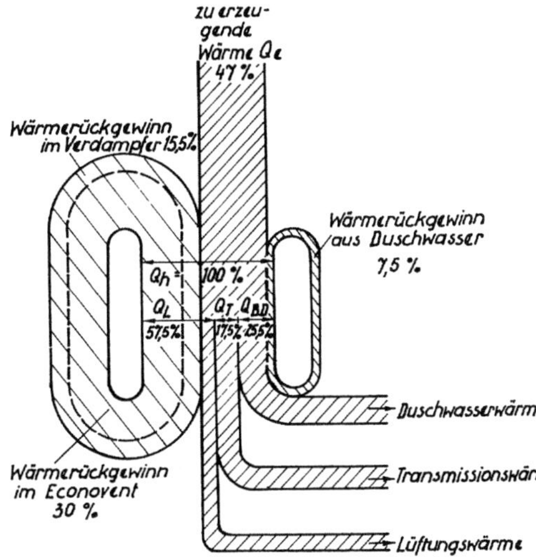

Abb. 96. Optimale Wärmewirtschaft in einem voll integrierten Hallenbad durch kombinierten Einsatz von Wärmepumpen und regenerativen Wärmeaustauschern [102]

Energiehaushalt erzielen [102]. Dabei wird durch kombinierten Einsatz einer Wärmepumpe mit einem regenerativen Wärmetauscher die aus Abb. 96 ersichtliche Wärmerückgewinnung möglich. Der stündliche Wärmebedarf wird dadurch auf weniger als die Hälfte reduziert.

Als weitere Konsequenz dieser Überlegungen sind heute bereits in diesem Sinne arbeitende, sogenannte Kompaktgeräte für die Beheizung und Entfeuchtung von Hallenbädern auf dem Markt, eine Entwicklung, die letztlich ihren Anstoß von der auf äußerste Wirtschaftlichkeit bedachten elektrischen Raumheizung erhalten hat.

Zieht man, wie schon eingangs erwähnt, in Betracht, daß alle Methoden zur Wärmerückgewinnung vom wirtschaftlichen Standpunkt um so wirkungsvoller sind, je höher der Wert der eingesparten Energie ist, so zeichnen sich für die elektrische Beheizung vollintegrierter Objekte sehr günstige Voraussetzungen ab, womit sich aber gleichzeitig wieder entscheidende Verbesserungen der Ausnützung der für die elektrische Raumheizung benötigten Primärenergieträger gegenüber anderen Heizmethoden ergeben.

17. Ausgeführte elektrisch beheizte Großanlagen; Auslegungsgrößen, Erfahrungen und Betriebsergebnisse

Wie in Pkt. 7.2 dargelegt, begann die Entwicklung der elektrischen Vollraumheizung auf Speicherbasis im mitteleuropäischen Raum mit der Beheizung von einzelnen Wohnungen im Althausbau sowie von gewerblich genutzten Räumen kleineren Umfanges, wie Verkaufsläden usw., unter Verwendung der Speicherheizgeräte der Bauart I. Als nächstes Anwendungsgebiet kam dazu die elektrische Beheizung von Schulen, wo in Österreich bereits in den fünfziger Jahren die ersten großen Anlagen entstanden. Mangels ausreichender Regelfähigkeit der Wärmeabgabe weisen diese Anlagen zwar einen höheren spezifischen Stromverbrauch auf, sie sind aber auf Grund ihrer Einfachheit und Robustheit mit einem minimalen Instandhaltungsaufwand belastet und tun wie die Erfahrungen zeigen nach wie vor voll zufriedenstellend ihren Dienst.

In den sechziger Jahren setzte auf Basis der nunmehr vorhandenen Speicherheizgeräte der Bauart III (siehe 7.1) eine außerordentlich expansive Entwicklung auf diesen Anwendungsgebieten in der BRD ein, eine Entwicklung, die auch bald zu energischen Bemühungen um die elektrische Beheizung von Wohnhausneubauten, seien es Einfamilienhäuser oder Mehrfamilienhaussiedlungen, führte. Diese Entwicklung gab letztlich auch den entscheidenden Anstoß zur Schaffung neuer Verteilnetzkonzeptionen für allelektrische Siedlungen im Sinne von Pkt. 10.3. Eine der ersten Siedlungen dieser Art entstand in den Jahren 1968/69 unter maßgeblicher Initiative der Rheinisch-Westfälischen Elektrizitätswerke AG (RWE) in Essen-Kray. Es handelt sich um die Siedlung „Isingerfeld“ (Abb. 97), welche 1125 elektrisch beheizte Wohnungen umfaßt. Die Warmwasserbereitung erfolgt mittels 21-kW-Durchlauferhitzer, die durchschnittliche Wohnungsgröße beträgt 70 m². Die gesamte Heizungsanlage ist durch folgende Kenndaten charakterisiert:

Installierte Speicherleistung	12 446 kW
Installierte Direktheizung	3 853 kW
Gleichzeitige Höchstlast der gesamten Heizung	6 960 kW
Gleichzeitigkeitsfaktor der installierten Heizleistung (Speicher + Direktheizung), bezogen auf das Mittelspannungsnetz	70%
Maximale Tageslast pro Wohnung (bezogen auf das Mittelspannungsnetz)	1,8 kW

Die Siedlung wird aus 32 Trafostationen mit einer installierten Umspannerleistung von 12 280 kVA versorgt. Die Länge des Mittelspannungsnetzes innerhalb der Siedlung beträgt 3,5 km, die Länge des Niederspannungsverteilnetzes 6,1 km.

Die erste in Österreich im Jahre 1970 entstandene mit elektrischer Heizung ausgerüstete größere Neubausiedlung zeigt Abb. 98. Diese Siedlung umfaßt 130 Wohnungen mit einer installierten Speicherleistung von 1417 kW und

Abb. 97. Elektrisch beheizte Wohnsiedlung „Isinger Feld" in Essen-Kray mit 1125 Wohnungen; installierte Heizleistung (Speicher + Direktheizung) 16 400 kW (Werkfoto: RWE, Essen)

einer Direktheizung von 674 kW. Der Direktheizanteil wurde in Hinblick auf eine möglichst wirtschaftliche Gestaltung der Heizungsanlage verhältnismäßig hoch angesetzt, dennoch geht er nur mit rund 1,3 kW je Wohnung in die gleichzeitige Tageshöchstlast ein. Die Warmwasserbereitung erfolgt mittels 21-kW-Durchlauferhitzer. Der jährliche Stromverbrauch liegt bei 105 kWh/m^2 beheizter Wohnfläche. Die Bauten sind durchschnittlich wärmegedämmt (Wärmedurchgangszahl der Wände 0,8 und Verbundfenster).

Als weiteres Beispiel für eine große elektrisch beheizte Wohnsiedlung in Österreich sei die Siedlung Auwinkel in Mattersburg/Burgenland angeführt. Sie umfaßt einschließlich des dazugehörigen Hochhauses 180 Wohnungen mit einem Speicheranschlußwert von 3100 kW und 250 kW Direktheizung. Hervorzuheben ist besonders die gute Wärmedämmung des Hochhauses, dessen Wände aus Sichtbeton mit 7,5 cm Heraklith bestehen. Der durchschnittliche jährliche Heizstromverbrauch in diesem Objekt beträgt 95 kWh/m² Wohnfläche.

Eines der erfolgreichsten Anwendungsgebiete für die Elektrospeicherheizung stellt wie erwähnt die Beheizung von Schulen dar. Laut HEA-Statistik [38] bestehen heute in der BRD schon über 2000 elektrisch beheizte Schulen. In gleicher Weise wurde auch in Österreich bereits eine größere Anzahl solcher Anlagen errichtet, wobei es sich sowohl um Alt- als auch Neubauten handelt,

Abb. 98. Elektrisch beheizte Wohnsiedlung der AHG in Köflach, Steiermark, mit 130 Wohnungen; installierte Heizleistung (Speicher 1417 kW, Direktheizung 674 kW) (Werkfoto: Witte, Heiztechnik Perger, Wien

die von kleinen Volksschulen bis zu modernsten Schulzentren reichen. Die günstigen Betriebskosten der Elektrospeicherheizung konnten hierbei immer wieder unter Beweis gestellt werden, wie die in der Tab. 51 enthaltenen Kenndaten einer größeren Anzahl elektrisch beheizter Schulen verschiedenster Größe zeigen.

Von den in dieser Tabelle angegebenen Großobjekten ist unter anderem die im Jahre 1967/68 errichtete Hauptschule in Eisenstadt/Burgenland mit 32 Klassen und 2 Turnsälen, Speicheranschlußwert 1100 kW (siehe Abb. 99) sowie das 1970 errichtete, mit einer elektrisch beheizten Lehrschwimmhalle ausgerüstete Schulzentrum Zeltweg/Steiermark hervorzuheben. Als derzeit größter elektrisch beheizter Schulkomplex in Österreich ist die musisch-pädagogische Akademie in Eisenstadt mit einem Speicheranschlußwert von 3600 kW zu bezeichnen.

Tabelle 51. *Kenndaten und Betriebsergebnisse von elektrisch beheizten Schulen*

Schule	Umbauter Raum [m³]	stündlicher Wärmebedarf Q_h [kcal/h]	Aufladezeit [h]	Stromverbrauch je Heizperiode (Durchschnitt seit Inbetriebnahme) [kWh/a]	Benutzungsdauer des Q_h-Wertes [h/a]	Stromverbrauch pro m³ $\frac{kWh}{m^3, a}$	Stromverbrauch pro m³ und Heizgradtag $\frac{Wh}{m^3\ grd\ d}$	Inbetriebnahmejahr
VS Wernersdorf	4 000	92 200	8	60 700	567	15,2	4,5	1967
VS Groß-St.-Florian	3 850	81 500	8 + 2	92 500	973	24,0	7,1	1968
VS St. Martin i. S.	6 700	132 000	8 + 2	104 400	683	15,6	4,6	1968
VS Ramsau	6 200	141 000	8	112 000	683	18,1	4,3	1969
VS Straden	3 460	70 500	8 + 2	89 600	1 093	25,9	7,8	1969
VS St. Margarethen	7 100	143 000	8 + 2	141 800	859	20,0	5,2	1969
VS Frauental	3 500	84 000	8 + 2	84 500	862	24,1	7,1	1969
VS St. Peter	2 600	56 400	8 + 4	47 600	727	18,3	5,4	1970
VS Eibiswald	6 600	135 000	8 + 2	171 200	1 090	25,9	7,6	1970
VS Mörbisch	7 200	161 000	8	143 700	770	20,0	6,4	1969
VS und HS Andau	9 000	190 000	8	178 900	810	19,9	6,2	1969
HS Deutschlandsberg	9 743	184 500	8 + 2	195 100	907	20,0	5,9	1968
HS Riegersburg	5 900	109 700	8 + 2	131 100	1 024	22,2	6,7	1970
HS Eisenstadt	29 500	850 000	8	605 400	613	20,5	6,6	1965
VS und HS Lockenhaus	12 591	400 000	8	323 400	695	25,7	7,8	1969
HS Purbach	15 113	305 000	8	239 000	675	15,8	5,0	1970
Schulzentrum Zeltweg	14 430	279 000	8	246 700	761	17,1	4,3	1970
LBS Fürstenfeld	30 000	928 000	8 + 4	916 200	849	30,5	9,0	1969
Landw. FS Stainz (m. Internat)	10 500	247 000	8 + 2	270 000	941	25,7	7,6	1970

Abb. 99. Elektrisch beheizte Hauptschule in Eisenstadt, Burgenland. (32 Klassen, 2 Turnsäle; Speicheranschlußwert 1100 kW, Kenndaten siehe Tab. 57) (Werkfoto: Witte, Heiztechnik Perger, Wien

Abb. 100. Elektrisch beheiztes Bundesrealgymnasium Köflach, Steiermark (46 Normal- und Sonderklassen, 3 Turnsäle, Speicheranschlußwert 1700 kW), mit davor befindlichem elektrisch beheizten Hallenbad, Elektrokesselleistung 700 kW (Werkfoto STEWEAG, Graz)

Als weitere sehr moderne, vom Standpunkt der Speicherdimensionierung bemerkenswerte Schulanlage sei auch das Bundesrealgymnasium Köflach/Steiermark (Abb. 100) erwähnt. Der Komplex umfaßt einen umbauten Raum von 54 000 m³, der beheizte Raum beträgt 37 100 m³ und besteht aus

46 Klassen und 3 Turnsälen samt Nebenräumen. Bei einem stündlichen Wärmebedarf von 1,15 Millionen kcal/h konnte durch 8 + 4stündige Ladezeit und Einsatz von regenerativen Wärmetauschern in den Luftheizungsanlagen der Turnsäle bei zweischichtigem Betrieb der gesamte Speicheranschlußwert mit 1700 kW begrenzt werden.

Die Anlage ist, wie die Abb. 100 zeigt, mit einem davor gelegenen elektrisch beheizten öffentlichen Hallenbad verbunden. Der umbaute Raum dieses Hallenbades beträgt 12 300 m³, Beckeninhalt 1515 m³. Es wird mittels Elektrokessel (Leistung 700 kW), welcher auf Warmwasserspeicher mit einem

Abb. 101. Elektrisch beheizte Volks- und Hauptschule St. Veit a. d. Gölsen; 28 Klassen, 2 Turnsäle, eine Lehrschwimmhalle; Speicheranschlußwert 1000 kW, Wärmerückgewinnung durch Regenerativ-Wärmeaustauscher und Kleinwärmepumpe (Werkfoto: Witte, Heiztechnik Perger, Wien)

Inhalt von 60 m³ arbeitet, beheizt, wobei im Sinne von Pkt. 16.21 Wärmerückgewinnung mittels Wärmepumpe und rekuperativem Wärmeaustauscher vorgesehen ist.

Neben den beiden Schwerpunkten Wohnsiedlungen und Schulen hat sich eine Reihe weiterer Einsatzgebiete für die Speicherheizung entwickelt, wie Bürogebäude, Kirchen, historische Bauten sowie Hallen- und Freibäder, wobei je nach den technologischen Erfordernissen Einzelspeicherheizung, Blockspeicher oder Elektrokessel mit Warmwasserzentralspeichern zur Anwendung gelangen. Entsprechend den Forderungen nach optimaler Wärmewirtschaft werden, wie bereits die in Abb. 100 dargestellten Anlagen zeigen, in zunehmendem Maße elektrisch beheizte Großobjekte mit Wärmerückgewinnungseinrichtungen ausgestattet bzw. als voll integrierte Objekte nach Pkt. 16.2 bzw. 16.3 geplant.

Als eine der modernsten einschlägigen Anlagen ist hier die elektrisch beheizte Volks- und Hauptschule St. Veit a. d. Gölsen (Abb. 101) anzuführen, die 1973 in Betrieb ging. Der Schulkomplex umfaßt 27 000 m³ umbauten Raum und enthält 28 Normal- und Sonderklassen, 2 Turnsäle, 1 Lehrschwimmhalle und einen Festsaal. Der gesamte Speicheranschlußwert beträgt 1000 kW, wovon 280 kW auf Blockspeicher und Elektrokessel für die Luftheizungsanlagen entfallen. Die Luftheizungsanlagen für die Turnsäle und für die Schwimmhalle, für den Festsaal und Nebenräume sind konsequent mit Wärmerückgewinnung, umfassend fünf Wärmeaustauscher, Typ Econovent, und einer Klein-Wärmepumpe für die Luftentfeuchtung in der Schwimmhalle ausgestattet.

Unter den elektrisch beheizten Großanlagen nehmen in Hinblick auf die lüftungstechnischen Probleme (Luftwechselzahlen, Luftfeuchtigkeit usw.) die Hallenbäder eine besondere Stelle ein. Die Wirtschaftlichkeit der Elektroheizung ist hier unbedingt mit einer Wärmerückgewinnung verknüpft, welche auch die latente Wärme der Abluft und allenfalls auch die Abwärme des Duschwassers im Sinne von Pkt. 16.23 erfaßt. Als Beispiel für eine derart weitgehend integrierte Anlage kann das Hallenbad Hartberg/Steiermark (Abb. 102) dienen. Der umbaute Raum beträgt 12 000 m^3 und enthält 2 Schwimmbecken mit 550 m^3 bzw. 100 m^3 Inhalt. Die Zuluftmengen betragen 24 000 m^3/h für die Schwimmhalle und 12 000 m^3/h für die Nebenräume, wobei 6- bis 8facher Luftwechsel vorgesehen ist. Über einen Elektrokessel von 700 kW und zwei parallelgeschaltete Warmwasserspeicher von je 30 m^3 Inhalt wird das gesamte Warmwasserheizungs- und Luftheizungssystem versorgt. Die Entfeuchtung der Hallenluft erfolgt mittels zwei Kompressoren in Wärmepumpenschaltung und die Wärmerückgewinnung durch Regenerativ-Wärmeaustauscher.

Schließlich sei hier noch als eine ausschließlich auf Wärmepumpenbasis arbeitende Anlage, und zwar das Hallenbad in Millstatt/Kärnten zu erwähnen (Abb. 103). Es handelt sich um ein sehr interessantes Objekt, bei dem als Wärmeträger im Sommer das Wasser des Millstätter Sees und im Winter zusätzlich auch das Grundwasser benützt wird. Der Anschlußwert der Wärmepumpenanlage, umfassend sechs Kompressoren in Wärmepumpenschaltung beträgt 143 kW, die praktisch erreichte Leistungsziffer liegt bei 2,8—3,2. Gegenüber einem errechneten jährlichen Wärmebedarf für Heizung, Lüftung und Warmwasserbereitung für das gesamte Objekt von rund 1,3 GWh beträgt der effektive jährliche Stromverbrauch nur 440 000 kWh. Die umbaute Kubatur beläuft sich auf 13 800 m^3, die des Schwimmbeckens beträgt 500 m^3.

Zusammenfassend kann man sagen, daß dieser kurze Überblick die großen Fortschritte der elektrischen Raumheizung auf Speicherbasis, die in den vergangenen zehn Jahren erzielt werden konnten, verdeutlicht, wobei sich, wie die verschiedenen Beispiele zeigen, diese Heizungsart als wesentlicher Schrittmacher für die Realisierung der beiden wichtigsten energiewirtschaftlichen Forderungen auf dem Gebiete der Raumheizung, nämlich bessere Wärmedämmung und Wärmerückgewinnung, bewährt hat. Sicher muß hinsichtlich der weiteren Entwicklung auf die grundsätzlichen Einschränkungen, denen die elektrische Raumheizung auf Speicherbasis nach Pkt. 9 unterliegt, bedacht genommen und die Frage gestellt werden, inwieweit die künftige Entwicklung auch zu direkt elektrisch beheizten Großanlagen führen wird, wie dies im Falle des vielzitierten Beispieles Norwegen die Regel ist.

Zieht man für diese Überlegungen die Ergebnisse des Wirtschaftlichkeits-

Abb. 102. Elektrisch beheiztes Hallenbad Hartberg, Steiermark, mit Wärmerückgewinnung durch Regenerativ-Wärmeaustauscher und Wärmepumpe; Elektrokesselleistung 700 kW, Direktheizung und Wärmepumpe 185 kW (Werkfoto: Witte, Heiztechnik Perger, Wien)

Abb. 103. Elektrisch mittels Wärmepumpe beheiztes Hallenbad in Millstatt, Kärnten; Anschlußwert der Wärmepumpe 143 kW, durchschnittliche Leistungsziffer 2,8 bis 3,2 (Werkfoto: KELAG, Klagenfurt)

vergleiches nach Pkt. 15.4 und Pkt. 15.5 zu Rate, so kann wohl gesagt werden, daß bei konsequenter Weiterentwicklung der erwähnten Methoden zur Verringerung des Heizenergieverbrauches sich zweifellos zusammen mit den niedrigen Anlagekosten der direkten elektrischen Heizung beachtliche Entwicklungschancen ergeben. Die heute sich bereits deutlich abzeichnenden Tendenzen, durch Verlängerung der Nachladezeit, durch Teilspeicherheizung sowie durch Kombination von Speicherheizung mit Direktheizung auch bei Großanlagen zu kleineren Anschlußwerten und besserer Ausnützung zu kommen, kennzeichnen bereits die Methoden, welche für die Konzeption elektrisch beheizter Großanlagen in der Zukunft maßgebend sein werden.

18. Die energiewirtschaftliche Wettbewerbssituation der elektrischen Raumheizung bei der Versorgung von großen Wohnsiedlungen

18.1 Grundsätzliche Bemerkungen zur Wettbewerbssituation der leitungsgebundenen Energieträger und zur Frage der ein- oder mehrschienigen Versorgung

Wie die Ergebnisse von ausgeführten allelektrischen Siedlungen auf Basis von Elektrospeicherheizung nach Pkt. 10.3 und die Untersuchungen über die Gestehungskosten der direkten elektrischen Raumheizung nach Pkt. 13 zeigen, ist vom Standpunkt der Versorgungsnetze der Übergang von der herkömmlichen vollelektrischen Versorgung zur allelektrischen Versorgung mit verhältnismäßig geringen Zuwachskosten möglich. Die Vorstellung, daß der konsequente Ausbau einer allelektrischen Versorgung angesichts ihrer Leistungsintensität überaus hohe Zusatzinvestitionen erfordern würde, kann daher als überholt betrachtet werden. Dadurch gelangt man jedoch zu der Frage, inwieweit vor allem in großen Neubaugebieten eine allelektrische einschienige Versorgung, wobei je nach Aufbringungssituation sowohl Speicherheizung als auch die direkte Raumheizung in Frage kommen oder eine mehrschienige (zweischienige) Versorgung angestrebt werden soll.

Dieser Umstand, zusammen mit der nach Pkt. 2 zu erwartenden künftigen Entwicklung der Fernwärmeversorgung in allgemeinster Form, führt zwangsläufig zur energiewirtschaftlichen Diskussion über die Zweckmäßigkeit der ein- oder mehrschienigen Versorgung in bestehenden bzw. zur Errichtung vorgesehenen großen Wohnsiedlungen bzw. Stadtteilen oder Trabantenstädten. Bis zur Entwicklung der Gas- bzw. elektrischen Raumheizung größeren Umfanges verstand man unter der Problematik der ein- oder mehrschienigen Versorgung lediglich die Frage, ob neben der Deckung des Licht- und Kraftbedarfes durch elektrische Energie der relativ geringe, auf Kochen und Warmwasserbereitung entfallende Anteil des gesamten Wärmeverbrauches der Haushalte ebenfalls durch elektrische Energie oder aber durch Gas bzw. allenfalls die Warmwasserbereitung auch durch Fernheizung aus Fernheizwerken gedeckt werden solle. Die Raumheizung war hingegen mit Ausnahme der erwähnten Fernheizung dezentralen Methoden (lokale Hausheizzentralen oder Einzelofenheizung) vorbehalten und stand daher im Wettbewerb der leitungsgebundenen Energieträger außer Streit. Die Entwicklung vor allem der auf Schwachlastenergie beruhenden elektrischen Raumheizung und die durch das Erdgas bewirkte Renaissance der Gaswirtschaft in Mitteleuropa hat jedoch für beide Energieträger eine neue Wettbewerbssituation geschaffen, durch die sie als Konkurrenz der klassischen Fernheizung auf den Plan treten. Man gelangt dadurch zu einer erweiterten Definition des Begriffes der ein- oder mehrschienigen Versorgung mit mehreren Variationsmöglichkeiten:

Tabelle 51 a. *Möglichkeiten der ein- und mehrschienigen Versorgung*

	Licht u. Kraft gedeckt durch	Kochwärme gedeckt durch	Warmwasserbereitung gedeckt durch	Raumheizung gedeckt durch
Einschienige Versorgung	elektrische Energie	elektrische Energie	elektrische Energie	elektrische Energie
zweischienige Versorgung				
a)	elektrische Energie	elektrische Energie	elektrische Energie	Fernheizung
b)	elektrische Energie	elektrische Energie	Fernheizung	Fernheizung
c)	elektrische Energie	elektrische Energie	Gas	Gas
d)	elektrische Energie	Gas	Gas	Gas
dreischienige Versorgung	elektrische Energie	Gas	Gas	Fernheizung

In bestehenden Versorgungsgebieten, in denen sich schrittweise der Ausbau einer Fernwärmeversorgung auf Basis aller drei in Frage kommenden Energieträger vollzieht, sind die wirtschaftlichen Zusammenhänge in Hinblick auf den vorhandenen Netzbestand schwierig zu überblicken, so daß daraus kaum allgemeingültige Aussagen ableitbar sind und nur durch eine von den lokalen Gegebenheiten ausgehende Koordinierung aller Energieträger optimale wirtschaftliche Ergebnisse erzielt werden können. Hingegen können für die Erschließung neuer Siedlungsgebiete zweifellos in Form von Modellbetrachtungen diese Zusammenhänge klar herausgestellt werden. Im Rahmen einer solchen Betrachtung kann eine konsequente dreischienige Versorgung mit drei Verteilnetzen von vornherein als unwirtschaftlich ausgeschieden werden. Demgegenüber stellt die Frage der ein- oder zweischienigen Versorgung ein Grenzkostenproblem dar, das nur nach Durchrechnung verschiedener Möglichkeiten geklärt werden kann. Eine gesamtheitliche Betrachtung muß sich hierbei mit drei Fragenkomplexen auseinandersetzen:

A. Kosten der Bereitstellung bzw. Erzeugung der erforderlichen Energieträger.

B. Kosten der dazugehörigen Verteilnetze.
C. Kosten und Gestaltung der den einzelnen Energieträgern entsprechenden Heizsysteme bei den Abnehmern.

Ausgehend von den Ergebnissen der Punkte 15.4 und 15.5 kann zur Frage C festgestellt werden, daß die Art des zum Einsatz gelangenden Wärmeenergieträgers eine beträchtliche wirtschaftliche Differenzierung der bei den Abnehmern zur Anwendung gelangenden Raumheizungsanlagen bewirkt. Diese Differenzierung hat vor allem vom Standpunkt des damit verbundenen unterschiedlichen Sekundärenergiebedarfes entsprechende Rückwirkungen auf die Kapazität der auszubauenden Verteilnetze. Daher scheint eine ausschließlich auf die Kosten der Verteilnetze (Pkt. B) abgestellte Betrachtung dieser Problematik nur beschränkt aussagefähig.

18.2 Wirtschaftlichkeitsvergleich zwischen ein- und zweischieniger Versorgung an Hand des Modellfalles einer neuen Satellitenstadt

18.21 Voraussichtliche Energiebereitstellung im Endausbau

Ausgehend von der bereits unter Pkt. 10.4 erwähnten Untersuchung [76], die sich in dieser Art mit dem Problem der ein- bzw. mehrschienigen Versorgung einer im Bau befindlichen Satellitenstadt befaßt, wurde auf Basis der dafür genannten Anlagekosten für die verschiedenen Verteilnetze unter Einbeziehung der aus Pkt. 13 und Pkt. 15 über die Möglichkeiten der direkten elektrischen Raumheizung und über die Wirtschaftlichkeit der verschiedenen Heizungssysteme gewonnenen Ergebnisse das Gesamtproblem behandelt. Es wurde somit, wie die folgende Untersuchung zeigt, die aus der Summe der Anlagekosten von Verteil- und Abnehmeranlagen resultierenden Kosten je Energieeinheit festgestellt und daraus auf Grund der Forderung der Kostengleichheit für alle Varianten der anlegbare Preis für die Energiebereitstellung bzw. Energieerzeugung ermittelt.

Wie in Pkt. 10.3 bereits dargestellt, handelt es sich um eine Satellitenstadt, die im Endausbau 14 400 Wohnungen sowie alle erforderlichen Folgeeinrichtungen, wie Schulen, öffentliche Gebäude usw., umfassen soll. Der Ausbau soll sich auf 20 Jahre mit einer gleichmäßigen Baurate von 700 bis 800 Wohnungen pro Jahr erstrecken. Für die Energieversorgung dieser Stadt wird von folgenden Planungsvarianten ausgegangen (s. Tabelle 51 b, S. 236).

Der gesamte nach DIN 4701 errechnete Wärmeanschlußwert wird nach dem für 1984/85 erreichten Vollausbau die Werte nach Tab. 52 erreichen, wobei dieser Anschlußwert durch den in Abhängigkeit vom Heizsystem gewählten Wärmedämmgrad entsprechend unterschiedlich ist. Gemäß den unter Pkt. 15.4 zu den Abb. 82 und 83 angestellten Überlegungen wurde für die beiden Energieträger Gas und Fernwärme mit dem relativ flacheren Kostenlinienverlauf die Wärmedämmstufe II laut Berechnungsbeispiel für das typische Mehrfamilienhaus bzw. Einfamilienhaus, für die Speicherheizung die Wärmedämmstufe III und für die Direktheizung mit dem steilsten Kostenlinienverlauf

Tabelle 51 b. *Energieanteile nach Verwendungszwecken für die einzelnen Planungsvarianten*

Versorgungsart	Licht, Kraft u. Kleinwärme	Kochwärme	Warmwasserbereitung	Raumheizung
Einschienig				
Variante I a (Speicherheizung) Variante I b (direkte elektrische Heizung)	elektrische Energie 100%	elektrische Energie 100%	elektrische Energie 100%	elektrische Energie 100%
Zweischienig				
Variante II	elektrische Energie 100%	Erdgas 100%	Erdgas 100%	Erdgas 100%
Variante III	elektrische Energie 100%	elektrische Energie 100%	elektrische Energie 100%	Fernheizung 100%

die Wärmedämmstufe IV zugrunde gelegt. Danach gelangt man zu den in Tab. 52 ersichtlichen nach erreichtem Endausbau der gesamten Stadt zu erwartenden Wärmeanschlußwerten:

Tabelle 52. *Zu erwartender Wärmeanschlußwert nach erreichtem Endausbau in Abhängigkeit vom Grad der Wärmedämmung*

Wärmedämmstufe	Einfamilienhäuser (vorwiegend Reihenhäuser) (2 640 Einheiten) Gcal/h	Wohnungen in Mehrfamilienhäusern (11 800 Einheiten) Gcal/h	Folgeeinrichtungen Gcal/h	Summe Gcal/h
II	41,0	70,0	14,0	125,0
III	33,0	61,0	12,0	106,0
IV	23,2	46,0	10,0	81,2

Ergänzend zu der Wahl dieser Wärmedämmstufen für die einzelnen Energieträger bzw. Heizsysteme ist auf den Zusammenhang mit der Auslegung der Wärmeverteilnetze hinzuweisen. Die zusätzliche Wärmedämmung beeinflußt zwar erheblich den Umfang der Energiebereitstellung und verbessert das Verhältnis zwischen jahreskonstanter Energielieferung (Licht, Kraft, Kochen und Warmwasserbereitung) und dem jahresinkonstanten Heizwärmebedarf. Allerdings wirkt sich dieser Vorteil in erster Linie zugunsten der Mehrkosten des allelektrischen Verteilnetzes gegenüber dem Verteilnetz für eine teilelektrische oder vollelektrische Versorgung aus, da es sich grundsätzlich zunächst darum handelt, die mehrfache Übertragungskapazität gegenüber der teilelektrischen Versorgung bereitzustellen. Damit beeinflußt eine Reduktion des Wärmebedarfes z. B. um 20—35% (siehe Tab. 52) die Netzauslegung viel stärker als bei den von vornherein als Wärmeverteilnetz ausgebildeten Gas- oder Fernwärmenetzen, bei denen eine stärkere Netzauslegung zur etwa 20prozentigen Erhöhung der zu übertragenden Energiemengen durch die Degression der Netzkosten praktisch kompensiert wird.

Die nach Errichtung des Endausbaues erforderliche Energiebereitstellung loko Abnehmer bzw. loko Netzeinspeisung und den präliminierten Energieumsatz der einzelnen Energieträger basierend wieder auf den Nutzungsgraden nach Pkt. 3.2 und einer Benutzungsdauer des Q_h-Wertes von 1200 h/a zeigt Tab. 53.

Tabelle 53

a) Gesamte Energiebereitstellung loko Hausanschluß nach Endausbau nach Energieträgern (einschließlich Folgeeinrichtungen)

	Elektrische Energie		Gas		Fernheizung	
	gesamter Verbrauch GWh/a	Verbr. je Abn. MWh/a	gesamter Verbrauch Tcal/a	Verbr. je Abn. Gcal/a	gesamter Verbrauch Tcal/a	Verbr. je Abn. Gcal/a
Variante I a (Speicherheizung)	226	15,7	—	—	—	—
Variante I b (direkte elektrische Raumheizung)	186	13,0	—	—	—	—
Variante II (Gasvollversorgung)	21	1,4	356	15,0	—	—
Variante III (Fernheizung mit Warmwasser)	70	4,6	—	—	188	13,0

b) Gesamte jährliche Energiebereitstellung loko Hausanschluß nach Verwendungsart

	Wärmeanschlußwert Gcal/h	Heizwärme	Wärme für Kochen u. Warmwasserbereitung	Beleuchtung, Kraft und Sonstiges
Variante I a (Speicherheizung)	106,0	156 GWh	49 GWh	21 GWh
Variante I b (direkte elektrische Raumheizung)	81,2	116 GWh	49 GWh	21 GWh
Variante II (Gas-Vollversorgung)	125,0	290 Tcal	66 Tcal	21 GWh
Variante III (Fernheizung mit Warmwasser)	125,0	188 Tcal	49 GWh	21 GWh

18.22 Konzeption und Kosten der Verteilnetze

Für die Variante I a (allelektrisch mit Speicherheizung) wurde die Netzkonzeption bereits unter Pkt. 10.4 beschrieben. Für die Variante I b (direkte elektrische Heizung) wurde eine in Hinblick auf den geringeren Leistungsbedarf vereinfachte 110-kV-Lösung zugrunde gelegt, wobei deren spezifische Kosten in Anlehnung an die Untersuchungen nach Pkt. 11 und 13 zwischen den Kosten der teilelektrischen und der Speicherheizungsvariante liegen. Bei beiden Varianten wurden Kostenanteile für eine 220/110-kV-Umspannung nicht berücksichtigt; sie werden hinsichtlich der Variante I b den Kosten der Energieaufbringung bzw. -zubringung zugeordnet, bei der Variante I a entfallen sie im Sinne der Annahme, wonach im vorgelagerten 220/110-kV-Umspannwerk ausreichende Übertragungskapazität während der Schwachlastzeit zur Verfügung steht.

Bei den Varianten II und III gelangt für die elektrische Energie das gleiche Verteilnetz nach Abb. 53 zur Anwendung. Für die zugehörige Gasversorgung ist als Anspeisung eine 7 km lange Hochdruckleitung ab einer bestehenden Hochdruckleitung bis zur Hauptübergabestelle angenommen, von wo aus die Verteilung mittels eines modernen Mitteldrucknetzes erfolgen könnte.

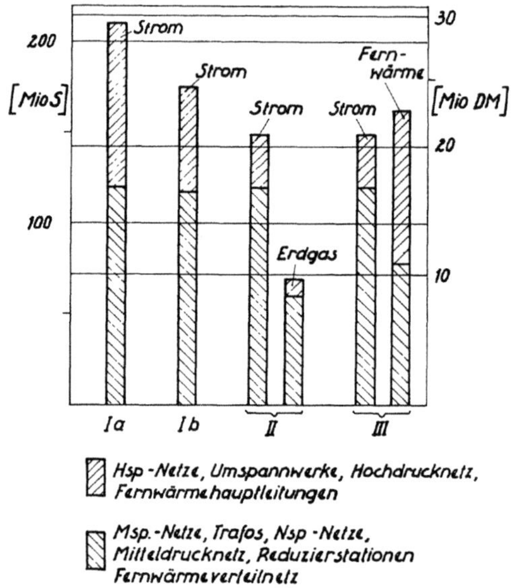

Abb. 104. Präliminierte Anlagekosten für die einzelnen Versorgungsnetzvarianten einer Satellitenstadt

Für die Fernheizung wurde ein Heizwerk angenommen, das über zwei Hauptleitungspaare, von denen die nachgeordneten Verteilleitungen abzweigen, getrennt das nördliche bzw. das südliche Stadtgebiet beliefern würde. Eine Ringverbindung ist nicht vorgesehen.

Der gesamte Netzausbau soll unter weitgehender Anpassung an den Baufortschritt der Stadt in entsprechenden Etappen erfolgen, wobei die gesamten Netzinvestitionen nach vollzogenem Endausbau für die einzelnen Varianten bezogen auf Preisbasis 1973 die Beträge nach Abb. 104 erreichen.

Den sich über 20 Jahre erstreckenden Investitionsplan für die Verteilnetze zeigt Abb. 105.

18.23 Wirtschaftlichkeitsvergleich der einzelnen Versorgungsnetzvarianten

Um angesichts der unterschiedlichen Investitionsstufen, die zum Teil beachtliche Vorfinanzierungen bedingen, zu vergleichbaren Werten zu gelangen, wurde zur Ermittlung der spezifischen Verteilkosten eine Barwertrechnung der gesamten Ausgaben und eine Diskontierung des zu erwartenden Energieverbrauches auf den Zeitpunkt des Baubeginnes durchgeführt. Für die Dauer des Betrachtungszeitraumes dieser Barwertrechnung wurde von der Annahme ausgegangen, daß dessen Ende dann gegeben ist, wenn der Buchrestwert der jeweils zuletzt errichteten Anlage gleich Null geworden ist. Dies ist bei allen zu betrachtenden Netzalternativen 20 Jahre nach Ende der Bauzeit erreicht, so daß sich ein Betrachtungszeitraum von 40 Jahren ergibt. Weiters wurde angenommen, daß die wirtschaftliche Nutzungsdauer auch der zuerst errich-

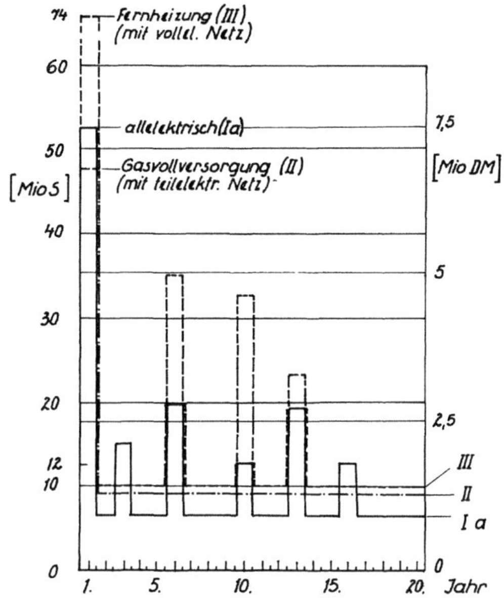

Abb. 105. Investitionsplan für die verschiedenen Versorgungsnetzvarianten

teten Anlagen über den Abschreibungszeitraum hinausgeht, so daß keine Ersatzinvestitionen vorgenommen zu werden brauchen. Diese Annahme scheint für das ausschließlich aus Kabeln bestehende elektrische Verteilnetz und auch für das Gasverteilnetz mit großer Sicherheit gegeben, um so mehr, als es sich hier um ein genau vorausgeplantes Netz handelt, welches keine nachträglichen Erweiterungen erfordert. Problematischer ist die gegenständliche Annahme jedoch nach den vorliegenden Erfahrungen für den Bereich der Fernwärmeversorgung. Aus diesem Grunde wurde der Aufwand für Betrieb und Instandhaltung bei den Netzen für Elektrizität und Gas mit 2% und für das Fernwärmenetz mit 3% des Anschaffungswertes in Ansatz gebracht. Im übrigen wirken sich Fehleinschätzungen der Nutzungsdauer von langfristigen Wirtschaftsgütern bei der Barwertermittlung infolge der Abzinsung nur schwach auf das Ergebnis aus. Für die Zähleinrichtungen werden für Betrieb und Instandhaltung einheitlich 3% des Anschaffungswertes gerechnet, die kalkulatorischen Zinsen werden mit 6,5% p. a. in Ansatz gebracht.

Für die Verbrauchsentwicklung wurde entsprechend der vorgesehenen konstanten jährlichen Baurate ein linearer Anstieg errechnet, derart, daß nach

20 Jahren die Verbrauchswerte laut Tab. 53 erreicht sind und danach konstant bleiben. Nach Maßgabe des Investitionsplanes laut Abb. 105 errechnen sich für die einzelnen Netzvarianten die folgenden Barwerte der Ausgaben und spezifischen Netzkosten je übertragener Energieeinheit (Tab. 54).

Tabelle 54. *Ergebnisse der Barwertermittlung der gesamten Ausgaben für die Netzvarianten I a bis III (Peisbasis 1973)*

	Variante I a (Speicherheizung)		Variante I b (direkte elektrische Raumheizung)	
Energieverbrauch pro Jahr nach erreichtem Endausbau	226 GWh		186 GWh	
Barwert des aufsummierten Verbrauches	1 750 GWh		1 400 GWh	
	Mio. öS	Mio. DM	Mio. öS	Mio. DM
Investitionsausgaben (Barwert)	146,0	20,3	119,0	16,6
Betrieb, Instandhaltung, Verwaltung, Steuern (Barwert)	66,0	9,2	54,0	7,5
Barwert d. gesamten Ausgaben	212,0	29,5	173,0	24,0
spezifische Netzkosten	12,1 g/kWh	1,68 Pf/kWh	12,4 g/kWh	1,7 Pf/kWh

	Variante II (Gasvollversorgung)			
	Strom		Gas	
Energieverbrauch pro Jahr nach erreichtem Endausbau	21 GWh		356 Tcal	
Barwert des aufsummierten Energieverbrauches	162 GWh		2 720 Tcal	
	Mio. öS	Mio. DM	Mio. öS	Mio. DM
Investitionsausgaben (Barwert)	96,0	13,3	48,0	3,5
Betrieb, Instandhaltung, Verwaltung, Steuern (Barwert)	42,0	5,8	20,0	2,8
Barwert d. gesamten Ausgaben	138,0	19,2	68,0	9,5
spezifische Netzkosten	85,0 g/kWh	6,1 Pf/kWh	2,5 g/Mcal	0,35 Pf/kWh

	Variante III (Fernwärmeversorgung)			
	Strom		Fernwärme	
Energieverbrauch pro Jahr nach erreichtem Endausbau	70 GWh		188 Tcal	
Barwert des aufsummierten Energieverbrauches	525 GWh		1 440 Tcal	
	Mio. öS	Mio. DM	Mio. öS	Mio. DM
Investitionsausgaben (Barwert)	96,0	13,3	101,0	14,0
Betrieb, Instandhaltung, Verwaltung, Steuern (Barwert)	42,0	5,8	58,0	4,2
Barwert d. gesamten Ausgaben	138,0	19,2	159,0	22,1
spezifische Netzkosten	26,1 g/kWh	6,1 Pf/kWh	11,0 g/Mcal	1,5 Pf/kWh

Vom Standpunkt der Netzkosten erweist sich somit die Variante I b am billigsten. Die Kosten der Varianten I a und II sind nahezu gleich groß, obwohl das Gasverteilnetz sich durch außerordentlich niedrige Anlagekosten auszeichnet; durch die Kosten des dazu erforderlichen teilelektrischen Netzes wird dieser Vorteil jedoch praktisch ausgeglichen. Im übrigen ist zum Gasverteilnetz festzustellen, daß dessen niedrige Kosten auf den hier zugrunde gelegten modernen Verlegungsmethoden bei Verwendung von Kunststoffrohren mit Klebemuffen beruhen, wodurch die Anlagekosten durchschnittlicher Niederdruck- und Mitteldrucknetze wesentlich unterschritten werden [103]. Am teuersten erweist sich die Variante III, obwohl im vorliegenden Fall einer neuen Siedlung für die Anlage der Fernheizleitungen die denkbar günstigsten Bedingungen bestehen [104].

18.24 Spezifische Zuwachskosten der einzelnen Netzvarianten für die Bereitstellung von Heizenergie

Versucht man nun, die speziellen, der Versorgung mit Heizwärme zuzuordnenden Kostenanteile dieser vier Netzvarianten zu ermitteln, so ist davon auszugehen, daß das Netz für die teilelektrische Versorgung eine konstante Größe innerhalb des gesamten Wirtschaftlichkeitsvergleiches darstellt, da die Netzauslegung im Sinne von Pkt. 10.1 davon unabhängig ist, ob nur eine Versorgung mit Licht und verschiedenen Großgeräten oder auch für Kochen und Warmwasserbereitung erfolgt. Eine schlechtere Ausnützung dieses Netzes durch Deckung des Energiebedarfes für Kochen und Warmwasserbereitung durch andere Energieträger bringt lediglich für diese eine Verbesserung der Wirtschaftlichkeit zu Lasten des teilelektrischen Netzes. Subtrahiert man somit von den gesamten Barwerten der einzelnen Netzvarianten die Kosten des teilelektrischen Netzes, so sind die verbleibenden Kostenanteile ausschließlich den Übertragungskosten für die Heizenergie zuzuordnen. Man erhält danach folgende anteilige Netzkosten (Zuwachskosten) je übertragener Energieeinheit für die Heizung.

Variante	I a	I b	II	III
Spezifische Zuwachskosten je übertragener Energieeinheit	6,1 g/kWh	3,6 g/kWh	3,35 g/Mcal	11,0 g/Mcal
für die Heizung	0,85 Pf/kWh	0,5 Pf/kWh	0,46 Pf/Mcal	1,5 Pf/Mcal

Für das Gasverteilnetz sind die Kosten höher als die Durchschnittskosten, weil die Energie für Kochen und Warmwasserbereitung dem elektrischen Netz zugeordnet ist.

Bedeutungsvoll scheint dieses Ergebnis für die Feststellung, daß die Netzkosten für die zu übertragende Heizenergie bei allen Varianten sehr niedrig liegen. Es ist jedoch zu beachten, daß diese spezifischen Netzkosten verschiedene Energiemengen zur Grundlage haben. Im Sinne der getroffenen Voraussetzungen sind gemäß Tab. 53 durch das Zusammenwirken von Nutzungsgrad und unterschiedlicher zusätzlicher Wärmedämmung relativ ausgedrückt bei

Gas 100%, bei Fernwärme 65%, bei Speicherheizung 46% und bei direkter elektrischer Heizung 35% an Heizenergie zu übertragen. Es ist daher noch ein absoluter Kostenvergleich, wie er in Pkt. 18.25 durchgeführt wird, erforderlich.

18.25 Gesamtkosten für Heizanlagen, Verteilnetze und Energiebereitstellung; Ermittlung der anlegbaren Preise für die Energiebereitstellung

Als Basis für die Ermittlung der anlegbaren Preise für die Energiebereitstellung bzw. Energieerzeugung wurde nun die Summe aus den anteiligen Kosten der Verteilnetze und den entsprechenden spezifischen Kosten der Heizungsanlage bei den Abnehmern gebildet. Da der Ausbau der Heizungsanlagen bei den Abnehmern parallel zum linearen Baufortschritt erfolgt und somit keine Vorfinanzierungen benötigt werden, ist die Durchführung einer Barwertrechnung, wie bei den Netzkosten, nicht erforderlich. Es kann daher eine annuitätische Kostenberechnung auf Basis der aus den Abb. 82, 83 und 86 ersichtlichen spezifischen Anlagekosten (siehe Pkt. 15.41 und 15.51) erfolgen.

Fußend auf den Werten des gesamten jährlichen Heizwärmeverbrauches nach Tab. 53 erhält man zunächst den durchschnittlichen Heizenergieverbrauch je Anlage und unter Verwendung der Werte nach Pkt. 18.24 die diesem Energieverbrauch zuzuordnenden anteiligen Netzkosten. Diesem Netzkostenanteil ist jedoch die in den festen Jahreskosten der Heizungsanlage enthaltene Verzinsung der Anschlußkosten gegenüberzustellen. Nach Pkt. 15.4 und 15.5 wurden bekanntlich bei der Berechnung der Anlagekosten der einzelnen Heizsysteme, soweit es sich um eine Versorgung durch leitungsgebundene Energieträger handelt, Anschlußkostenbeiträge berücksichtigt. Die entsprechenden Ziffern sind aus Zeile 3 der Tab. 55 zu ersehen und zeigen, daß bei den getroffenen Annahmen über die Höhe der spezifischen Anschlußkosten (siehe Pkt. 15.4) die anteiligen Netzkosten durch die Verzinsung der Anschlußkostenbeiträge zum Teil sogar überkompensiert werden.

Ausgehend von der laut Tab. 52 gegebenen Mischung von Mehrfamilien- und Einfamilienhäusern wurden mit den spezifischen Anlagekosten der einzelnen Heizsysteme nach Pkt. 15.4 und 15.5 (für Gas- und Fernheizung Wärmedämmfall II, für Speicherheizung Wärmedämmfall III, für direkte elektrische Raumheizung Wärmedämmfall IV) die mittleren Anlagekosten der Heizungsanlage pro Haushalt für die verschiedenen Versorgungsvarianten und unter Verwendung der Ansätze für den Kapitaldienst nach Pkt. 15.4 die festen mittleren Jahreskosten errechnet. Ergänzt um die spezifischen Kosten für die Instandhaltung, Reparatur und Wartung ergeben sich die in Zeile 4 der Tab. 55 ausgewiesenen Werte für die gesamten Jahreskosten der Heizungsanlage einschließlich Nebenkosten.

Aus Zeile 5 erhält man letztlich die gesamten mittleren Jahreskosten pro Heizungsanlage ohne Energiekosten.

Von den so errechneten spezifischen Jahreskosten (ohne Energiekosten) ausgehend, kann der anlegbare Preis für die Energiebereitstellung loko Abnehmer bzw. loko Netzeinspeisestelle (ab 110-kV-Sammelschiene, ab Gashochdruckleitung, ab Fernheizwerk) ermittelt werden, wobei von der Forderung ausgegangen wird, daß für alle Varianten die Summe aus festen Jahreskosten, Nebenkosten und Energiekosten gleich hoch sein soll. Als Bezugswert dient für diese Betrachtung der Preis für elektrische Schwachlastenergie laut Tab. 41 von 42 g/kWh bzw. 5,8 Pf/kWh. Zur Berücksichtigung der Übertragungsverluste in den Verteilnetzen wurden die spezifischen Verbrauchswerte loko Abnehmeranlage bei der Ermittlung der nötigen Energiebereitstellung an der Netzeinspeisestelle entsprechend erhöht.

Tabelle 55. *Ermittlung der äquivalenten Heizenergiepreise aus dem Vergleich der gesamten spezifischen mittleren Jahreskosten der einzelnen Heizsysteme*

Zeile	Variante	I a	I b	II	III
1	Mittlerer jährlicher Heizenergieverbrauch pro Haushalt	9,7 MWh	7,2 MWh	17,8 Mcal	11,7 Mcal
2	Spezifischer Netzkostenanteil (Jahreskosten) [öS/a]	595,—	260,—	595,—	1 290,—
3	Verzinsung der Anschlußkostenbeiträge [öS/a]	690,—	430,—	410,—	630,—
4	Mittlere feste Jahreskosten pro Heizungsanlage einschl. Nebenkosten [öS/a]	3 450,—	2 290,—	3 220,—	2 510,—
5	Gesamte mittlere Jahreskosten einschließlich Netzkosten, jedoch ohne Energiekosten [öS/a]	3 355,—	2 120,—	3 395,—	3 170,—
6	Jährliche Energiekosten [öS/a]	4 050,—	5 285,—	4 010,—	4 235,—
7	Gesamte Jahreskosten (bei geforderter Kostengleichheit) [öS/a]	7 405,—	7 405,—	7 405,—	7 405,—
8	Äquivalente spezifische Energiepreise loko Abnehmer	42 g/kWh 5,8 Pf/kWh	73 g/kWh 10 Pf/kWh	22,5 g/Mcal 3,12 Pf/Mcal	36,2 g/Mcal 5,0 Pf/Mcal
9	Äquivalente spezifische Energiepreise loko Netzeinspeisestelle	32,9 g/kWh 4,6 Pf/kWh	64,4 g/kWh 9,0 Pf/kWh	17,75 g/Mcal 2,4 Pf/Mcal	22,6 g/Mcal 3,15 Pf/Mcal

Unter Berücksichtigung dieser geforderten Kostengleichheit für alle Varianten erhält man durch Rückrechnung die äquivalenten Energiepreise pro Energieeinheit loko Abnehmeranlage laut Zeile 8 der Tab. 55. Nach Abzug der Übertragungsverluste und der spezifischen Netzkostenanteile erhält man die äquivalenten Energiepreise loko Netzeinspeisestelle nach Zeile 9.

Grundsätzlich zeigen sich für alle Varianten als natürliche Konsequenz der hohen Verbrauchswerte sehr niedrige Kosten für die Energieverteilung. Hierbei ist zu beachten, daß es sich bei den Varianten I a und I b um die Zuwachskosten gegenüber dem vollelektrischen Netz handelt, während die Netzkosten der Varianten II und III den vollen Netzkosten entsprechen. Hervorzuheben ist weiters der große Einfluß der sehr unterschiedlichen Kosten der Abnehmeranlagen auf die Gesamtkosten bzw. auf die anlegbaren Energiepreise.

Untersucht man die Äquivalenzpreise nach Zeile 9 der Tab. 55 auf ihre Realisierbarkeit, so zeigt sich sofort, daß hier bei den Varianten I b und III ein beträchtlicher Spielraum gegenüber den tatsächlich zu erwartenden Bereitstellungskosten besteht. Eine konkrete Betrachtung ergibt:

a) Speicherheizung:

Für die Speicherheizung hängt das Ergebnis dieser Untersuchung außerordentlich stark vom Wärmepreis der für die Stromerzeugung eingesetzten Energieträger ab. Der zulässige Äquivalenzpreis nach Tab. 55, Zeile 9, von 32,9 g/kWh ist zwar bei Stromerzeugung vor allem auf Braunkohlenbasis leicht zu unterschreiten, dagegen bei Erzeugung auf Heizölbasis kaum zu halten. Anders liegen die Verhältnisse, wenn man wenigstens zum Teil Kernenergiestrom für die Schwachlastenergie bereitstellen kann.

b) Direkte elektrische Raumheizung:

Die niedrigen Kosten für die Heizungsanlage und die niedrigen Zuwachskosten schaffen gegenüber den anlegbaren Erzeugungskosten einen breiten Spielraum. Legt man die mittleren Erzeugungskosten nach Pkt. 13 für die direkte elektrische Raumheizung zwischen 38 g bis 45 g/kWh (nach Tab. 37) zugrunde, zuzüglich etwa 5 g bis 6 g/kWh für das vorgelagerte 220/110-kV-Umspannwerk und das 220-kV-Netz, zusammen somit etwa 50 g/kWh, so ergibt sich ein beträchtlicher Abstand gegenüber dem anlegbaren Preis nach Zeile 9.

c) Fernheizung:

Wesentlich komplexer ist die Frage bei der Fernheizung im engeren Sinne, da hier die Kosten eines eigenen Heizwerkes zu ermitteln sind. Dazu können als Anhaltspunkt die aus Tab. 56 ersichtlichen Angaben nach [103] dienen, welche auf Preisbasis 1973 mit dem Faktor 1,25 hinsichtlich der Anlagekosten aufgewertet bzw. hinsichtlich der Energiekosten entsprechend angepaßt wurden.

Bei einem Wärmeanschlußwert des betrachteten Netzes von 125 Gcal/h wäre somit ein Heizwerk für rund 130 Gcal/h nötig, dessen Gestehungskosten verglichen mit den Werten der Tab. 56 zwar unter 26 g/Mcal liegen können, aber den geforderten Äquivalenzpreis von 22,6 g/Mcal nur schwer erreichen dürfte. Vorausgesetzt ist bei diesen Erzeugungskosten, wie ersichtlich, ein Wärmepreis von 140,— öS/Gcal bzw. rund 20,— DM/Gcal für Heizöl schwer.

d) Heizung mit Erdgas:

Für diesen Fall läßt sich am schwierigsten feststellen, inwieweit die geforderten maximalen Bereitstellungskosten für Erdgas von 17,75 g/Mcal einge-

Tabelle 56. *Kosten der Fernwärmelieferung aus Fernheizwerken bzw. Fernheizkraftwerken* [105]

		Fernheizwerke			Gegendruckheizkraftwerke (50% Ausbau von Q_h mit Heizkraftkupplung)		
Wärmeanschlußwert Q_h	Gcal/h	25	50	100	50	100	150
Baukosten	Mio. öS	20,0	33,4	60,0	33,5	60,0	86,0
Kraftwerksteil	Mio. öS	—	—	—	70,0	146,0	210,0
feste Jahreskosten (Abschreibung, Verzinsung, Betrieb und Instandhaltung)		18%	17,4%	16,4%	16%	16%	16%
feste Jahreskosten Heizungsteil	Mio. öS	—	—	—	10,8	23,5	33,6
feste Jahreskosten Kraftwerk	Mio. öS	3,61	5,8	9,8	5,3	9,6	13,7
Wärmeabgabe	Tcal/a	40,4	80,9	161,7	80,9	161,7	242,6
Brennstoffkosten für Wärmeabgabe (140,— öS/Gcal) und sonstige Betriebsmittel (Wasser und Strom 24,— öS/Gcal)	Mio. öS	8,6	16,2	32,5	16,1	32,5	48,5
ges. Jahreskosten d. Fernwärmelieferung ab Werk	Mio. öS	12,2	22,0	42,3	21,4	42,1	62,2
spezifische Erzeugungskosten je Mcal	g/Mcal	29,0	27,0	26,1	26,5	26,0	25,7
	Pf/Mcal	4,04	3,76	3,64	3,68	3,68	3,58

halten werden können, da die Gestaltung der Erdgaspreise vor allem in Hinblick auf die Zukunft ziemlich unübersichtlich ist und vor allem die Tendenz zu einer Angleichung an den Preis für Heizöl schwer in erster Linie für die Preishöhe bestimmend sein wird. Da der angegebene Wärmepreis jedoch bereits etwas über dem Wärmepreis des Heizöles schwer liegt, kann man daraus schließen, daß gegenüber den effektiv berechneten Erdgaspreisen ein gewisser Abstand besteht, der die Wirtschaftlichkeit der Erdgasversorgung im vorliegenden Fall gewährleistet.

18.3 Folgerungen für die Problematik der ein- oder zweischienigen Versorgung

Das Ergebnis dieser Untersuchung zeigt, daß gesamtheitlich betrachtet jede der vier Versorgungsvarianten zu wirtschaftlichen Bedingungen realisierbar ist, wobei jedoch hinsichtlich der Fernheizung hier ein gewisser Vorbehalt angebracht ist. Es ergibt sich jedoch eine beachtliche Differenzierung der Wirtschaftlichkeit, wobei es vor allem bemerkenswert erscheint, daß die direkte elektrische Heizung ein sehr günstiges Ergebnis zeigt, gefolgt von der Erdgas-Vollversorgung und der Speicherheizung, während die Fernheizung an letzter Stelle steht. Zu diesen Erkenntnissen trägt die summarische Betrachtung der drei Hauptkostengruppen (Energiebereitstellung, Energieverteilung und Abnehmeranlagen) wesentlich bei, da hierdurch die niedrigeren Kosten der Abnehmeranlagen ausgleichend für die höheren Erzeugungskosten bei der direkten elektrischen Heizung bzw. bei den höheren Netzkosten der Fernheizung wirksam werden.

Diese Feststellung scheint besonders für die Fernheizung wichtig. Kann nämlich dieser Kostenausgleich nicht erfolgen, wie dies bei der Erschließung von bestehenden Siedlungsgebieten, in denen sich lokale Hausheizzentralen befinden, der Fall ist, so muß eine Fernheizung zwangsläufig höhere Kosten verursachen, als sie die bestehenden Warmwasserzentralheizungsanlagen bisher verursacht haben. Abgesehen von diesen Zusammenhängen bleibt für die Fernheizung der wirtschaftliche Nachteil der langen Anlaufzeit eines Fernheizwerkes mit der daraus resultierenden höheren Kapitaldienstbelastung gegenüber den anderen Energieträgern bestehen.

Bedeutungsvoll scheint ferner die deutlich zu erkennende, günstige Wettbewerbssituation der Erdgasversorgung.

Als bemerkenswertestes Ergebnis muß aber hervorgehoben werden, daß der Nachweis erbracht werden konnte, wonach die Versorgung einer großen Satellitenstadt mit direkter elektrischer Raumheizung eine durchaus reale wirtschaftliche Alternative bildet.

Bei dieser Sachlage kann somit festgestellt werden, daß bei den zugrunde gelegten Preisrelationen die untersuchten Versorgungsvarianten, wenn man die mögliche Genauigkeit in Betracht zieht, mit der alle Kostenelemente erfaßt werden können, im wesentlichen gleichwertig sind. Konkrete Entscheidungen hinsichtlich der Frage der ein- oder zweischienigen Versorgung im Einzelfall können daher nur bei möglichst exakter Erfassung und Berücksichtigung aller lokalen Gegebenheiten, wobei die Frage der Siedlungs- bzw. Wärmedichte und der jeweils gegebenen Kosten der Energieaufbringung die entscheidenden Faktoren bilden, getroffen werden. Eine weitere Verschiebung zugunsten der allelektrischen Versorgung ist von einem stärkeren Einsatz der Kernenergie für die Stromerzeugung zu erwarten.

18.4 Kombination von direkter elektrischer Heizung mit Fernheizung

Wie die Werte der Tab. 56 zeigen, unterliegen die spezifischen Anlagekosten von Fernheizwerken bzw. Fernheizkraftwerken einer beachtlichen Kostendegression mit steigender Leistung.

Andererseits zeigen aber die Ergebnisse nach Pkt. 18.24 bzw. Pkt. 13.2, daß die Netzzuwachskosten zwischen einem Verteilnetz für vollelektrische Versorgung und für allelektrische Versorgung sehr niedrig liegen, ganz abgesehen von der Kostendegression des elektrischen Netzes mit steigender Belastungsdichte an sich. Versucht man daher abzuschätzen, bei welcher Wärmedichte sich für die allelektrische Versorgung auf Basis einer direkten Raumheizung von der Netzseite her wirtschaftliche Grenzen gegenüber einer zweischienigen Versorgung mit elektrischer Energie und Fernwärme ergeben können, so ergibt sich zunächst aus dem vorliegenden Modellfall, daß die Zuwachskosten, die sich aus dem Vergleich zwischen dem vollelektrischen und dem allelektrischen Netz für die direkte elektrische Heizung errechnen, aus der Sicht der Energieverteilung wirtschaftlich äquivalent mit den Kosten des Fernwärmenetzes sind, wobei die Kosten des Höchstspannungsnetzes (220 kV und 380 kV) der Energiebereitstellung zuzurechnen sind.

Andererseits kann auf die der Tab. 35, Pkt. 13, zugrunde liegenden Überlegungen für die Kosten allelektrischer Netze bei hohen Wärmedichten zurückgegriffen werden. Das allelektrische Netz für die Speicherheizung (Variante I a des Wulfener Modells) wäre bei Annahme einer Versorgung mit direkter elektrischer Heizung durch die damit verbundene Herabsetzung der Leistungs-

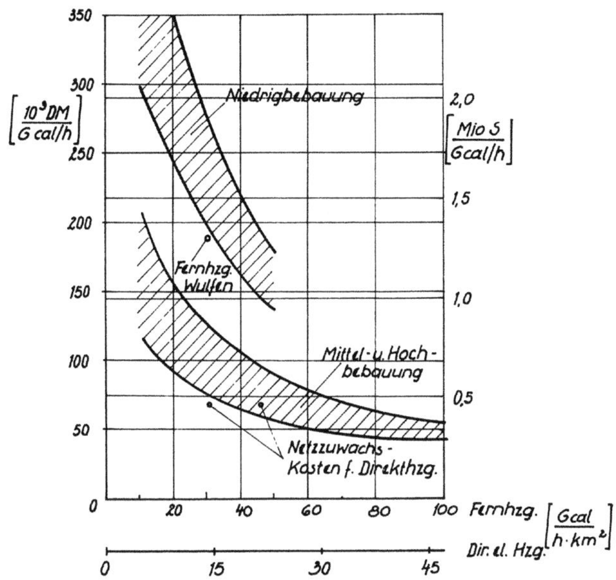

Abb. 106. Spezifische Anlagekosten von Fernwärmeverteilnetzen verglichen mit den spezifischen Netzzuwachskosten bei Versorgung mit direkter elektrischer Heizung

bereitstellung von 12 kW auf 7—8 kW/Abnehmer geeignet, bei gleicher Netzkonzeption um 50% mehr Abnehmer entsprechend einer stärkeren (mehrgeschossigen) Verbauung zu versorgen, womit bei gleichbleibender Hausanschlußzahl die Abnahme bzw. Wärmedichte auf das 1,5fache steigen würde. Somit bestimmen die Netzzuwachskosten, die sich aus der Differenz des Speicherheizungsnetzes nach Variante I a und den Kosten des Netzes für die vollelektrische Versorgung ergeben, die Netzzuwachskosten eines allelektrischen Netzes für direkte elektrische Beheizung eines Gebietes mit 1,5facher Wärmedichte. Über die spezifischen Anlagekosten von Fernwärmeverteilnetzen mit Warmwasser gibt Abb. 106 in Abhängigkeit von der Wärmedichte einen Überblick. Ermittelt man die effektiven Werte, die sich aus dem gegenständlichen Modellfall für das Fernheiznetz einerseits und für die Netzzuwachskosten der direkten elektrischen Heizung für die beiden Fälle (einfache und 1,5fache Wärmedichte) im Sinne der vorhergehenden Überlegung ergeben, so erhält man die Werte lt. Tab. 57. Dabei war es aber für den Vergleich notwendig, für die direkte elektrische Heizung eine äquivalente Wärmedichte zu definieren, die dem Umstand Rechnung trägt, daß gemäß den getroffenen Voraussetzungen (höhere Wärmedämmung und höherer Nutzungsgrad gemäß Tab. 53) bei der Elektrodirektheizung nur 55% des Wärmebedarfes gegenüber der Fernwärme mit Warmwasser zu übertragen sind. Dem hier möglichen Einwand, daß damit Netzinvestitionen für verschiedene Transportmengen verglichen werden, sind die grundsätzlichen Bemerkungen unter Pkt. 18.2 entgegenzuhalten, wonach eine Reduktion des Wärmebedarfes durch zusätzliche Wärmedämmung die für Heizzwecke nötige stärkere Auslegung des elektrischen Verteilnetzes wesentlich stärker beeinflußt als die Auslegung des Fernwärmenetzes, wo eine stärkere Dimensionierung zur Übertragung einer um etwa 20% höheren Wärmemenge durch die Netzkostendegression faktisch kompensiert wird.

Bei der folgenden Netzkostengegenüberstellung werden die Werte für den aus der vorhergehenden Untersuchung (siehe Abb. 104 und Tab. 53 b) abgeleiteten Modellfall für die einfache und 1,5fache Wärmedichte miteinander verglichen, wobei zu beachten ist, daß für die Fernheizung die Vollkosten des Verteilnetzes, für die Elektrodirektheizung die Zuwachskosten gegenüber einem Netz für vollelektrische Versorgung (also ohne Elektroheizung) gegenübergestellt werden. Diese Zuwachskosten umfassen die Mehrkosten für das gesamte Verteilnetz ab 110-kV-Schiene des vorgelagerten 220/110-kV-Umspannwerkes.

Um den Vergleich auf eine etwas breitere Basis zu stellen, insbesondere im Hinblick auf die Kosten für die vorgelagerten 380-kV- bzw. 220-kV-Übertragungseinrichtungen bei der Elektrodirektheizung und auf die Konzepte für eine Übertragung von nuklearer Fernwärme über größere Entfernungen, wurden in die Tab. 57 auch noch einige Richtwerte [107] für die daraus resultierenden spezifischen Kosten aufgenommen.

Die spezifischen Verteilkosten für die Fernheizung stimmen gut mit entsprechend aufgewerteten Angaben nach [104] überein (Aufwertungsfaktor 1,25), wonach etwa mit folgenden spezifischen Netzkosten gerechnet werden kann:

Wärmedichte	$\frac{\text{Gcal}}{\text{km}^2 \cdot \text{h}}$	25	50	100
Spezifische Netzkosten	$\frac{\text{Mio DM}}{\text{Gcal/h}}$	0,17	0,13	0,10

Die Werte für die Fernübertragung bei der Elektroheizung (380-kV- bzw. 220-kV-Leitungen und Umspannwerke) wurden aus den spezifischen Anlagekosten nach Tab. 34 (Pkt. 13.2) ermittelt.

Im übrigen ist bei Beurteilung der Ziffern für die Zuwachskosten des Verteilnetzes für die Elektroheizung zu beachten, daß vom Standpunkt der Elektroversorgung eine sehr hohe Verbrauchsdichte vorliegt. Mit abnehmender Verbrauchsdichte nehmen die spezifischen Zuwachskosten für das elektrische Netz genau so wie für das vollelektrische Netz natürlich erheblich zu. Errechnet man z. B. aus den Tab. 33 a bzw. 33 b Pkt. 13.2 die durchschnittlichen Netzzuwachskosten für eine elektrisch beheizte Wohnung auf Basis mitteleuropä-

Tabelle 57. *Vergleich der Verteilnetzkosten für Fernheizung (Vollkosten) und Elektrodirektheizung (Zuwachskosten). Preisbasis 1973. (Abgeleitet aus Pkt. 18.2 bzw. Tabelle 53 b.)*

		Fernheizung (Vollkosten)		Elektrodirektheizung (Zuwachskosten)	
Wärmeanschlußwert	Gcal/h	125,0	190,0	81,2	122,0
Wärmedichte	Gcal / km² · h	25,0	37,5	14,0	21,0
Gesamte Netzkosten	Mio öS	163,0	190,0	27,0	50,0
	Mio DM	18,5	26,3	3,8	6,9
Spezifische Netzkosten	Mio öS / Gcal/h	1,30	1,00	0,33	0,41
	Mio DM / Gcal/h	0,18	0,14	0,05	0,06
Netzkosten pro Wohnung	öS/Whg.	11 000	8 700	1 860	2 300
(einschließlich Folgeeinrichtungen)	DM/Whg.	1 700	1 230	258	320
Spezifische Verteilkosten	g/Mcal	11,3	8,7	3,5	4,3
(Jahresfaktor 13%)	Pf/Mcal	1,6	1,2	0,5	0,6
Spezifische Kosten	g/Mcal	2—3 (je 10 km)		4—7	
für die Fernübertragung	Pf/Mcal	0,3—0,4 (je 10 km)		0,55—0,95	

ischer Verbrauchswerte, so erhält man rund 15 g/kWh (ohne 380-kV- bzw. 220-kV-Anlagen). Da durch den höheren Nutzungsgrad und bessere Wärmedämmung bei der Elektroheizung kleinere Energiemengen zu transportieren sind, ergeben die absoluten auf die Wohnungseinheit bezogenen Netzkosten ein besseres Bild für den unterschiedlichen Kapitalaufwand.

Grundsätzlich zeigt die Tab. 57 aber, daß die Zuwachskosten, die sich beim Übergang von vollelektrischer auf allelektrische Versorgung ergeben, auch in Gebieten mit relativ hoher Wärmedichte die Verteilnetzkosten für die Fernwärme erheblich unterschreiten können. In Übereinstimmung mit den norwegischen Erfahrungen (Pkt. 13.2) kann jedenfalls vom Standpunkt der Netzkosten die Erschließung großer Siedlungsgebiete für die Elektrodirektheizung eine durchaus wirtschaftliche Lösung sein.

Selbstverständlich gelten diese Ergebnisse uneingeschränkt nur für die Erschließung neuer Siedlungsgebiete, wo die niedrigen Zuwachskosten des allelektrischen Netzes gegenüber dem vollelektrischen Netz entsprechend realisiert werden können und eine rationelle Gestaltung des allelektrischen Netzes möglich ist. Die Verhältnisse liegen zweifellos ungünstiger, wenn es sich darum handelt, in einem bestehenden Siedlungsgebiet mit vorhandenem Stromverteilnetz eine Fernwärmeversorgung zu installieren und als Variante eine elektrische Versorgung mit Direktheizung in Betracht gezogen wird.

In diesem Fall werden zwangsläufig große Teile des bestehenden Stromversorgungsnetzes vor Ablauf ihrer wirtschaftlichen Lebensdauer abzutragen und die daraus abzuleitenden Kosten dem Netz für die direkte elektrische Heizung zuzuordnen sein. Vergleicht man die spezifischen Netzzuwachskosten der direkten elektrischen Heizung jedoch mit den Kosten des Fernheiznetzes, so zeigt sich, daß ein großer Spielraum für solche Belastungen, die sich aus der Auflassung noch bestehender Verteilnetze ergeben können, besteht. Weiters bestehen auch für die Fernheizung mit Heißwasser erhebliche Probleme dadurch, daß bei Installation in einem bestehenden Siedlungsgebiet vorhandene Heizzentralen vor Ablauf ihrer wirtschaftlichen Lebensdauer aufgelassen werden müssen.

Vom Standpunkt der Verteilkosten wird daher die Wirtschaftlichkeitsgrenze der Fernheizung mit Heißwasser gegenüber der Elektrodirektheizung erst bei relativ hohen Wärmedichten erreicht. Bei darunterliegenden Wärmedichten wird daher der Ausbau einer einschienigen Versorgung meist wirtschaftlicher sein, als der Ausbau eigener Fernheiznetze. Bestimmend für die Einsatzgrenzen der beiden Heizsysteme werden daher im wesentlichen die Kosten der Energiebereitstellung bzw. übergeordnete energiewirtschaftliche Überlegungen sein, welche den Einsatz von Heizkraftwerken sowie die Verwertung von Abwärme aus Kernkraftwerken mittels Entnahmekondensationsturbinen als geboten erscheinen lassen.

Auf Basis von Heizkraftwerken ergibt sich nach [95] grundsätzlich die Möglichkeit einer erweiterten Heizkraftwirtschaft derart, daß Gebiete mit hoher Wärmedichte mit der in Heizkraftwerken erzeugten Wärme und Gebiete mit geringerer Wärmedichte mit der in Gegendruckbetrieb gewonnenen elektrischen Energie beheizt werden. Dabei müßten zwangsläufig Elektrodirektheizung, teilweise aber auch Elektrospeicherheizung und letztlich je nach künftiger technologischer Entwicklung, auch Wärmepumpen eingesetzt werden.

Eine solche auf einer erweiterten Heizkraftkupplung beruhende Kombination von einschieniger und zweischieniger Energieversorgung großer Siedlungsgebiete läßt ein energiewirtschaftliches Optimum für die Wärmebedarfsdeckung erwarten. Die zentrale Regelungsmöglichkeit der Fernheizung über die Vorlauftemperatur sowie der Elektrodirektheizung durch Eingriff über Rundsteueranlagen gewährleistet einen fast bandartigen Tagesbelastungsverlauf und damit eine hohe Benutzungsdauer der Heizkraftwerke.

Dieses vor allem auch sehr umweltfreundliche Konzept hätte zweifellos vom Standpunkt der Verteilung der Sekundärenergie den beachtlichen Vorteil — sei es Heißwasser oder elektrische Energie — einschließlich der angeschlossenen Installationen der Verbraucher langfristig unabhängig von der Art der verwendeten Primärenergieträger zu sein. Die Frage, wie lange z. B. Erdgas und Heizöl verfügbar sein werden bzw. ob diese Energieträger z. B. durch Synthesegas aus Kohle oder durch eine kommende Wasserstofftechnologie abgelöst werden, wäre für die Gestaltung der Verteilnetze und der Abnehmeranlagen damit irrelevant. Aus dieser Sicht scheint auch eine Forcierung der Gasheizungen mit Einzelöfen — abgesehen von bereits mit Gas versorgten Gebieten — durch Ausbau von Gasverteilnetzen in Gebieten, in denen durch elektrische Energie bereits der gesamte Bedarf, abgesehen von der Heizung, gedeckt wird, nicht zweckmäßig.

Das energiewirtschaftliche Optimierungsproblem für die Raumheizung einschließlich Warmwasserbereitung wäre unter diesen Umständen so zu formulieren, daß die gesamten Kosten für Gewinnung, Bereitstellung und Verteilung der Sekundärenergie und deren Umwandlung in Nutzenergie bei den Verbrau-

chern ein Minimum werden sollen, wobei als Zusatzbedingung die Forderung nach einer möglichst guten Ausnützung der Primärenergie hinzukommt. Für die Reichweite der Fernheizung mit Heißwasser wäre somit die Grenze dort gegeben, wo auf Grund der Gesamtrechnung Kostengleichheit mit Elektroheizung besteht.

Im übrigen wird die Gestaltung der Installationen bei den Verbrauchern unter Bedachtnahme auf Wärmerückgewinnung und hohe Wärmedämmung einen erheblichen Einfluß auf dieses Ergebnis ausüben und vermutlich sogar mehr zu einer Senkung des Primärenergieeinsatzes beitragen können, als der

Tabelle 58. *Gesamt- und Teilnutzungsgrade der eingesetzten Primärenergie bei verschiedenen Heizsystemen* (siehe auch Tabelle 12)

	Gewinnung, Transport, Raffinerie	Kraftwerk, Heizzentrale, Einzelofen	Verteilnetz	Verteilung u. Regelung bei Abnehmer	Gesamt-nutzungsgrad
Warmwasserzentral-heizung mit Heizöl	0,82	0,68	—	0,76	0,43
Fernheizwerk	0,89	0,90	0,85	0,76	0,51
Fernheizkraftwerk					
a) Anteil Fernheizung	0,89	0,90	0,85	0,76	0,51
b) Anteil Elektroheizung	0,89	0,62	0,92	0,97	0,50
Elektroheizung aus Kondensations-kraftwerk	0,89	0,38	0,92	0,97	0,31
Fernheizung mit Warmwasser aus Kernkraftwerk	—	0,95	0,80	0,76	0,58
Fernheizung mit Gaseinzelöfen	0,97	0,75	0,92	0,80	0,55

Ausbau der Fernwärmeversorgung selbst. Dieser Umstand wird durch eine Betrachtung der akkumulierten Nutzungsgrade bei den verschieden in Frage kommenden Fernheizsystemen im Vergleich zur Sammelheizung deutlich (siehe Tab. 58).

Die Nutzungsgrade für die Abnehmeranlagen und für die Sammelheizung sind aus Tab. 7 übernommen. Die Elektroheizung aus Heizkraftwerken weist durch die bessere Ausnützung in den Abnehmeranlagen den gleichen resultierenden Nutzungsgrad wie die Fernheizung mit Heißwasser auf. Der energiewirtschaftliche Vorteil der gekoppelten Erzeugung von Fernwärme und elektrischer Energie wird damit deutlich. Gegenüber der getrennten Erzeugung von beiden Sekundärenergieträgern verringert sich der Primärenergieeinsatz um rund 20—25%. Der gleich hohe Gesamtnutzungsgrad von Strom und Fernwärme bewirkt ferner eine gleich hohe Primärenergieausnützung wie bei einem reinen Heizwerk. Durch die Verringerung der Wärmeerzeugung zugunsten der Gewinnung von elektrischer Energie für Heizzwecke wird es aber beim gegenständlichen Konzept möglich, eine elektrische Fernheizung auf große Entfernungen mit gleich hoher Primärenergieausnützung durchzuführen. Selbstverständlich müssen die Zusatzinvestitionen für die Stromerzeugung in den Heizkraftwerken durch die niedrigeren Investitionen für die Verteilung der elektrischen Energie kompensiert werden.

Neben dem Einsatz von Gegendruckheizkraftwerken spielt innerhalb eines derartigen Fernwärmekonzeptes die Nutzung der Abwärme aus Kernkraftwerken eine wichtige Rolle. Die energiewirtschaftliche Situation ist dabei grundsätzlich anders, da es sich hier um Kondensationskraftwerke handelt, deren Leistung bei Ausnützung der Abwärme mittels Entnahmeturbinen zurückgeht, wodurch gerade im Hochwinter das Dargebot an elektrischer Leistung verringert wird. Außerdem würde die Nutzung der Wärme für Raumheizzwecke mit relativ niedriger Benutzungsdauer, gemessen an der zu fordernden Benutzungsdauer eines Kernkraftwerkes erfolgen. Eine sinnvolle Kooperation zwischen Kernkraftwerken und mit fossilen Brennstoffen arbeitenden Heizkraftwerken hätte daher genauso, wie bei der Deckung des Bedarfes an elektrischer Energie von einer Aufteilung der Wärmebedarfsdeckung auf Spitzenheizkraftwerke und nuklearer, gleichsam im Grundlastbereich anfallender Abwärme auszugehen, wofür natürlich eine Art Fernwärmeverbundbetrieb mit Fernwärmeübertragung über größere Entfernungen nötig wäre.

Nimmt man z. B. an, daß der Spitzenwärmebedarf bis zu etwa 50% des gesamten stündlichen Wärmebedarfes durch Heizkraftwerke und die weiteren 50% durch Abwärme aus Kernkraftwerken gedeckt wird, dann ergibt sich nach Maßgabe der Jahresdauerlinie des Heizleistungsbedarfes für die Heizkraftwerke zwar nur eine Benutzungsdauer von etwa 600 h/a, dagegen aber für die nukleare Abwärme etwa 4000 h/a. Dies gilt naturgemäß sowohl für die Wärmeerzeugung, als auch für die zur Elektroheizung benötigte elektrische Energie. Der Spitzenheizstrom wird durch die niedrige Benutzungsdauer zwar spezifisch teurer (siehe z. B. auch Pkt. 13.2), die für Heizzwecke benötigte elektrische Energie und Abwärme aus Kernkraftwerken wird durch die gute Ausnützung aber relativ billig.

Was die in diesem Zusammenhang besonders interessierenden Kosten der nuklearen Fernwärme angeht, so ist nach [95] für die Ermittlung des Wärmepreises vom Paritätspreis auszugehen, welcher sich ergibt, wenn die Kosten der durch den Entnahmebetrieb weniger erzeugten elektrischen Arbeit und Leistung auf die gesamte, dem Fernheiznetz zugeführte Wärme überwälzt werden. Bei einem Kernkraftwerk mit Siedewasserreaktor ergibt sich bei 120° Vorlauftemperatur des Fernwärmenetzes eine spezifische Leistungsminderung von 213 kW/Gcal/h. Bei der Benutzungsdauer der Wärmeleistung von 4000 h/a, entsprechend der vorhin angenommenen Aufteilung der Wärmebedarfsdeckung auf Kernkraftwerke und Heizkraftwerke errechnet sich auf Basis der elektrischen Mindererzeugung bei Jahresfestkosten von 1160,— S/kW und 8 g/kWh (nach Pkt. 13.2) für die nukleare Fernwärme ein Wärmepreis von 80,— bis 90,— S/Gcal ab Kraftwerk. Durch die allerdings doch beachtlichen Kosten für die Fernübertragung von etwa 60,— bis 80,— S/Gcal nach [107] und für das lokale Verteilnetz nach Tab. 57 ergibt sich zuzüglich 20% Übertragungsverluste ein Wärmepreis von etwa 280,— bis 300,— S/Gcal loko Verbraucher.

Eine Abschätzung des möglichen Umfanges und der energiewirtschaftlichen Auswirkungen vom Standpunkt des Primärenergieeinsatzes einer solchen kombinierten Fernwärmeversorgung hätte von der Feststellung auszugehen, inwieweit innerhalb eines geschlossenen Wirtschaftsgebietes entsprechende Agglomerationen mit einer für Fernwärmeversorgung auf Heißwasserbasis wirtschaftlicher Wärmedichte vorhanden sind. Zieht man z. B. die Verhältnisse in Österreich in Betracht, so befinden sich laut Wohnungsstatistik rund 45% aller Wohnungen in Ein- und Zweifamilienhäusern. Scheidet man auch die Gebiete mit lockerer Mehrfamilienhausverbauung, das sind vor allem kleine und mittlere Städte aus, so dürften sich etwa 35% des gesamten Wohnungsbestandes in Siedlungsgebieten mit einer für Fernwärmeversorgung mit Heißwasser ausreichenden wirtschaftlichen Wärmedichte befinden. Entsprechend der vorhin getroffenen Annahme, wonach diese Wohnungen zu 50% mittels Fernwärme aus Heizkraftwerken mit einer Stromkennzahl von 500 kWh/Gcal und zu 50% durch nukleare Abwärme versorgt werden sollen, ergibt sich, daß weitere 15% aller Wohnungen mittels Elektrodirektheizung, und zwar zu 50% aus diesen Heizkraftwerken und zu 50% aus Kernkraftwerken beheizt werden könnten. Berücksichtigt man die höheren Teilnutzungsgrade der Elektroheizung in den Abnehmeranlagen, so erhöht sich dieser Anteil auf etwa 20%. Wird bei elektrisch beheizten Wohnungen im Sinne der Überlegungen von Pkt. 18.2 eine höhere Wärmedämmung vorgesehen, so kann dieser Wert auf 25% vergrößert werden. Zuzüglich von etwa 10% mit Elektrospeicherheizung ausgerüsteten Wohnungen auf Basis der insgesamt verfügbaren freien Nachtleistung in den Kraftwerken der öffentlichen Versorgung würde somit langfristig bei dieser Konzeption, d. h. bis etwa zum Jahre 2000, ein Bestand von 70% fernbeheizter Wohnungen, und zwar je zur Hälfte mittels Heißwasser und je zur Hälfte mit elektrischer Energie beheizt, erreicht werden.

Der Anteil an konventioneller Primärenergie wäre bei dieser Kombination sehr niedrig, da Heizöl, Erdgas und Kohle lediglich zur Deckung des Energieinhaltes der Heizspitzen (gleichgültig ob elektrisch oder mittels Heißwasser gedeckt) benötigt werden, worauf nur etwa 10 bis 15% des gesamten Wärmebedarfes entfallen. Der restliche Wärmebedarf würde etwa je zur Hälfte durch nukleare Abwärme und durch elektrische Energie aus Kernkraftwerken befriedigt werden. Mit diesem grundsätzlichen für Wirtschaftsgebiete mit ähnlicher Siedlungsstruktur in gleicher Weise denkbaren Konzept könnte sich neben den beachtlichen energiewirtschaftlichen Vorteilen für die Raumheizung wie bereits erwähnt auch eine vom Standpunkt des Umweltschutzes sehr vorteilhafte Lösung ergeben.

Zusammenfassend läßt sich daher feststellen, daß im Rahmen sinnvoller energiewirtschaftlicher Kombinationen für eine rationelle Lösung der Probleme der Raumheizung die elektrische Raumheizung langfristig zwangsläufig eine wichtige Position unter den verschiedenen Heizsystemen einnehmen wird. In diesem Sinne sollen die vorliegenden Ausführungen einen Beitrag zur Klärung dieser Problematik liefern und die entsprechenden Zusammenhänge bzw. Möglichkeiten aufzeigen.

Literaturverzeichnis

1. Kowalski, E: Zivilisation, Wachstum und Energie; Elektrizitätsverwertung **48**, 1973, Nr. 5.
2. VIK: Statistik der Energiewirtschaft, Ausgabe 1972.
3. Österreichisches Bundesministerium für Handel, Gewerbe und Industrie: Energiekonzept der österreichischen Bundesregierung, veröffentlicht im Eigenverlag, Mai 1969.
4. Österreichisches Bundesministerium für Handel und Wiederaufbau: Österreichische Energiebilanzen für die Jahre 1951, 1953, 1956, 1959 und 1963.

4 a. Steinke, H.: Die Zukunft der Wohnungsheizung in den USA, Heizung, Lüftung und Haustechnik, 1968, H. 10.

5. Verband der schweizerischen Elektrizitätswerke: Standortbestimmung der schweizerischen Energiewirtschaft und daraus sich abzeichnende Entwicklungstendenzen, Bulletin des SEV **60**, Nr. 24.
6. Österreichisches Bundesministerium für Verkehr und verstaatlichte Unternehmungen: Bundesstatistiken der österreichischen Elektrizitätswirtschaft 1951 bis 1972.
7. Moditz, H.: Die voraussichtliche Entwicklung des Stromverbrauches der österreichischen Haushalte bis zum Jahr 2000 und ihre elektrizitätswirtschaftlichen Aspekte; Österreichische Zeitschrift für Elektrizitätswirtschaft **26**, 1973, H. 11.
8. Schäfer, H.: Analyse des Haushaltstromverbrauches der BRD; Forschungsstelle für Energiewirtschaft, TH München.
9. Schulz, E.: Die Entwicklung des Energiemarktes bis 1985; Elektrizität, 1971, H. 5.
10. Burchard, H. J., H. Streicher: Analyse der Struktur und der Entwicklung des Energieverbrauches im Sektor Haushalte in der Bundesrepublik Deutschland; Brennstoff — Wärme — Kraft, 1971, H. 23.
11. Schweizerische Kommission für Elektrowärme (SKEW): Die elektrische Raumheizung; herausgegeben 1973 von der Elektrowirtschaft, Zürich.
12. Österreichisches Statistisches Zentralamt: Die Wohnungen im Jahre 1972; Ergebnisse des Mikrozensus, März 1972.
13. Dufrasne, M. G., M. J. Laforce: Wirkungsgrad von Heizungsanlagen und Erhaltung der Energie; Kolloquium „Elektrische Raumheizung und Behaglichkeit", Paris 1973.
14. Schäfer, H., R. Sitzler: Wirkungsgrad von Raumheizungen; Praktische Energiekunde, 1968, H. 3.
15. Rudolph, M.: Primärenergiebedarf und umweltverschmutzende Emissionen durch verschiedene Raumheizungsanlagen; Forschungsstelle für Energiewirtschaft, TH München; Brennstoff — Wärme — Kraft, 1973, H. 3.
16. Kroms, A.: Zum Begriff des Wirkungsgrades der Energieanlagen; Praktische Energiekunde, 1968, H. 5—6.
17. Rickert, P. H.: Fossil fuels Kilowatts for space heating (Load, September 1960).
18. Kirn, H.: Der Wirkungsgrad von Raumheizungsanlagen; Internationale Zeitschrift für Elektrowärme, 1965, H. 8.
19. Allemann, R., K. Nenedal: Die Problematik der Energiebedarfsrechnung für die Raumheizung; Elektrizitätsverwertung, 1969, H. 3/4.
20. Recknagel-Sprenger: Taschenbuch für Heizung, Lüftung und Klimatechnik, 1970.

21. American Society of Mecanical Ingineers (ASME): Bericht „The Fossilectric Ratio"; erschienen Dezember 1968, Nr. 68-WA/PEM-3.
22. Moditz, H.: Der Primärenergieeinsatz für elektrische Raumheizung, Warmwasserbereitung und elektrisches Kochen; Österreichische Zeitschrift für Elektrizitätswirtschaft, 1975, H. 3.
23. Borstelmann, P.: Handbuch der elektrischen Raumheizung; Heidelberg: Dr. Alfred Hüthig Verlag, 1967.
24. Bjerkeseth, E.: Elektrische Raumheizung vermindert den Energieverbrauch sowohl für Lüftung als auch für Heizung; Weltkraftkonferenz Lausanne 1964, Bericht Nr. 75.
25. Hagen, H.: Wirtschaftlichkeitsvergleich verschiedener Heizsysteme; UNIPEDE-Kolloquium, Göteborg 1972, Bericht 3.8.
26. Frey, P.: Spezifische Energieverbrauchswerte für Wohnraumbeheizung mittels verschiedener Brennstoffe und Heizsysteme; Elektrizitätsverwertung **46**, 1971, H. 7.
27. Schweizerische Kommission für Elektrowärme (SKEW): Jahreskosten bei Ölheizungen; nicht veröffentlichte Untersuchung, 1969.
28. Swaty, F.: Die Zentralheizung im modernen Wohnungsbau; Österreichische Ingenieur-Zeitschrift, 1964, H. 9.
28 a. ÖWG — Österreichische Wohnbaugen., Graz; Heizkostenabrechnungen von Wohnsiedlungen.
29. STEWEAG: Vergleich des Heizenergiebedarfes zwischen einem elektrisch und zwei ölbeheizten Hochhäusern; nicht veröffentlichte Messungen der Steirischen Wasserkraft- und Elektrizitäts-AG, Graz 1973.
30. Richert, H.: Die Nachtstromspeicherheizungsanlage einer Wohnanlage in Berlin mit 250 Wohnungen; Internationale Zeitschrift für Elektrowärme, 1963, H. 8.
31. Schär, H.: Elektrische Warmwasserzentralheizung; Elektrizitätsverwertung **46**, 1971, H. 6.
32. STEWEAG: Heizenergieverbrauch von elektrisch und mit Heizöl betriebenen Warmwasserzentralheizungen in Bürogebäuden sowie von Schulen mit elektrischer Warmwasserzentralheizung und Einzelspeicherheizung; nicht veröffentlichte Untersuchung der Steirischen Wasserkraft- und Elektrizitäts-AG, Graz 1974.
33. Lindskoug, N.-E.: Der Einfluß der „Freien Wärme" auf die Raumheizung; UNIPEDE-Symposium, Brüssel 1964, Bericht Nr. II/7.
34. Studienbüro Fred Nicholas: Bericht des Studienbüros Fred Nicholas, USA/Pennsylvanien, über den Primärenergieeinsatz bei verschiedenen Heizsystemen, 1972.
35. Selden, K.: Stand, Aussichten und versorgungstechnische Möglichkeiten der elektrischen Raumheizung in Österreich; herausgegeben vom Verband der Elektrizitätswerke Österreichs, 1975.
36. Dunning, R. L.: Electric resistance heating proves energy-efficient; Nuclear energy digest, 1974, Nr. 3.
37. Schweizerische Kommission für Elektrowärme (SKEW): Bericht „Elektrische Raumheizung"; herausgegeben 1973 von der Elektrowirtschaft Zürich.
38. HEA-Frankfurt: Bestand und Entwicklung der Elektrogerätesättigung in der Bundesrepublik Deutschland; HEA-Statistik 1972.
39. UNIPEDE: Bericht der Arbeitsgruppe „Elektrische Heizung und Klimatisierung von Wohnräumen"; UNIPEDE-Kongreß, Den Haag 1973.
40. Deutscher Normenausschuß: Regeln für die Berechnung des Wärmebedarfes von Gebäuden; DIN 4701; vom Januar 1959.
41. Önorm M 7500: Berechnung des Wärmebedarfes von Heizungsanlagen.
42. Strempel, E.: Fragen der Heizkraftwirtschaft und Stadtheizung; Energie, 1965, H. 11.
43. Reidat, R.: Klimafragen für Bauwesen und Technik; Berichte des Deutschen Wetterdienstes **9**, 1960, Nr. 64.
44. Raiss, W.: Einsparung an Heizenergie durch wärmedichtes Bauen und Wärmeverbrauchsmessungen bei Wohngebäuden; Weltkraftkonferenz Lausanne 1964, Bericht Nr. 87.
45. Shannahan, J. H. K.: Die elektrische Heizung von Wohnungen in den USA 1968 bis 1972, UNIPEDE-Kolloquium, Göteborg 1972, Bericht Nr. 4.1.
46. HEA-Frankfurt: Dimensionierung von Elektrospeicherheizungen; Hauptberatungsstelle für Elektrizitätsanwendung e. V. (HEA), Frankfurt a. M.

47. Jacobi, E.: Kritische Hinweise zur Neubearbeitung von DIN 4701 und DIN 4711 im Zusammenhang mit VDI 2067; Elektrowärme International A 3/1973.
48. Roedler, F.: Die hygienischen Grundlagen der Raumheizung; Elektrizität, 1958, H. 11.
49. Jacobi, E.: Die elektrische Raumheizung im Wohnungs- und Schulbau in der Bundesrepublik Deutschland; Österreichische Ingenieur-Zeitschrift, 1970, H. 9.
50. Verein deutscher Ingenieure (VDI): VDI 2067, „Richtwerte zur Vorausberechnung der Wirtschaftlichkeit verschiedener Brennstoffe (Koks, Kohle, Heizöl und Gas) bei Warmwasserzentralheizungsanlagen", Januar 1957.
51. HEA-Frankfurt, Elektrische Raumheizung; Richtwerte zur Vorausberechnung der Wirtschaftlichkeit von Elektroheizungsanlagen, herausgegeben von der Hauptberatungsstelle für Elektrizitätsanwendung, Frankfurt a. M. 1968.
52. Czepek, R.: Der Einfluß unterbrochener Betriebsweise auf den Heizwärmebedarf von Räumen verschiedener Betriebsweise; Internationale Zeitschrift für Elektrowärme, 1962, H. 7.
53. Allemann, R.: Zur Berechnung der Anschlußwerte von Speicherheizungen; Elektrizitätsverwertung, 1968, H. 2.
54. Jahkole, A., H. Teittinen: Auswirkungen der Direktheizung mit Spitzenwegschaltung auf die Netzschwankungen und auf die Kosten der Elektrizitätsversorgung sowie auf den Wärmekomfort; Elektrowärme International A 5/1972.
55. Mantel, R.: Die Nachtstromspeicherheizung; Elektrizitätsverwertung **38**, H. 10.
56. Ende, G.: Einzelraumheizung und zentrale Warmluftanlagen mit elektrischen Speicherheizungsgeräten; Stuttgart: A. W. Gentner-Verlag.
57. Diedrich, H., A. Hadenfeld, B. Stoy, H. Wiessner: Empfehlungen und Richtlinien für Elektrozentralspeicher für Warmwasserheizungsanlagen in Wohngebäuden; Essen: Verlag und Druckerei Wehlmann Ges.m.b.H. und Co.
58. Mantel, R.: Mischheizspeichersystem „Mantel"; UNIPEDE-Kongreß 1972, Bericht Nr. 830.
59. Rheinisch-Westfälisches Elektrizitätswerk AG/Essen: Empfehlungen und Richtlinien für Elektrofußbodenheizung in Wohngebäuden; RWE-Eigenverlag 1970.
60. van der Heuvel, E.: Elektrische Wassererwärmungsanlagen für Freibad; Broschüre „Schwimmbäder, Bau, Betrieb und elektrische Beheizung"; herausgegeben von der HEA-Frankfurt.
61. STEWEAG: Spitzenwegschaltung von elektrisch betriebenen Warmwasserzentralheizungen ohne Warmwasserspeicher; nicht veröffentlichte Untersuchung der Steirischen Wasserkraft- und Elektrizitäts-AG, Graz 1972.
62. HEA-Frankfurt: Aufladeautomatiken für Elektrospeicherheizungen; herausgegeben von der Hauptberatungsstelle für E-Anwendung e. V., Frankfurt a. M. 1972.
63. RWE — Essen: Messungen an einer mit „Pergamatik" ausgerüsteten Wohnsiedlung; nicht veröffentlichte Untersuchung, Juli 1973.
64. Moditz, H.: Die elektrizitätswirtschaftliche Problematik der Elektrowärme, insbesondere der elektrischen Raumheizung, und ihre energiewirtschaftliche Wettbewerbssituation; Dissertation an der TH Graz, 1971.
65. Heueck, R.: Stromverbrauch und Leistungsbedarf in Wohnsiedlungen mit unterschiedlichem Elektrifizierungsgrad; Elektrizitätswirtschaft, 1971, H. 8.
66. Wehn, R.: Netzbau, Netzbetrieb und Betriebsergebnisse in Siedlungen mit elektrischer Speicherheizung; Elektrizitätswirtschaft, 1966, H. 16.
67. Rouvel, L.: Leistung und Strombedarf von allelektrisch versorgten Wohnungen; Brennstoff — Wärme — Kraft, 1971, H. 2.
68. Niehage, G.: Der Einfluß der allelektrischen Versorgung auf die Gestaltung und Auslegung der Verteilernetze; Elektrizitätswirtschaft, 1969, H. 22.
69. Stoy, B., P. Anders: Gleichzeitigkeitsfaktoren der Elektrospeicherheizung auf verschiedenen Netzebenen; UNIPEDE-Kolloquium, Göteborg 1972, Bericht Nr. 1.3.
70. Dotzenrath, W.: Mittelfristige Aussichten der allelektrischen Versorgung unter Berücksichtigung des Marktes; Elektrizitätswirtschaft, 1973, H. 14.
71. Liveus, L., J. Bubenko: Gestaltung von Netzen für Gebiete mit Belastung durch Direktheizung; UNIPEDE-Kolloquium, Göteborg 1972, Bericht Nr. 1.9.

72. Verband der Elektrizitätswerke Österreichs: Untersuchungen über die Möglichkeiten der Pauschalierung von Baukostenbeiträgen für Niederspannungsnetze und Trafostationen; nicht veröffentlichte Untersuchung, 1968.
73. VDEW — Arbeitskreis „Moderne Netze“: Aktivierung und Planung von Netzen für allelektrische Versorgung; herausgegeben von der VDEW e. V. Frankfurt a. M. 1970.
74. STEWEAG: Kostenvergleich zwischen Verteilnetzen für allelektrische und vollelektrische Versorgung; nicht veröffentlichte Untersuchung der Steirischen Wasserkraft- und Elektrizitäts-AG, Graz, 1972.
75. Weber, J.: Der Einfluß der Elektroheizung und der Klimatisierung von Wohnungen auf die Konstruktion und Ausnützung städtischer Verteilnetze; UNIPEDE-Kolloquium, Göteborg 1972, Bericht Nr. 1.1.
76. Schröder, K.: Betriebswirtschaftliche Probleme einer einschienigen oder mehrschienigen Versorgung von Haushalten, dargestellt am Beispiel einer geplanten Großstadt; nicht veröffentlichte Diplomarbeit, angefertigt am energiewirtschaftlichen Institut der Universität Köln, 1967.
76 a. Wittwer, G.: Die Beheizung der neuen Stadt Wulfen; Deutsche Ingenieur- und Architektenzeitschrift, 1968, H. 3.
77. Dotzenrath, W.: Wirtschaftliche Beurteilung von Mittel- und Niederspannungsnetzen für allelektrische Versorgung; Elektrizitätswirtschaft, 1967, H. 18.
78. Fellner, L.: Die wirtschaftliche Bedeutung der österreichischen Donaukraftwerke; Österreichische Zeitschrift für Elektrizitätswirtschaft, 1970, H. 11.
79. Frewer, H. H.: Strukturwandel in der Elektrizitätswirtschaft durch den Einsatz von Kernkraftwerken; Elektrizitätswirtschaft, 1970, H. 3/4.
80. Klees, K., E. Reuter: Spitzenlastdeckung durch Pumpspeicherwerke oder Gasturbinen; Elektrizitätswirtschaft, 1969, H. 6.
81. Leuthold, H. A.: Die schweizerische Elektrizitätsversorgung in der Übergangsphase von der hydraulischen zur thermischen Produktion; Österreichische Zeitschrift für Elektrizitätswirtschaft, 1970, H. 9.
82. Falck-Jörgensen, S.: Elektrische Heizung und ihr Einfluß auf die Gesamtkosten der Versorgung; Weltkraftkonferenz Tokio 1968, Bericht Nr. 70.
83. Tritz, Vercruysse: Der Einfluß der Elektroheizung auf die Netze; Analyse der Belastungskurven und Bestimmung der Spitzenverantwortlichkeit; UNIPEDE-Symposium, Brüssel 1964, Bericht V/2.
84. KELAG: Meßergebnisse von einer mit direkter elektrischer Heizung ausgestatteten Wohnsiedlung in Klagenfurt, Österreich; nicht veröffentlichte Untersuchung der Kärntner Elektrizitäts-AG, Klagenfurt, 1973.
85. Électricité de France: Meßergebnisse an einigen mit direkter elektrischer Heizung ausgestatteten Wohnsiedlungen; nicht veröffentlichte Untersuchungen der Électricité de France, Paris.
86. Rouvel, L.: Zusammenhang zwischen Wärmebedarf und Klimadaten einer allelektrisch versorgten Siedlung; Bericht der Forschungsstelle für Energiewirtschaft Karlsruhe, Brennstoff — Wärme — Kraft 1969, Heft 3 und 5.
86 a. Locher, W.: Die schwedische Elektrizitätswirtschaft unter besonderer Berücksichtigung der elektrischen Raumheizung; unveröffentlichter Bericht der Centralschweizerischen Kraftwerke, Luzern 1968.
87. Gradin, R., S. Haal, N. E. Lindkoug: Die elektrische Beheizung von Mehrfamilienhäusern; Elektrowärme International, 1972, H. 7.
88. Oslo-Lysverkers: Meßergebnisse von direkt elektrisch beheizten Siedlungen; unveröffentlichte Angaben der Osloer Stadtwerke.
88 a. Stoy, P.: Stromabsatzförderung in den USA unter besonderer Berücksichtigung der elektrischen Raumheizung; Elektrizitätswirtschaft, 1965, H. 18.
89. Norwegisches Forschungsinstitut für Elektrizitätsversorgung, Universität Trondheim: Technisch-wirtschaftliche Untersuchung der Elektrizitätsversorgung für elektrische Raumheizung, Eigenverlag, Trondheim 1972.
89 a. Gradin, R., S. Haal, L. Lundberg: Town planning including choice of energy for heating of buildings; UNIPEDE-Kolloquium, Göteborg 1972, Bericht Nr. 3.9.
90. Tiberghien, E.: Tarifgestaltung für elektrische Raumheizung; UNIPEDE-Kongreß 1972, Bericht Nr. 809.

91. Amundsen, A. R.: Neue Tendenzen auf dem Gebiet der Ausrüstungen für die Raumheizung; UNIPEDE-Kolloquium, Göteborg 1972, Bericht Nr. 2.4.3.
92. Bjerkeseth, E.: Norwegische Strahlungsheiztechniken mit Niedertemperatur und allgemeine Schätzung des Einflusses der Energiequelle und des Heizsystems auf die Dimensionierung, den Energieverbrauch, die Klimatisierung und die Lüftung, UNIPEDE-Symposium, Brüssel 1964, Bericht Nr. III/19.
93. Schüle, W.: Fragen des Raumklimas in beheizten Räumen; Elektrowärme International, 1970, H. 9.
93 a. HEA-Frankfurt: Wärmeschutz für Bauten mit Elektroheizung; Hauptberatungsstelle für Elektrizitätsanwendung e. V., Frankfurt a. M.
94. Forschungsgesellschaft für Wohnen, Bauen und Planen: Wirtschaftlicher Wärmeschutz, Teil III; erschienen im Selbstverlag, Wien 1972.
95. Hohl, R.: Fernbeheizte Schweiz? Die totale Energieverwertung und ihre mögliche Rolle in einer umweltfreundlichen Gesamtenergieversorgung; BBC-Mitteilungen, 1973, H. 6.
96. Dehli, F., H. Viktor: Regenerativ-Wärmeaustauscher zur Wärmerückgewinnung in lüftungs- und klimatechnischen Anlagen; Elektrowärme International, A 4/1972.
97. Braus, F. W.: Gutachten des hygienischen Instituts der Universität Heidelberg über bakteriologische Untersuchungen an einem Econovent-Regenerativ-Wärmeaustauscher, Bauart Kraftanlagen, Heidelberg, November 1969.
98. Lindskoug, N. E.: Elektrische Raumbeheizung in Schweden; Essen: VELA-Rohde Verlag, 1970.
99. Anders, P., B. Stoy: Erste Betriebserfahrungen mit Wärmepumpen in integrierten Anlagen; Elektrowärme International, 1970, H. 2.
99 a. Kalischer, P., J. Bettges: Die Luftluftwärmepumpe im Einfamilienhaus — Wärmeleistung — Energiebedarf; Elektrowärme International, 1974, H. 1.
100. Fessel, E.: Freibadbeheizung mit Luft-Wasserwärmepumpen; Elektrowärme International, 1970, H. 8.
101. Brockmeyer, H.: Kleinwärmepumpen und Gerätetechnik; Elektrowärme International, A 2/1973.
102. Viktor, H.: Wärmewirtschaftliche Zusammenhänge im elektrisch beheizten Hallenbad; Elektrowärme International, A 3/1971.
103. Hochmeier, A.: Technologie der Gasfortleitung und Gasverteilung; Leipzig: VEB Verlag für Grundstoffindustrie 1966.
104. Winkens, H. P.: Energiewirtschaftliche Probleme der Stadtheizung; Praktische Energiekunde, 1965, H. 5.
105. Werkmeister, H.: Technik und Kosten der Fernwärme für Raumheizungen; Elektrizitätswirtschaft, 1962, H. 18.
106. UNICHAL: Energiewirtschaftliche Entwicklungsmöglichkeiten der elektrischen Raumheizung und ihre Konkurrenzsituation zur Fernwärmeversorgung; Bericht des Komitees „Allgemeine Fragen" zum UNICHAL-Kongreß 1973.
107. Rymann, J. E.: Kernenergie für kombinierte Produktion von Strom und Heißwasser für Fernwärme; Bericht zum UNICHAL-Kongreß 1971, Hamburg.

Sachverzeichnis

Allgemeine Energiewirtschaftslehre

Von

L. Musil

108 Abbildungen. XI, 340 Seiten. 1972.
Gebunden S 752,—, DM 109,—

„Für alle Fachleute in der Energiewirtschaft sollte das Buch eine Pflichtlektüre werden, weil es die schwierigen Zusammenhänge dieses Wirtschaftszweiges in meisterhafter Weise transparent macht. Nicht allein der Ingenieur wegen der betriebswirtschaftlichen Darstellung, der Betriebswirt wegen der technischen Erörterungen, sondern erst recht die sich im Bereich der Energiewirtschaft engagierenden juristischen Fachkräfte könnten durch die Kenntnisnahme der hier im Gesamtzusammenhang geordneten Sachverhalte echte Grundlagen für ihre Tätigkeit schaffen.
Das Buch hat den Rang eines Standardwerkes."

VIK-Mitteilungen

„Dem Autor ist es gelungen, einen allgemein gültigen, großen Aussagewert für einen verhältnismäßig langen Zeitabschnitt sicherzustellen ... Das Buch ist dank der zahlreichen Beispiele und präzisen Ausdrucksweise leicht lesbar. Ein bestens nicht nur Studenten, sondern auch allen in der Praxis stehenden Energietechnikern, Energiewirtschaftern und Wirtschaftspolitikern zu empfehlender Behelf."

Österreichische Ingenieur-Zeitschrift

GPSR Compliance

The European Union's (EU) General Product Safety Regulation (GPSR) is a set of rules that requires consumer products to be safe and our obligations to ensure this.

If you have any concerns about our products, you can contact us on ProductSafety@springernature.com

In case Publisher is established outside the EU, the EU authorized representative is:

Springer Nature Customer Service Center GmbH
Europaplatz 3
69115 Heidelberg, Germany

Batch number: 10584556

Printed by Printforce, the Netherlands